Leitfäden und Monographien der Informatik

Brauer: **Automatentheorie**
493 Seiten. Geb. DM 58,–

Becker: **Prüfen und Testen von Schaltkreisen**
In Vorbereitung

Dal Cin: **Grundlagen der systemnahen Programmierung**
221 Seiten. Kart. DM 34,–

Ehrich/Gogolla/Lipeck: **Algebraische Spezifikation abstrakter Datentypen**
In Vorbereitung

Engeler/Läuchli: **Berechnungstheorie für Informatiker**
120 Seiten. Kart. DM 24,–

Hentschke: **Grundzüge der Digitaltechnik**
247 Seiten. Kart. DM 36,–

Loeckx/Mehlhorn/Wilhelm: **Grundlagen der Programmiersprachen**
448 Seiten. Kart. DM 44,–

Mehlhorn: **Datenstrukturen und effiziente Algorithmen**
Band 1: Sortieren und Suchen
2. Aufl. 317 Seiten. Geb. DM 48,–
Band 2: Graphenalgorithmen und NP-Vollständigkeit
In Vorbereitung

Messerschmidt: **Linguistische Datenverarbeitung mit Comskee**
207 Seiten. Kart. DM 36,–

Niemann/Bunke: **Künstliche Intelligenz in Bild- und Sprachanalyse**
256 Seiten. Kart. DM 38,–

Pflug: **Stochastische Modelle in der Informatik**
272 Seiten. Kart. DM 38,–

Post: **Entwurf und Technologie hochintegrierter Schaltungen**
247 Seiten. Kart. DM 38,–

Rammig: **Systematischer Entwurf digitaler Systeme**
353 Seiten. Kart. DM 46,–

Richter: **Betriebssysteme**
2. Aufl. 303 Seiten. Kart. DM 38,–

Richter: **Prinzipien der Künstlichen Intelligenz**
359 Seiten. Kart. DM 46,–

Weck: **Prinzipien und Realisierung von Betriebssystemen**
3. Aufl. 306 Seiten. Kart. DM 42,–

Wirth: **Algorithmen und Datenstrukturen**
Pascal-Version
3. Aufl. 320 Seiten. Kart. DM 39,–

Wirth: **Algorithmen und Datenstrukturen mit Modula - 2**
4. Aufl. 299 Seiten. Kart. DM 39,–

Wojtkowiak: **Test und Testbarkeit digitaler Schaltungen**
226 Seiten. Kart. DM 36,–

Preisänderungen vorbehalten

 B. G. Teubner Stuttgart

Leitfäden und Monographien
der Informatik

Gerhard Weck
Prinzipien und Realisierung
von Betriebssystemen

Leitfäden und Monographien der Informatik

Unter beratender Mitwirkung von

Prof. Dr. Hans-Jürgen Appelrath, Oldenburg
Dr. Hans-Werner Hein, St. Augustin
Prof. Dr. Rolf Pfeifer, Zürich
Dr. Johannes Retti, Wien
Prof. Dr. Michael M. Richter, Kaiserslautern

Herausgegeben von

Prof. Dr. Volker Claus, Oldenburg
Prof. Dr. Günter Hotz, Saarbrücken
Prof. Dr. Klaus Waldschmidt, Frankfurt

Die Leitfäden und Monographien behandeln Themen aus der Theoretischen, Praktischen und Technischen Informatik entsprechend dem aktuellen Stand der Wissenschaft. Besonderer Wert wird auf eine systematische und fundierte Darstellung des jeweiligen Gebietes gelegt. Die Bücher dieser Reihe sind einerseits als Grundlage und Ergänzung zu Vorlesungen der Informatik und andererseits als Standardwerke für die selbständige Einarbeitung in umfassende Themenbereiche der Informatik konzipiert. Sie sprechen vorwiegend Studierende und Lehrende in Informatik-Studiengängen an Hochschulen an, dienen aber auch in Wirtschaft, Industrie und Verwaltung tätigen Informatikern zur Fortbildung im Zuge der fortschreitenden Wissenschaft.

Prinzipien und Realisierung von Betriebssystemen

Von Dr. rer. nat. Gerhard Weck
Infodas GmbH, Köln

3., überarbeitete und erweiterte Auflage
Mit 150 Abbildungen und zahlreichen Beispielen

 B. G. Teubner Stuttgart 1989

Dr. rer. nat. Gerhard Weck

1947 geboren in Trier. Von 1966 bis 1971 Studium der Physik an der Universität des Saarlandes. 1971 Diplom in experimenteller Festkörperphysik. 1971 bis 1972 wiss. Mitarbeiter im Institut für Experimentalphysik der Universität des Saarlandes. 1972 bis 1975 wiss. Mitarbeiter im Digitalelektronischen Praktikum der Universität des Saarlandes. 1975 Promotion über abstrakte Modelle von Datenstrukturen. 1975 bis 1976 wiss. Mitarbeiter in der Forschungsgruppe Graphische Datenverarbeitung der Technischen Hochschule Darmstadt. 1976 bis 1977 Assistant Teacher am Departamento de Engenharia Elètrica der UNICAMP (Universidade Estadual de Campinas) in Campinas, São Paulo, Brasilien. 1977 bis 1980 wiss. Mitarbeiter am Rechenzentrum der Universität des Saarlandes. Seit 1980 wiss. Mitarbeiter der Infodas GmbH, Köln, für die Entwicklung von Datenbank-Software und von Systemkonzepten für sichere Systeme. Im Winter-Semester 1984/85 Lehrauftrag über Betriebssysteme am Fachbereich Informatik der Universität Dortmund.

CIP-Titelaufnahme der Deutschen Bibliothek

Weck, Gerhard:
Prinzipien und Realisierung von Betriebssystemen / von
Gerhard Weck. - 3., überarb. u. erw. Aufl. - Stuttgart :
Teubner, 1989
  (Leitfäden und Monographien der Informatik)
  ISBN 978-3-519-02271-8   ISBN 978-3-322-96666-7 (eBook)
  DOI 10.1007/978-3-322-96666-7

Gesamtherstellung: Zechnersche Buchdruckerei GmbH, Speyer
Umschlaggestaltung: M. Koch, Reutlingen

<u>Vorwort</u>

Dieses Buch entstand aus den Skripten zweier Vorlesungen, die
ich im Wintersemester 1979/80 und im Sommersemester 1980 im
Fachbereich Angewandte Mathematik und Informatik der Universität
des Saarlandes gehalten habe. Die zunächst sehr knappe und an
vielen Stellen eher skizzenhafte Darstellungsform dieser Skripten
wurde für dieses Buch völlig überarbeitet und besser lesbar
gemacht. Um jedoch die Übersichtlichkeit der ursprünglichen
Skripten zu bewahren, wurde überall dort, wo es dem Verständnis
förderlich erschien, eine tabellarische oder graphische
Darstellung solcher Sachverhalte gewählt, die sich anders nur
durch lange und umständliche verbale Beschreibungen hätte
realisieren lassen.

Das Buch wendet sich vornehmlich an Informatik-Studenten des
mittleren Studienabschnitts, etwa vom 3. bis zum 7. Semester. An
Kenntnissen wird Erfahrung mit einer beliebigen höheren
Programmiersprache und einige Gewöhnung an algorithmische Denk-
weise vorausgesetzt. Kenntnisse über Rechner-Architektur sind
zwar für das Verständnis nützlich, aber nicht unbedingt
erforderlich, dagegen ist ein gewisses Grundwissen über Analysis
und Statistik sehr von Vorteil. Algorithmen sind in informeller
Art in einer ALGOL-ähnlichen Schreibweise dargestellt; auf die
Verwendung von System-Programmiersprachen wurde bewußt verzichtet,
da heute noch keine dieser Sprachen so weit verbreitet ist, daß
man sie als allgemein bekannt voraussetzen könnte. Ebenso
erschien es nicht zweckmäßig, hier eine eigene umfangreiche
Beschreibungsmethode zu entwickeln oder erst eine Einführung in
eine der bekannteren System-Programmiersprachen (etwa BCPL, Ada
oder BLISS) zu geben, da dies zu weit vom eigentlichen Inhalt des
Buches weggeführt hätte.

Ziel dieses Buches ist es, den Aufbau von Betriebssystemen
und die zugrundeliegenden Prinzipien veständlich zu machen sowie
einen Einstieg in die Literatur dieses Gebietes zu ermöglichen.
Aus diesem Grund habe ich versucht, sowohl die theoretischen
Grundlagen und Prinzipien von Betriebssystemen als auch deren
Umsetzung in die Praxis darzustellen. Der dabei eingeschlagene
Weg liegt zwischen dem einer reinen Beschreibung der zugrundeliegenden Theorien, bei der leicht der Bezug zur Praxis verloren
geht, und dem einer reinen Fallstudie, die gerne in die Gefahr
gerät, die verwendeten Konzepte hinter unwesentlichen Details der
Realisierung zu verbergen. Diese Wahl der Vorgehensweise hatte
zur Folge, daß die Angabe umfangreicher Beweise unterbleiben
mußte, da sie den Umfang des Buches zu stark erhöht und den
Zusammenhang zwischen theoretischem Prinzip und Realisierung oder
Auswirkung in der Praxis zerrissen hätte. Stattdessen wurde
versucht, den theoretischen Ergebnissen anhand von Fallstudien aus
realisierten bzw. zur Realisierung vorgeschlagenen Betriebssytemen
gegenüberzustellen, welchen Einfluß diese Ergebnisse auf die
Praxis haben. Viele dieser Beispiele wurden einem neueren
Betriebssystem entnommen, über das relativ leicht ausführliche
Dokumentation zur Vertiefung erhältlich ist. Die Gültigkeit der
in diesen Beispielen angestellten Betrachtungen ist jedoch nicht

auf dieses System beschränkt, sondern erstreckt sich auf die meisten modernen Betriebssyteme, wenn auch zum Teil mit Abweichungen in einzelnen Details.

An dieser Stelle ist auch eine Bemerkung über die reichlich freizügige Verwendung englischer Begriffe in diesem Buch gemacht: Es schien mir in vielen Fällen wenig sinnvoll, deutsche Übersetzungen dieser Begriffe zu verwenden, da die Terminologie auf dem Gebiet der Betriebssysteme sich im Deutschen noch weniger stabilisiert und vereinheitlicht hat als im Englischen; zu vielen der englischen Begriffe existiert sogar noch keine allgemein akzeptierte deutsche Übersetzung. Um den Leser nicht unnötig mit einer eigenen Terminologie zu belasten, die den Einstieg in die - überwiegend amerikanische - Original-Literatur erschweren würde, habe ich daher die Begriffe von dort in vielen Fällen ungeändert übernommen. Auch die Beispiele und Skizzen zur Verdeutlichung theoretischer Grundlagen oder praktischer Ergebnisse wurden nur dort inhaltlich geändert, wo eine Anpassung der Terminologie unbedingt erforderlich war; ansonsten wurden die Darstellungen der Original-Literatur möglichst ungeändert übernommen, um dem Leser die Einarbeitung in diese Literatur zu erleichtern. Dies gilt insbesondere für die Kapitel 3 bis 5, die sich sehr stark auf die ausgezeichneten Darstellungen in [7] und [18] stützen. Zur Vertiefung des hier gebotenen Stoffes empfehlen sich insbesondere diese beiden Werke sowie die Beschäftigung mit dem Aufbau eines modernen Timesharing-Systems, am besten anhand praktischer Erfahrung.

Herrn Prof. Dr. G. Hotz danke ich für die Anregung, das ursprüngliche Manuskript zu einem Buch umzuarbeiten, und für die kritische Durchsicht des Manuskripts. Zu danken habe ich insbesondere Frau Dr. B. Wiesner, die den vorliegenden Text durchgearbeitet und mit zahlreichen Anmerkungen und Verbesserungsvorschlägen erheblich zur Lesbarkeit und Korrektheit beigetragen hat. Schließlich danke ich der Infodas GmbH, die mir in großzügiger Weise die technischen Mittel zur Erstellung der druckfertigen Vorlage zur Verfügung gestellt hat.

Köln, im März 1982

G. Weck

Vorwort zur 2. Auflage

Die vorliegende zweite Auflage ist gegenüber der ersten Auflage inhaltlich ungeändert; es erfolgte lediglich eine Korrektur der Druckfehler, die inzwischen bekannt geworden waren.

Köln, im März 1985

G. Weck

Vorwort zur 3. Auflage

Das Buch wurde für die vorliegende dritte Auflage gründlich überarbeitet und aktualisiert, ohne jedoch vom ursprünglichen Konzept der Gegenüberstellung theoretischer Grundlagen und deren Realisierung in der Praxis abzuweichen. Schwerpunkt der inhaltlichen Änderungen war dabei die Behandlung von Systemen mit mehreren Prozessoren und von verteilten Systemen.

So habe ich die Kapitel 2 und 3 um Abschnitte ergänzt, die die Verwaltung und Synchronisation von Systemen mit einer nicht zu hohen (bis etwa 30) Anzahl von Prozessoren behandeln. Zu den im 3. Kapitel beschriebenen Synchronisations-Verfahren kamen außerdem noch mehrstufige Synchronisationen mit abgestufter Concurrency Control hinzu.

Die Beispiele in den Kapiteln 4 und 5 wurden um die Behandlung einiger Sekundär-Effekte beim Scheduling und in der Hauptspeicherverwaltung erweitert. Davon abgesehen, wurden diese beiden Kapitel inhaltlich nicht wesentlich geändert.

Das Kapitel 6 wurde um die Darstellung geräteunabhängiger E/A-Schnittstellen, insbesondere bei Einsatz intelligenter Controller und bei Anbindung an Netze, erweitert. Hinzu kam eine Beschreibung des Konzeptes generischer Treiber für Klassen äquivalenter Geräte sowie eine kurze Einführung in die Architektur verteilter Systeme und Netze.

Bei der Behandlung des Zugriffsschutzes in den Kapiteln 7 und 8 wurden Zugriffsmatrizen und deren Auswertung durch einen Referenz-Monitor kurz dargestellt.

Weiterhin habe ich durch die Verwendung eines anderen Druckbildes für Text und Gleichungen versucht, die Lesbarkeit des Buches zu verbessern.

Köln, im Januar 1989

G. Weck

Inhalt

Abbildungs-Nachweis

Die folgenden Abbildungen wurden mit freundlicher Genehmigung des Digital Press Verlages bzw. der Digital Equipment Corporation verschiedenen der im Literaturverzeichnis angebenen Veröffentlichungen entnommen; sie unterliegen dem Copyright der Original-Veröffentlichungen:

[23]   Fig. 6-3, 8-4, 8-7, 8-8

[25]   Fig. 5-33

[31]   Fig. 6-9

[38]   Fig. 5-36, 5-37, 8-6

[39]   Fig. 5-38, 6-10

[40]   Fig. 2-6, 2-11, 4-49, 4-50

[41]   Fig. 2-3 .. 2-5, 5-34, 5-35

[42]   Fig. 5-39

[44]   Fig. 6-16

[47]   Fig. 7-2 .. 7-7

KAPITEL 1

EINFÜHRENDE DISKUSSIONEN

1.1 AUFGABEN EINES BETRIEBSSYSTEMS

1.1.1 Allgemeine Einführung

Unter einem Betriebssystem versteht man eine Ansammlung von Steuerungsprogrammen und Hilfsroutinen, die die Benutzung eines Rechners und der daran angeschlossenen Geräte für den Menschen vereinfachen. Man kann sich vorstellen, daß ein solches Betriebssystem zwischen den Benutzer bzw. sein Programm und die Hardware tritt, die die spezifizierten Aufgaben tatsächlich ausführt. Dem Benutzer wird - durch die Software des Betriebssystems - ein Rechner vorgespiegelt, der zu wesentlich komplexeren Operationen in der Lage ist, als es die reine Hardware wäre. Dadurch wird für ihn die Aufgabe, ein bestimmtes Programm zu schreiben oder auch nur ein existierendes Programm zur Ausführung zu bringen, erheblich vereinfacht. Dazu kommt noch, daß Betriebssysteme üblicherweise nicht nur die Ausführung der Benutzerprogramme ermöglichen, sondern auch die Benutzung der verfügbaren Betriebsmittel, wie etwa Hauptspeicher, Schnelldrucker und so weiter koordinieren, Fehler in Benutzerprogrammen feststellen, Rechenzeitabrechnung durchführen, Information vor unberechtigtem Zugriff schützen, geeignete Maßnahmen bei Hardware-Fehlern automatisch einleiten und vieles andere noch.

Die heute verfügbaren Betriebssysteme unterscheiden sich sehr stark in Bezug auf die von ihnen unterstützte Hardware, die Komplexität und die Art der von ihnen zu erledigenden Aufgaben, ihre Anpaßbarkeit an spezielle Anforderungen und die Verfügbarkeit von Programmiersprachen. So gibt es einerseits Systeme, die ein Benutzerprogramm nach dem anderen durchrechnen, während andere in der Lage sind, gleichzeitig eine Vielzahl von Programmen zu bearbeiten oder gleichzeitig eine große Anzahl von Benutzern interaktiv über Terminals zu bedienen. Weiterhin gibt es Systeme, die Realzeit-Anforderungen genügen, das heißt, Anwendungen bedienen, die eine bestimmte Reaktion des Rechners auf ein äußeres Signal in einer vorgegebenen Zeitspanne erfordern. Wieder andere Systeme müssen in der Lage sein, bestimmte, fest vorgegebene Aufgaben an einer extrem hohen Anzahl von Terminals mit vertretbaren Reaktionszeiten auszuführen.

Bei dieser Komplexität der Aufgaben und Einsatzmöglichkeiten von Betriebssystemen ist es kein Wunder, daß der Entwurf und die Konstruktion eines Betriebssystems ein schwieriges Unterfangen ist, zu dem genaue Kenntnisse sowohl der zugrundeliegenden Hardware-Architektur als auch der Struktur und der Anforderungen

der zu erledigenden Aufgaben erforderlich sind. Im Laufe der Zeit
wurden jedoch eine Reihe von Erfahrungen beim Entwurf und auch
beim Betrieb von Betriebssystemen gesammelt, die zur Entwicklung
grundlegender Ideen und Konzepte führten. Mithilfe dieser
Konzepte läßt sich die Komplexität des Betriebssystem-Entwurfs auf
überschaubare Größenordnungen reduzieren. Es ist Ziel dieses
Buches, die wichtigsten dieser Konzepte darzustellen und, zumindest in Beispielen, anzugeben, wie man diese allgemeinen Ideen in
eine reale Implementierung umsetzen kann.

Wir können das bisher Gesagte in folgender Definition
zusammenfassen:

Definition: Ein Betriebssystem ist eine Menge von Programmen, die
die Ausführung von Benutzer-Programmen auf einem Rechner und den
Gebrauch der vorhandenen Betriebsmittel steuern.

Schlagwortartig können wir die Aufgaben eines Betriebssystems
und die aus seiner Verwendung erwachsenden Vorteile so charakterisieren:

- Parallelbetrieb mehrerer Benutzer-Programme möglich ("Multi-
  Programmierung")

- Realisierung zeitlicher Unabhängigkeit oder definierter zeitlicher Abhängigkeiten zwischen verschiedenen Benutzer-Programmen ("Synchronisation")

- Verfügbarkeit allgemein verwendbarer Programm- und Text-Bib-
  liotheken

- gemeinsames, fertiges Ein-/Ausgabe-System für alle Benutzer

- Schutz der gespeicherten Information vor unberechtigter Benutzung

- Schutz der Benutzer gegen Fehler anderer Benutzer

- gemeinsame, logische Verwaltung der Speicher-Peripherie

- Präsentation eines logischen ("virtuellen") Rechners mit
  benutzernahen Schnittstellen auf hoher logischer Ebene

- Bereitstellung abstrakter Schnittstellen zu Rechnernetzen

Ehe wir uns nun ein einfaches Betriebssystem als einleitendes
Beispiel ansehen, müssen wir noch kurz die Begriffe festlegen, die
wir im Folgenden benötigen, wenn wir uns auf die zugrundeliegende
Hardware beziehen.

1.1.2 Hardware-Grundlagen und Terminologie

Wir können die Hardware eines Rechners ganz allgemein
aufteilen in folgende Hauptkomponenten:

- einen oder mehrere (Zentral-)Prozessoren **Pc** (Rechnerkerne)

- einen Hauptspeicher **Mp**, der aus gleich großen Elementen
  (Speicherworte oder Bytes) aufgebaut ist

- Ein-/Ausgabe-Geräten **T** der verschiedensten Arten

- Ein-/Ausgabe-Prozessoren **Pio** (Kanalwerke, Spezialprozessoren,
  Geräte-Controller)

- Peripherie-Speicher **Ms**

Anmerkung: In der hier gewählten Terminologie, die auch als **PMS-**
Notation bekannt ist, werden Prozessoren generell mit P, Speicher
mit **M** (von "Memory") bezeichnet. Zur Unterscheidung können an
diese Symbole weitere Buchstaben angehängt werden, etwa p zur
Bezeichnung eines Hauptspeichers (von "primär") oder **s** für Sekun-
där-Speicher.

Der Hauptspeicher führt im wesentlichen nur die beiden
folgenden Operationen aus:

- **LOAD adr**: stellt das durch **adr** spezifizierte Element dem
  (einem) Prozessor zur Verfügung; hierbei kann bei den meisten
  Rechnern spezifiziert werden, welcher Teil des Prozessors **Pc**
  die Information erhält.

- **STORE adr**: überträgt Information aus einem Prozessor in das
  durch **adr** spezifizierte Element von **Mp**; auch hier kann bei
  den meisten Maschinen ein Teil von **Pc** als Quelle genannt
  werden.

adr wird als Speicheradresse bezeichnet.

Der Zentralprozessor (oder kurz Prozessor) **Pc** enthält eine
nicht allzu große Anzahl schneller Register, die durch Namen (oft
kleine ganze Zahlen) bezeichnet werden. Zwei spezielle dieser
Register sind:

- der Programmzähler PC ("Program Counter")

- das Befehlsregister IR ("Instruction Register")

Der Prozessor **Pc** betrachtet das gerade auszuführende Programm
als eine zusammenhängende Menge von Hauptspeicher-Elementen
(Zellen). Das Register PC zeigt auf eine dieser Zellen; das
Programm wird ausgeführt, indem der Zeiger von **Pc** durch diese
Menge bewegt wird und die einzelnen so angesprochenen Befehle
ausgeführt werden. Man bezeichnet dies als den "Fetch-Execute"-
Zyklus des Prozessors, der unter Verwendung der bisher eingeführten Symbole etwa folgendermaßen als "Programm" geschrieben
werden könnte:

```
repeat
    IR := Mp[PC]
    PC +:= 1
    <EXECUTE <Befehl in IR> >
until Pc halt
```

Ein-/Ausgabe-Geräte und -Prozessoren arbeiten üblicherweise
nicht völlig autonom; ihre Operationen werden durch die Übertragung spezieller Geräte-Befehle in ein Register des Geräts oder
E/A-Prozessors ausgelöst. Diese Geräte-Befehle und ihre Parameter
spezifizieren:

- die Art der auszuführenden Operation

- die Adresse in **Mp**, ab der Information zu übertragen ist

- die Menge der zu übertragenden Information

- die Art der Rückmeldung

- eventuelle Folgebefehle

Die Steuerung des Datenverkehrs über diese E/A-Geräte
geschieht über hardware-mäßig gesetzte Bits, die oft als BUSY- und
READY-Flag bezeichnet werden. Ein mögliches Protokoll für die
Verwendung dieser Flags ist das folgende:

→ Rechner setzt BUSY

- Gerät startet

← Gerät löscht BUSY

- Gerät ist fertig

← Gerät setzt READY

- Rechner erfährt READY

→ Rechner löscht READY

Wird etwa vom Rechner durch einen Programmierfehler das BUSY-Flag
nicht gesetzt oder das READY-Flag nicht gelöscht oder falsch
abgefragt, so kann dies zum Lahmlegen des betreffenden Gerätes
führen. Es ist klar, daß in einem Mehrbenutzer-Betrieb der
einzelne Benutzer daran gehindert werden muß, in das E/A-System
des Rechners auf dieser hardware-nahen Ebene einzugreifen, da hier
die Folgen einer Fehlbedienung viel zu schwerwiegend wären. Das
Betriebssystem hat hier noch die zusätzliche Aufgabe, die einzelnen Benutzer nicht nur vor der Komplexität, sondern auch vor den
Folgen einer Fehl-Bedienung des E/A-Systems abzuschirmen.

1.2 AUFBAU EINES EINFACHEN BETRIEBSSYSTEMS

1.2.1 Konstruktion

Um die Probleme zu charakterisieren, die sich beim Entwurf eines Betriebssystems stellen, wollen wir für einen sehr einfachen, hypothetischen Rechner versuchen, ein Betriebssystem zu entwickeln und dessen Leistungsfähigkeit abzuschätzen. (Dieses Beispiel ist [19] entnommen.)

Wir nehmen dabei an, daß dieser Rechner aus einem Zentralprozessor **Pc**, einem Hauptspeicher **Mp**, sowie einem Kartenleser CR und einem Zeilendrucker LP in folgender Weise aufgebaut ist:

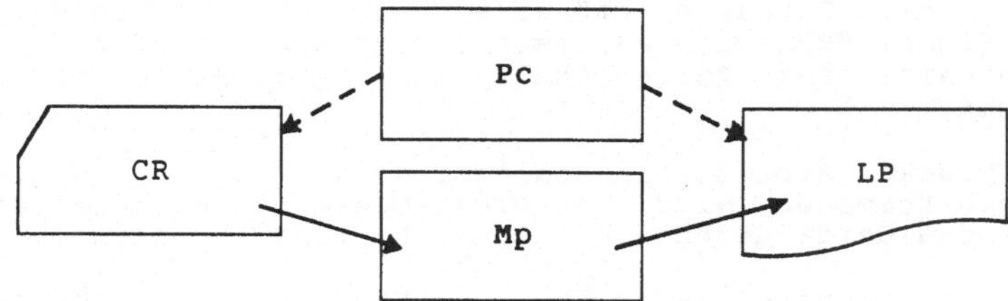

Fig. 1-1 Beispiel eines einfachen Rechners

Diese Maschine soll eine Folge von Programmen vom Kartenleser einlesen, soll diese Programme übersetzen, laden, ausführen und die Ergebnisse auf dem Schnelldrucker ausgeben. Man könnte die Operationen dieses Rechners etwa durch folgendes Programm beschreiben:

```
repeat
     read card deck
     compile
     load
     execute
     print results
until machine halt
```

Da die Hardware unseres Rechners nicht in der Lage ist, dieses "Steuerprogramm", so wie es hier geschrieben ist, direkt auszuführen, müssen die einzelnen Schritte durch Aufrufe geeigneter Prozeduren realisiert werden. Dabei werden die beiden Schritte "compile" und "load" von Hilfsprogrammen durchgeführt, die nach gängiger Betrachtungsweise nicht als Komponenten des Betriebssystems selbst angesehen werden. Diese auch als Utilities bezeichneten Hilfsprogramme werden meist als Elemente eines sogenannten Programmiersystems aufgefaßt, das zwar normalerweise mit einem Betriebssystem zusammen geliefert wird, nicht jedoch als Teil dieses Betriebssystems, sondern als unabhängige Programm-Bibliothek. Aus diesem Grund sollen uns diese beiden Schritte hier nicht weiter interessieren. Auch der Schritt "execute" kann für den Moment aus unseren Betrachtungen ausgeklammert werden, da es sich hier nur um die Ausführung der eingelesenen Programme handelt. Als Elemente des Betriebssystems müssen also zunächst nur die beiden Ein-/Ausgabe-Prozeduren CR_Control und LP_Control zur Realisierung der beiden Schritte "read card deck" und "print results" geschrieben werden.

Dabei ist zum Verständnis dieses Beispiels keine detaillierte Kenntnis der Hardware des Kartenlesers oder des Zeilendruckers erforderlich. Wir können von dem folgenden, stark vereinfachten Modell dieser Geräte ausgehen, das für unsere Zwecke jedoch völlig ausreichend ist:

- Der Kartenleser wird durch einen Start-Knopf in Betrieb gesetzt; er meldet seine Bereitschaft dem Rechner durch ein Signal "CR_READY". Um Karten einzulesen, muß der Leser bereit sein und ein geeignetes Lese-Kommando gegeben werden. Solange bis eine Lochkarte fertig eingelesen ist, zeigt der Leser die Tatsache, daß er eine Operation durchführt, durch ein Signal "CR_BUSY" an, das er beim Abschluß der Operation, wenn also der Karteninhalt zur Verarbeitung bereitsteht, löscht.

- Der Drucker arbeitet in analoger Weise: Durch ein geeignetes Drucke-Kommando wird eine Druck-Operation eingeleitet, deren Ende das Gerät durch ein Signal "LP_READY" anzeigt.

Zum Lesen der nächsten Karte bzw. zum Drucken der nächsten Zeile müssen die Geräte durch weitere Kommandos erneut gestartet werden.

Wir können nun die Prozeduren zur Bedienung der beiden Geräte angeben. In informeller Notation, die für unsere Zwecke ausreicht, lassen sich diese Prozeduren folgendermaßen schreiben:

```
CR_Control:  select starting address sadr;
             initialize input address iadr := sadr;
             initialize card count cc := 0;
             wait until CR_READY;
       repeat select input address iadr;
             command read card (iadr);
             increment card count cc +:= 1;
             wait while CR_BUSY
       until CR_IDLE
```

Diese Routine liest die Lochkarten in den Hauptspeicher ab Adresse **sadr**; die Anzahl der gelesenen Karten steht nachher in cc. Der Schnelldrucker wird analog durch folgende Prozedur bedient:

```
LP_Control:  initialize output address oadr := sadr;
       repeat select output address oadr;
             wait until LP_READY;
             command print line oadr;
             decrement line count lc -:= 1
       until lc = 0
```

Beide E/A-Routinen enthalten Wartebefehle (wait), um den Geschwindigkeitsunterschied zwischen der Elektronik des Zentralprozessors und der wesentlich langsameren Mechanik der E/A-Geräte auszugleichen. Diese Wartebefehle erlauben es den verschiedenen Hardware-Komponenten, mit ihren jeweiligen Geschwindigkeiten asynchron zueinander zu arbeiten und die Kontrolle zwischen Prozessor und E/A-Gerät wechseln zu lassen, wenn eine dieser Komponenten mit ihrem Teil der Arbeit fertig ist. Man hat hier also ein einfaches Verfahren zur Synchronisation zwischen den einzelnen Hardware-Komponenten.

Ehe wir versuchen, die hier nur grob angedeuteten Steuer-Programme so zu verfeinern, daß sie die Basis einer echten Implementierung werden könnten, wollen wir die Leistungsfähigkeit unseres einfachen Betriebssystems abschätzen.

1.2.2 Leistungsabschätzung

Als Maß für die Leistungsfähigkeit unseres Betriebssystems wollen wir die Auslastung des Zentralprozessors und des Hauptspeichers durch die Verarbeitung der eingegebenen Programme unter der Kontrolle unseres Betriebssystems wählen. Wenn der Prozessor zu weniger als 100 % ausgelastet ist, das heißt, wenn die Zeit zur Verarbeitung eines Programms größer ist als die Zeit, die es den Prozessor belegt, so ist dieser Zeitunterschied im wesentlichen auf die Wartezeiten durch die wait-Befehle zurück-zuführen. Ziel unserer Leistungsabschätzung ist zunächst die Klärung der Frage, ob dieser Effizienz-Verlust zu vernachlässigen ist.

Wir machen zunächst die folgenden realistischen Annahmen über die Eigenschaften der zugrundegelegten Hardware:

          4 Bytes pro Maschinenwort
         80 Bytes pro Lochkarte
        120 Bytes pro Druckzeile
          1 Mikrosekunde Zugriffszeit in Mp
       1200 Lochkarten pro Minute im Leser
       1200 Druckzeilen pro Minute
          3 Speicherzugriffe zur E/A eines Wortes

Die letzte dieser Zahlen geht von der Annahme aus, daß zur E/A eines Maschinenwortes dieses Wort selbst geladen bzw. gespeichert werden muß und daß der Bytezähler dekrementiert und auf 0 getestet werden muß. Die Anzahl der Speicherzugriffe pro Sekunde, die der Kartenleser in der Lage ist zu veranlassen, berechnet sich aus diesen Werten als

$$(1200/60) * (80/4) * 3 = 20 * 20 * 3 = 1200$$

je Sekunde. Analog ergeben sich 1800 Zugriffe je Sekunde für den Drucker. Da bei einer Speicherzykluszeit von einer Mikrosekunde jedoch eine Million Zugriffe pro Sekunde möglich sind, beträgt die Auslastung des Hauptspeichers nur 0,12 % für den Leser und 0,18 % für den Drucker!

Aus diesem Grund verbringen die E/A-Routinen die meiste Zeit in den wait-Befehlen: Schätzt man die Anzahl der Maschinen-befehle, die zur Ausführung der einzelnen Zeilen der Schleife im Programm LP_Control erfolgen müssen, so erhält man etwa folgende Werte:

```
select oadr:   5
command print:   5
decrement lc:   2
test lc = 0 :   2
```

Da zur Ausführung eines Maschinenbefehls im Schnitt zwei bis drei Speicherzugriffe erforderlich sind, dauert ein Maschinenbefehl etwa 2.5 bis 3 und ein Schleifendurchlauf etwa 40 μsec. Die nächste Zeile kann jedoch bei der gegebenen Geschwindigkeit des Druckers erst nach 60/1200 sec, also 1/20 sec oder 50000 μsec ausgegeben werden. Die Auslastung des Prozessors ergibt sich somit für die Druckroutine zu 0,08 %. Für den Kartenleser ist die Verschwendung an Rechenzeit sogar noch größer.

Um ein Bild von der Gesamtauslastung des Rechners zu erhalten, genügt es nicht, nur die Auslastung während der Ein- und Ausgabe-Phasen zu bestimmen, sondern wir müssen noch zusätzlich berücksichtigen, daß diese Phasen sich mit reinen Rechenzeiten abwechseln, in denen zum Beispiel eines der eingelesenen Programme übersetzt oder ausgeführt wird. Wir wollen daher die Verweilzeit eines solchen Programms im Rechner bestimmen, wobei wir folgende Annahmen über Größe und Eigenschaften sowohl eines durchschnittlichen Programms als auch des verwendeten Programmiersystems machen:

```
Umfang des Programms:
        Programmlänge           200 Zeilen
        jeder Befehl            400-mal ausgeführt
        Länge der Druckausgabe  100 Zeilen
bei der Ausführung:
        je Quellzeile             5 Maschinenbefehle
zur Erzeugung des lauffähigen Programms:
        je Maschinenbefehl      500 Befehle im Compiler
                              + 100 Befehle im Lader
```

Hieraus ergibt sich die folgende Zeit (in Millisekunden) für einen Programmlauf:

```
Eingabe 200 Karten:     200 * 1/20 * 1000        = 10000
Übersetzen:             200 * 5 * 500 * 0.003     =  1500
Laden:                  200 * 5 * 100 * 0.003     =   300
Ausführung:             200 * 5 * 400 * 0.003     =  1200
Drucken des Programms:  200 * 1/20 * 1000         = 10000
Drucken der Ergebnisse: 100 * 1/20 * 1000         =  5000
```

```
Gesamt:                                             28000
```

Die gesamte Verweilzeit des Programms beträgt somit 28 Sekunden; davon entfallen auf die Schritte Übersetzen, Laden und Ausführen 3 Sekunden, während die restlichen 25 Sekunden für Ein- und Ausgabe-Vorgänge verbraucht werden, bei denen nach dem vorher Gesagten der Zentralprozessor nur zu etwa 1/1000 ausgelastet ist.

Dieses Beispiel macht in eindrucksvoller Weise klar, wie notwendig es zur Erhöhung der Effizienz eines Rechners ist, die für E/A-Vorgänge benötigte Zeit im Zentralprozessor irgendwie sinnvoll zu nutzen, da, wie wir oben gesehen haben, der Prozessor bei E/A-Vorgängen zu weniger als 0,1 % ausgelastet ist, also während dieser Zeit nichts zu tun hat. In welcher Weise dies geschehen kann, soll im nächsten Abschnitt betrachtet werden.

1.3 INTERRUPTS UND PROZESSE

1.3.1 Umschalten des Prozessors

Die Leerlaufzeit des Prozessors während der E/A-Vorgänge kann dadurch sinnvoll genutzt werden, daß man die E/A-Aktivitäten eines Benutzers parallel zu Rechenaktivitäten anderer Benutzer ablaufen läßt. Dies ist prinzipiell möglich, da während der Wartezeiten des Zentralprozessors dieser nicht zur Abwicklung des angestoßenen E/A-Vorgangs gebraucht wird. Hierbei stellt sich jedoch das Problem, daß die angeschlossenen E/A-Geräte nicht völlig autonom arbeiten, sondern zu ihrem Betrieb die zugehörigen Kontroll-Programme im Zentralprozessor benötigen. Es ist daher erforder-lich, daß Pc:

  - ein Benutzerprogramm rechnet, solange kein Gerät READY meldet;

  - das entsprechende Geräte-Kontroll-Programm rechnet, sobald ein Gerät READY meldet.

Daraus ergibt sich, daß der Prozessor auf irgendeine Weise zwischen den Benutzer- und den Kontroll-Programmen umgeschaltet werden muß.

Hierzu springen wir jeweils nach einer geeigneten Anzahl von Befehlen aus dem normalen Fetch-Execute-Zyklus in eine Sonder-behandlung für eventuell ausstehende E/A-Vorgänge, indem wir den Fetch-Execute-Zyklus unseres Rechners unter Verwendung einer Zählvariablen AK in folgender Weise abändern:

```
repeat if AK > 0
          then IR := Mp[PC]; PC +:= 1
          else IR := Mp[0]
       endif;
       AK -:= 1;
       <EXECUTE <IR> >
until Pc halt
```

Wenn die Zählvariable AK vom Programm auf einen Wert n > 0 gesetzt wird, so wird nach Ausführung von n Befehlen ein Sprung auf die Adresse 0 erzwungen. Hier kann jetzt ein Programm starten, das zunächst den alten Wert von PC und alle weiteren Status-Informa-tionen des unterbrochenen Programms rettet. Anschließend können die E/A-Geräte überprüft und gegebenenfalls bedient werden. Abschließend kann AK wieder auf n gesetzt und das unterbrochene Programm mit Hilfe der geretteten Information fortgesetzt werden:

```
Interrupt_Control:
    begin
        save status of interrupted program;
        if CR_READY then call CR_Control endif;
        if LP_READY and lc > 0 then call LP_Control endif;
        reset AK;
        restore status and continue interrupted program
    end

CR_Control:
    begin
        iadr := next (iadr);
        command read card (iadr);
        cc +:= 1
    end

LP_Control:
    begin
        oadr := next (oadr);
        command print line (oadr);
        lc -:= 1
    end
```

Man bezeichnet diese Art der Prozessor-Steuerung als Programm-Unterbrechung durch Timer-Interrupt. Hier entstehen zwei Probleme:

- Das gerade laufende Programm wird auch dann unterbrochen, wenn kein Gerät READY meldet, so daß die Unterbrechung grundlos ist ("Overhead").

- Wenn ein Gerät READY meldet, können im ungünstigsten Fall n Takte vergehen, bis es bedient wird. Dies kann zur Folge haben, daß manche E/A-Geräte nicht mit voller Geschwindigkeit laufen können.

Diese Nachteile lassen sich vermeiden, wenn man Pc mit einem Bitvektor ("Interrupt-Vektor") versieht, dessen m-tes Bit von der Hardware des m-ten E/A-Gerätes gesetzt wird, wenn dieses Gerät READY meldet. Der Fetch-Execute-Zyklus ist dann folgendermaßen abzuändern:

```
repeat if interrupt vector = 0
            then IR := Mp[PC]; PC +:= 1
            else IR := Mp[0]
        endif;
        <EXECUTE <IR> >
until Pc halt
```

Auch die Interrupt-Routine sieht geringfügig anders aus ("Geräte-Interrupt"):

```
Interrupt_Control:
     begin
         save status of interrupted program;
         m := index of bit that caused interrupt;
         turn off bit m of interrupt vector;
         call control program m;
         restore status and continue interrupted program
     end
```

Die beiden Typen von Interrupt-Systemen werden oft auch zusammen verwendet; ebenso ist es im Prinzip möglich, mit jedem dieser Systeme das andere zu simulieren [19].

1.3.2 Prozesse

In einem Rechner mit Interrupt-System ist die Reihenfolge, in der der Zentralprozessor Maschinenbefehle ausführt, nicht mehr direkt mit der Logik der ablaufenden Programme verknüpft, da mehrere Programme gleichzeitig angefangen, aber noch nicht beendet sein können und da die Abarbeitung beliebig zwischen diesen Programmen wechseln kann. Andererseits sind die einzelnen Kontroll-Programme ziemlich in sich abgeschlossene Gebilde, die untereinander und mit den Benutzer-Programmen nur an wenigen und genau definierten Stellen in Wechselwirkung treten.

Aus diesen Gründen empfiehlt sich zum Verständnis der Abläufe im Betriebssystem eine neue Betrachtungsweise: Wir gehen nicht mehr von den Aktionen des Prozessors aus, der im Laufe der Zeit wechselnde Programme bearbeitet. Stattdessen fassen wir die einzelnen Programme als die konstanten logischen Einheiten auf und betrachten den Prozessor als ein zeitweilig für diese Programme verfügbares Betriebsmittel, das von einem Programm zu einem anderen weitergereicht wird. Während die erste Betrachtungsweise als "arbeiter-orientiert" bezeichnet werden könnte, beschreibt die zweite dieselben Vorgänge in einer "aufgaben-orientierten" Weise.

Es zeigt sich, daß die aufgabenbezogene Betrachtungsweise für das Verständnis zu einfacheren Strukturen führt als eine, die den Prozessor als festes Objekt betrachtet, dem auszuführende Programme präsentiert werden. Die neue Darstellungsform der Abläufe im Rechner erfordert jedoch eine Erweiterung der intuitiven Vorstellung eines Programm-Laufes, da hier ein Programm zwar begonnen und noch nicht beendet sein kann, ohne daß der Zentralprozessor es im Augenblick bearbeitet. Zur Präzisierung des Begriffs des "in Ausführung befindlichen Programms" benötigen wir daher die beiden folgenden Definitionen [7,18,19]:

Definition: Ein Programm ist ein statisches Textstück, das eine Folge von Aktionen spezifiziert, die von einem oder mehreren Prozessoren auszuführen sind.

Definition: Ein Prozeß ist eine durch ein Programm spezifizierte Folge von Aktionen, deren erste begonnen, deren letzte aber noch nicht abgeschlossen ist.

Ein Prozeß (in vielen Betriebssystemen auch als "Task" bezeichnet) ist durch die beiden folgenden Eigenschaften zu charakterisieren:

- er wird von einem Programm gesteuert;

- er benötigt zu seiner Ausführung (wenigstens) einen Prozessor.

<u>Anmerkung</u>: Als Prozessoren können in diesem Kontext auch Geräte oder sogar Software-Systeme ("virtuelle Prozessoren") auftreten.

Präzisere Definitionen der beiden Begriffe "Programm" und "Prozeß" sind zwar möglich, in unserem Kontext aber nicht sinnvoll, da sie die Anwendbarkeit dieser Begriffe auf existierende Betriebssyteme zu stark einengen würden. Eine Beschreibung des Aufbaus von Prozessen wird im nächsten Kapitel gegeben.

In vielen Fällen sind die einzelnen Aktionen eines Prozesses zeitlich in irgendeiner Reihenfolge angeordnet ("sequentieller Prozeß"); dies ist durch die Definition jedoch durchaus nicht gefordert, so daß es bei Verwendung geeigneter Prozessoren ohne weiteres möglich ist, parallele Abfolgen von Aktivitäten zuzulassen ("paralleler Prozeß").

Ehe die Realisierung des Prozeß-Konzeptes im nächsten Kapitel genauer betrachtet wird, sollen zum Abschluß dieser einführenden Diskussionen noch die verschiedenen in der Praxis üblichen Typen von Betriebssystemen kurz charakterisiert werden.

1.4 TYPEN VON BETRIEBSSYSTEMEN

Ein Betriebssystem, das dieselben Funktionen ausführt wie das bisher besprochene einfache Betriebssystem, jedoch durch Interrupt-Steuerung und Zwischenpufferung der Lochkarten und Druckseiten auf einem schnellen Hintergrundspeicher (Magnetplatte) höheren Durchsatz durch weitgehende Überlappung von Rechen- und E/A-Zeit erreicht, unterliegt immer noch folgenden Einschränkungen:

- Die einzelnen Programme werden in derselben Reihenfolge gestartet, in der sie eingelesen wurden.

- Erst bei Beendigung eines Programmlaufes wird die Bearbeitung des nächsten Kartenstapels begonnen.

- Die Bearbeitung eines Kartenstapels (einlesen, übersetzen, laden, ausführen, drucken) stellt logisch eine unteilbare Einheit ("Job") in diesem Betriebssystem dar; das Betriebssystem führt nur Abfolgen solcher Einheiten aus.

Ein System der hier beschriebenen Art wird als <u>Batch-System</u> bezeichnet; es stellt die einfachste Form eines <u>Betriebssystems</u> dar. Durch die Zwischenpufferung der Ein- und Ausgabe auf Hintergundspeicher ("Spooling") ist es möglich, eine Sortierung

der Kartenstapel vor ihrer Bearbeitung im Rechner vorzunehmen,
also die erste der oben genannten Einschränkungen fallen zu
lassen. Bei Vorhandensein mehrerer Prozessoren (auch verschiedenen Typs und mit speziellen Aufgaben) oder unter Verwendung des
Interrupt-Systems zur Unterbrechung eines Benutzer-Programms durch
ein anderes kann man auch die zweite dieser Einschränkungen fallen
lassen. Es ist dann möglich, daß zu einem gegebenen Zeitpunkt
mehrere Jobs gleichzeitig ausgeführt werden. Man spricht in
diesem Falle von Multi-Programmierung, bezeichnet das Betriebssystem jedoch weiterhin als Batch-System, solange die dritte Einschränkung weiterhin besteht. Hier werden also Jobs als Ganzes,
so wie sie eingelesen wurden, bearbeitet; eine nur teilweise
Bearbeitung oder die Möglichkeit eines Eingriffs des Benutzers,
wenn ein Job erst einmal gestartet wurde, besteht hier nicht.

Demgegenüber stehen die sogenannten Timesharing-Systeme,
deren Grundidee es ist, den Rechner gleichzeitig von einer Menge
von Benutzern über Terminals (Bildschirme, Fernschreiber) als eine
Art komfortable Tischrechenmaschine verwenden zu lassen. Diese
Benutzer haben direkten Zugriff auf ihre Programme und Daten, die
auf Magnetplattenspeicher verfügbar gehalten werden; sie kommunizieren direkt mit dem Betriebssystem, das seine Betriebsmittel
jedem Benutzer für kurze Zeitabschnitte zuteilt ("multiplext"), so
daß jeder von ihnen den Eindruck hat, der Rechner stehe ihm allein
zur Verfügung.

Hier hat das Betriebssystem (unter anderem) folgende Aufgaben:

- Aufsammeln der eingelesenen Zeichen und Zusammenfügen zu
  Kommandos

- Laden und Entladen der Benutzer-Prozesse von/auf Hintergrund-
  speicher

- Ausgeben von Information auf den Bildschirm/Fernschreiber:

    o als Echo der eingegebenen Zeichen
    o als echte Ausgabe

- Verwaltung der Benutzerdaten auf dem Hintergrundspeicher
  (hier von besonderer Bedeutung)

Eine dritte Gruppe von Betriebssystemen stellen die Realzeit-
Systeme der Prozeßdatenverarbeitung dar, deren Aufgabe es ist, mit
fest vorgegebenen Algorithmen innerhalb bestimmter, zu garan-
tierender Zeiten auf äußere Signale zu reagieren. Hier befindet
sich oft die Menge aller Prozesse konstant an festen Stellen im
Hauptspeicher, und das Betriebssytem schaltet nur mittels des
Interrupt-Mechanismus zwischen diesen Prozessen hin und her.

Eine Sonderstellung nehmen die sogenannten Transaktions-
Systeme ein, die etwa zur Steuerung eines Netzes von Bank-
Terminals oder für Flugreservierungs-Systeme verwendet werden.
Diese Systeme sind durch folgende Parameter zu charakterisieren:

- hohe Anzahl von Terminals

- Übertragung von oft fest formatierten Informationsmengen in
  einem Blockmodus

- oft nur ein einziges, aber sehr umfangreiches Anwendungsprogramm im Rechner, das alle Terminals bedient

- durchzuführende Operationen im allgemeinen relativ starr vom
  Anwendungsprogramm vorgegeben, oft nur von mäßigem Umfang

Systeme dieser Art sind im allgemeinen Spezialsysteme, die
sehr stark von den zu unterstützenden Anwendungen bestimmt werden;
sie sind sowohl von ihren Anforderungen als auch ihren Leistungs-
merkmalen her zwischen den anderen Typen von Betriebssystemen
anzusiedeln.

Systeme aller der hier beschriebenen Arten können unter
Verwendung des Prozeß-Konzepts aufgebaut und beschrieben werden.
Sie bestehen dann aus einer Menge von Prozessen, die über
definierte Schnittstellen miteinander in Wechselwirkung treten.
Falls es in einem so aufgebauten System erlaubt ist, daß zu einem
Zeitpunkt mehrere Benutzerprozesse gleichzeitig existieren, so ist
in diesem System Multi-Programmierung realisiert. Dies ist somit
eine Eigenschaft von Betriebsystemen, die sich bei Verwendung des
Prozeß-Konzepts in natürlicher Weise ergibt.

Eine Reihe verschiedener Aspekte sind beim Entwurf eines
Betriebssystems   zu   beachten,   die hier nur schlagwortartig
aufgezählt werden sollen, um einen Eindruck von der Komplexität
dieser Aufgabe zu vermitteln [7,18,19]:

- **Verzögerungen:** Anhalten von Prozessen, die versuchen, auf
  nicht verfügbare Daten oder Geräte zuzugreifen

- **Wartezeiten:** Auswahl eines aus einer Menge von Prozessen,
  die Anforderungen stellen, die nicht gleichzeitig erfüllbar
  sind

- **Overhead** (interner Verwaltungsaufwand): Überwachung der
  Rechte und Eigenschaften von Benutzer-Programmen zur
  Steuerung und Optimierung des Systemverhaltens

- Anwachsen der **Laufzeiten** (durch Prozeß-Umschaltung und Ein-/
  Auslagerung von Programmen) möglichst gering halten

- **Schutz** der Benutzer vor Fehlverhalten anderer Benutzer und
  vor Deadlocks (Verklemmungen, s. Abschnitt 3.3)

- **Zugriffsschutz** und **Zugriffskoordination** für gemeinsame oder
  öffentliche Daten

- **Modularität** des Systemaufbaus mit dem Ziel einer leichten
  Änderbarkeit zur Erweiterung des Funktionsumfangs und zur
  Anpassung an bestimmte Betriebssituationen (Tuning)

- **Orthogonalität** des Systemaufbaus: jede Funktion ist nur an einer einzigen Stelle im Gesamtsystem zu realisieren und von dort allen Systemteilen zugänglich zu machen, die sie benötigen.

- **Schichtung** der System-Architektur durch Unterteilung in funktionale Ebenen, von denen die jeweils niedrigeren den höheren bestimmte Dienstleistungen über definierte Schnittstellen verfügbar machen

Aus diesen Aspekten ergeben sich eine Reihe technischer Charakteristika von Betriebssystemen, die in der folgenden Liste [18] aufgezählt sind (man beachte die Bezüge zu der vorangehenden Liste!):

- Parallelverarbeitung
- gleichzeitige Benutzung von Betriebsmitteln
- gleichzeitige Benutzung von Information
- enge Wechselwirkung mit der Hardware
- vielfache Schnittstellen zur Außenwelt
- langfristige Informationsspeicherung
- Informationsspeicherung auf mehreren Ebenen
- Undeterminiertheit
- Modularität
- "gemultiplexte" Arbeitweise

Der Aufbau eines solchen Systems soll nun in den folgenden Abschnitten beschrieben werden, zusammen mit den zugrundeliegenden Konzepten und deren Umsetzung in die Praxis. Dabei werden die hier genannten Begriffe präzisiert und verständlich gemacht, und ihr Bezug zum Gesamtkomplex "Betriebssystem-Entwurf" wird verdeutlicht.

KAPITEL 2

DAS PROZESS-KONZEPT

2.1 ZERLEGUNG EINES BETRIEBSSYSTEMS IN PROZESSE

Ein Betriebssystem, in dem der Prozessor durch Interrupts von einem Programm auf ein anderes umgeschaltet werden kann, wobei die Programme im allgemeinen keine Kontrolle über dieses Umschalten haben, kann nicht als ein einziges, sequentiell rechnendes Programm beschrieben werden. Hierfür sind mehrere Gründe verantwortlich:

- Zu jedem Zeitpunkt befinden sich mehrere Programme irgendwo zwischen ihrem Anfang und Ende.

- Es gibt Programme, die die parallele Ausführung mehrerer Funktionen verursachen (z.B. gepufferte Ein-/Ausgabe).

- Zwischen parallel ablaufenden Programmteilen können zeitlich definierte Wechselwirkungen bestehen (Synchronisationsproblem).

Ein Betriebssystem enthält also zu jedem Zeitpunkt eine Vielzahl parallel ablaufender Kontrollströme, von denen jeder einem Prozeß entspricht. Man erhält daher für den Aufbau eines Betriebssystems die einfachste und klarste Struktur, wenn man jeder seiner funktionellen Einheiten umkehrbar eindeutig einen Prozeß entsprechen läßt. Das Problem der Strukturierung des Betriebssystems ist damit auf die Identifikation sinnvoller funktioneller Einheiten zurückgeführt. Insbesondere erhebt sich hier die Frage, ob und in welchem Umfang man die Programme der einzelnen Benutzer als solche funktionellen Einheiten betrachten soll.

Beispiel: Das Betriebssystem BS3 des Rechners TR440 ist aus folgenden Prozessen aufgebaut:

- Benutzerprozesse (Abwickler ABW)
- Steuerung von Rechnerkopplungen (Rechnervermittler RV)
- Botschaftsdienst (Sendungsvermittler SV)
- Betrieb langsamer Ein-/Ausgabe-Geräte (Papiervermittler PAV)
- Betrieb schnellen Peripherie-Speichers (Hintergrundvermittler HGV)
- Betrieb von Front-End-Prozessoren (Satellitenvermittler SAV)
- Statistikprozeß (STAT)

- Scheduler (Kontrollfunktion KFK)
- Lader (für den Systemaufbau)
- zentrale Protokollführung (Zentral-Protokoll-Akteur ZPA)
- Erstellung von Dumps (Dumpvermittler DUV)
- Kommunikation mit dem Bedienungspersonal (Operateurvermittler OPV)

Beim Umschalten des Prozessors von einem Prozeß auf einen anderen kann es vorkommen, daß zum Zeitpunkt dieses Umschaltens keiner der Benutzer- oder System-Prozesse in der Lage ist, eine Aktion auszuführen, da jeder dieser Prozesse auf irgendeine Aktivität eines anderen Prozesses oder eines Gerätes wartet. Es ist in diesem Falle aber auch nicht möglich, den Prozessor durch einen Halt-Befehl stillzulegen, da er sich dann üblicherweise ohne äußere Einwirkung nicht mehr starten läßt. Um diese Schwierigkeit zu vermeiden, sieht man daher oft für jeden Prozessor einen Prozeß vor, der immer rechnen kann. Dieser Prozeß ("Null-Prozeß") braucht keine ernsthafte Arbeit zu leisten; es ist völlig hinreichend, wenn er nichts anderes als eine leere unendliche Schleife ausführt.

<u>Beispiel:</u> Die TR440 kennt für jeden Prozessor zwei solcher Null-Prozesse:

- die Warteschleife WSL für den Normalfall

- die Notschleife NSL für die Blockierung des Prozessors bei Systemfehlern

Alternativ kann man diese Warteschleife auch in den Systemteil legen, der den nächsten ausführbaren Prozeß bestimmt (also in den sogenannten "Scheduler", s. Abschnitt 4.1). Dieses Verfahren, bei dem man die Prozeß-Umschaltung zwischen Null-Prozeß und "echtem" Prozeß einspart, wird beispielsweise beim Betriebssystem VMS verwendet.

Die einzelnen Prozesse des Betriebssystems werden üblicherweise von einem besonderen, zentralen Teil des Betriebssystems (TR440: "Systemkern" SYK) angesteuert und koordiniert. Dieser zentrale Teil ist kein Prozeß, da er auf einer niedrigeren logischen Ebene arbeitet. Wenn außer der eigentlichen Prozeß-Koordination alle anderen Aufgaben des Betriebssystems von Prozessen wahrgenommen werden, kann der Betriebssystem-Kern jedoch sehr klein gehalten werden.

Ein solches Betriebssystem läßt sich etwa folgendermaßen veranschaulichen:

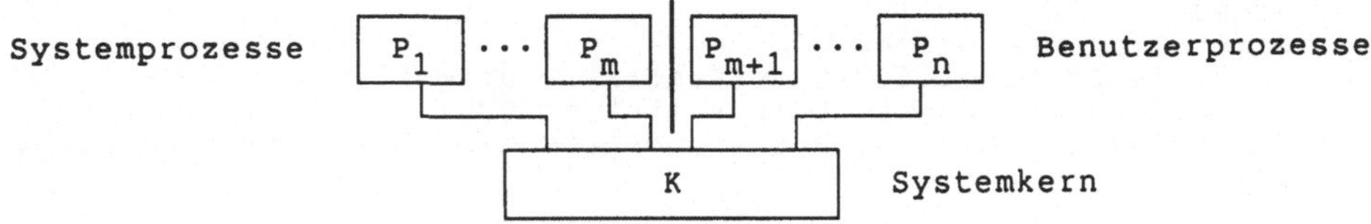

Fig. 2-1 Prozeßstruktur eines Betriebssystems

Ein derart strukturiertes System ist erheblich einfacher aufgebaut und durch seine Zerlegung in Moduln leichter zu schreiben und zu warten als ein zusammenhängendes unstrukturiertes System. Aus diesem Grund weisen praktisch alle modernen Betriebssysteme eine solche oder ähnliche Struktur auf. Wir wollen deshalb im Folgenden immer von einem Betriebssystem ausgehen, bei dem die Gesamtheit der ablaufenden Software in der oben beschriebenen Weise in einzelne Prozesse untergliedert ist.

Nachdem wir nun, mehr oder weniger intuitiv, festgestellt haben, was ein Prozeß im Gegensatz zu einem Programm ist und wozu dieses Konzept nützlich ist, müssen wir uns ansehen, wie ein solcher Prozeß im Rechner aufgebaut ist.

2.2 AUFBAU UND DARSTELLUNG VON PROZESSEN

2.2.1 Aufbau

Um den physikalischen Aufbau eines Prozesses beschreiben zu können, ist es zunächst erforderlich, die physikalische Realisierung eines Programmes zu betrachten:

Ein Programm besteht aus einer Menge von Prozeduren und Daten, die vom Linker (Montierer) zu einem (nicht notwendigerweise zusammenhängenden) Bereich von Binärelementen (Maschinenworten oder Bytes) zusammengebunden werden. Man bezeichnet diese Menge von Binärelementen als das Image (Speicherabbild) des Programms.

Durch einen bestimmten Teil des Betriebssystems, den sogenannten Image Activator oder Abwickler, kann ein Image zur Ausführung gebracht werden. Dazu werden zunächst Datenstrukturen aufgebaut, die dem Betriebssystem den Zusammenhang zwischen dem Adreßraum des Images und dem physikalischen Adreßraum definieren. Dies geschieht in vielen Betriebssystemen dadurch, daß eine vorgefertigte Datenstruktur, die ein leeres Image beschreibt, mit den Parametern des aktuellen Images ausgefüllt wird. Man bezeichnet den Prozeß, der diesem leeren Image entspricht, als shell process; er dient als Maske zur schnellen Erzeugung eines echten Prozesses.

Anschließend kann ein weiterer Systemteil, der Dispatcher, der üblicherweise dem Systemkern angehört, das so vorbereitete Image zur Ausführung bringen: es wird dann zum Prozeß.

Insgesamt hat man also folgenden Ablauf:

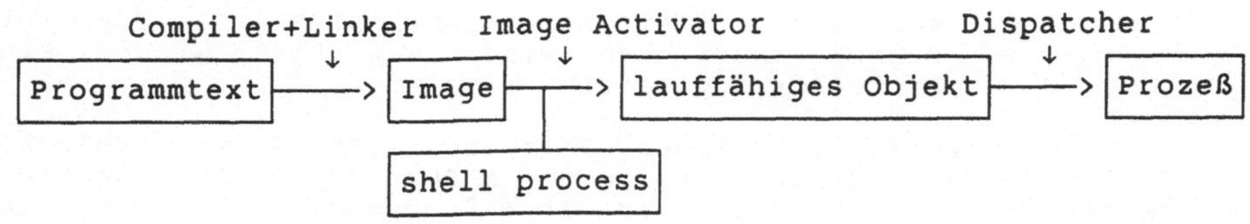

Fig. 2-2 Vom Programm zum Prozeß

Hier ist anzumerken, daß der Dispatcher nichts anderes macht, als dem lauffähigen Image das erste Mal den Prozessor zuzuteilen; das lauffähige Objekt unterscheidet sich von einem echten Prozeß also nur dadurch, daß ihm noch nie der Prozessor zugeteilt wurde. Die Unterscheidung zwischen lauffähigem Image und Prozeß ist also relativ künstlich und nur durch die Definition des Begriffs "Prozeß" bedingt.

In vielen Betriebssystemen wird beim Wechsel eines Programms desselben Benutzers nicht der gesamte Prozeß dieses Benutzers gelöscht und neu erzeugt. Stattdessen werden nur das Image innerhalb des Prozesses sowie die darauf bezogenen Daten der obengenannten Datenstruktur ausgetauscht, so daß es möglich ist, in demselben Prozeß nacheinander mehrere Programme ablaufen zu lassen.

Ein Prozeß ist somit:

- die Basis-Einheit, die vom Betriebssystem als Empfänger von Betriebsmitteln betrachtet wird;

- aufgebaut aus einem Image und einer Datenstruktur.

Man bezeichnet die den Prozeß beschreibende Datenstruktur als seinen Kontext oder Prozeß-Kontroll-Block, kurz PCB. Dieser Kontext befindet sich, je nach dem Zustand eines Prozesses, entweder völlig im Hauptspeicher des Rechners oder auf Speicher und Prozessor verteilt. Man unterscheidet daher zwei Teile des Prozeß-Kontextes:

- den Hardware-Kontext (auch Hardware-Prozeß-Kontroll-Block, Hardware-PCB genannt); er besteht aus:

  o bei einem Prozeß, dem der Prozessor zugeteilt ist:

     dem Inhalt aller image-spezifischen Register des Prozessors

  o bei einem Prozeß in irgendeinem anderen Zustand:

     einer Datenstruktur, die die Inhalte aller dieser Register enthält:

+ nach der letzten Maschineninstruktion, bei der
  dem Prozeß ein Prozessor zugeteilt war

+ vor der ersten Maschineninstruktion, die der
  Prozeß ausführen wird, wenn ihm wieder ein
  Prozessor zugeteilt werden wird

- den Software-Kontext (auch Software-Prozeß-Kontroll-Block,
  Software-PCB genannt), der eine im Betriebssystem gehaltene
  Datenstruktur ist, die den Prozeß beschreibt, und im
  Hauptspeicher resident gehalten wird; sie enthält Status- und
  Kontroll-Informationen wie zum Beispiel die folgenden:

  o den aktuellen Zustand des Prozesses (z. B. "rechnend",
    "wartend auf E/A", usw.)

  o Peripheriespeicher-Adresse, falls auf den Hintergrund
    ausgelagert ("swapped out")

  o die Prozeß-Identifikation

  o die Adresse des sogenannten Prozeß-Kopfes (s. u.); dieser
    enthält unter anderem den Hardware-PCB

  o die Prozeß-Priorität

  o die Werte diverser Verbrauchsgrenzen und den aktuellen
    Verbrauch an verschiedenen Betriebsmitteln

  o aktuelle Synchronisations-Information (s. Abschnitt
    3.2.4)

  o die Anzahl erzeugter Subprozesse

Bei umfangreicheren Betriebssystemen reicht die bis jetzt
genannte Information zur Beschreibung eines Prozesses nicht aus;
es werden weitere, zum Teil relativ umfangreiche Informationen zur
Beschreibung benötigt, die in einer weiteren Datenstruktur
gehalten werden. Diese wird als erweiterter Software-Kontext oder
als Prozeßkopf (process header) bezeichnet. Wegen ihres Umfangs
wird diese Datenstruktur dann nur für Hauptspeicher-residente
Programme im Hauptspeicher gehalten; für auf Peripherie-Speicher
ausgelagerte Programme wird sie mit diesen zusammen ausgelagert.
(Dies ist der Hauptgrund für die Unterteilung in Software-PCB und
Prozeßkopf.) Zu der im Prozeßkopf abgespeicherten Verwaltungsinformation können zum Beispiel die folgenden Daten gehören:

- eine Liste der Berechtigungen des Prozesses ("privilege
  mask")

- der Hardware-Kontext

- Information über Bedarf und erlaubte Zugriffsmengen auf
  Betriebsmittel ("accounting"/"quota")

- Beschreibung des "working set" (s. Abschnitt 5.4)

- Beschreibung der einzelnen Teile des Image-Adreßraums ("process section table")

- Seiten-Tabellen (s. Abschnitt 5.2)

- Adresse der Seiten-Tabellen im Pagefile

<u>Beispiel:</u> Aufbau des Hardware-PCB des VAX-Prozessors unter dem Betriebssystem VMS [41]:

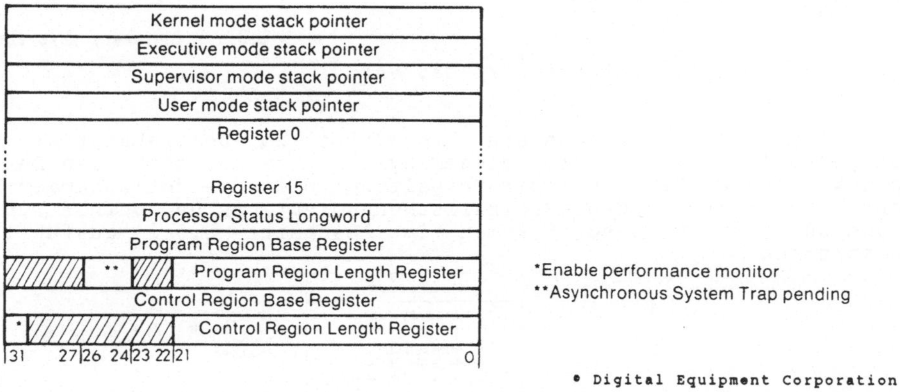

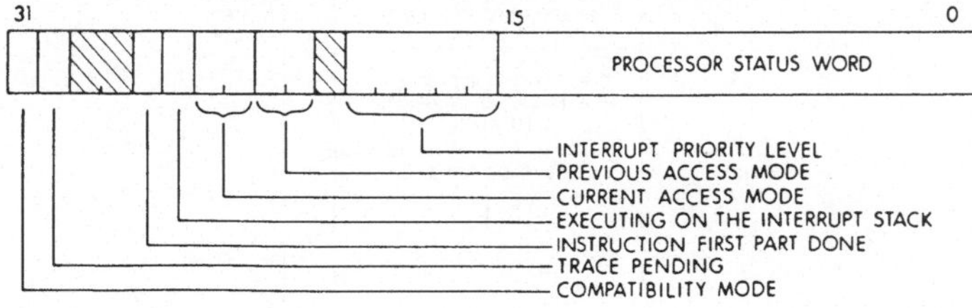

Fig. 2-3 Hardware-Kontext der VAX

Eines der hier angegebenen Felder, das sogenannte <u>Prozessor-Status-Langwort</u> (PSL, bei anderen Maschinen oft als <u>Prozessor-Status-Wort</u> bezeichnet), stellt seinerseits wieder eine Datenstruktur dar, die die folgenden Informationen enthält:

Fig. 2-4 Prozessor-Status-Langwort der VAX

Die Bits <31:16> sind privilegiert und können nur unter Berücksichtigung der dazu nötigen Zugriffsrechte gelesen oder verändert werden; speziell hat dies zur Folge, daß sich kein Prozeß größere Zugriffsrechte geben kann als er schon hat. Die Bits <15:0> dagegen, das <u>Prozessor-Status-Wort</u> (Vorsicht: Verwechslungsgefahr mit der vorhin genannten Terminologie!), sind unprivilegiert, so daß ein Prozeß sie beliebig verändern kann. Sie enthalten die folgenden Informationen:

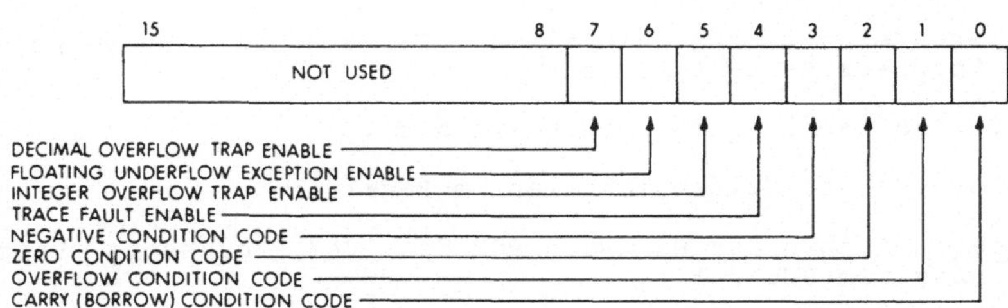

Fig. 2-5 Prozessor-Status-Wort der VAX

Schließlich sei noch ein Prozeßkopf im Betriebssystem VMS dargestellt; er ist in diesem System eine der zentralen Datenstrukturen der Hauptspeicher-Verwaltung; diese werden zusammen mit der Organisation des physikalischen Adreßraums und seiner Zuordnung zu den Image-Adreßräumen im Abschnitt 5.5.1 ausführlich besprochen.

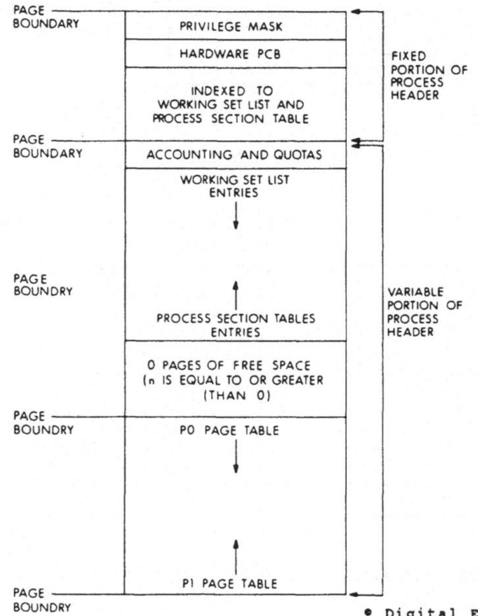

Fig. 2-6 Prozeßkopf unter VMS

2.2.2 Darstellung

Die exakteste Darstellung eines Prozesses ist die als Programm in der Maschinensprache des Prozessors, auf dem dieser Prozeß laufen soll. Diese Form der Darstellung hat jedoch einige schwerwiegende Nachteile, denn sie ist:

- schwierig zu lesen

- oft schwierig zu interpretieren

- für die meisten Zwecke zu detailreich

- zu umfangreich

- zu speziell

Daher werden Prozesse oft als Programme in höheren Programmiersprachen geschrieben (oder zumindest in dieser Form beschrieben) und durch zusätzliche verbale Dokumentation erläutert.

Anmerkung: Es gibt einige neuere Programmiersprachen (z.B. Concurrent Pascal, Ada, Modula), die den Begriff "Prozeß" oder "Task" kennen. Die dadurch bezeichneten Sprachobjekte stellen jedoch nur sequentielle Abfolgen von Operationen innerhalb eines Programms dar. Sie entsprechen daher nicht dem Begriff des Prozesses als Element eines Betriebssystems, da sie

- keine parallelen Abläufe zulassen,

- keine Beziehung zu einem Maschinen-Kontext enthalten,

- keine verwaltbaren Objekte innerhalb eines Betriebssystems zu sein brauchen.

Nur in dem Fall, daß ein Betriebssystem so in einer dieser Sprachen geschrieben wurde, daß explizit das Sprachobjekt "Prozeß" mit dem Verwaltungsobjekt "Prozeß" identifiziert ist, fallen (für dieses System) die beiden Prozeß-Begriffe zusammen.

Für viele Zwecke sind vereinfachte Darstellungen von Prozessen ausreichend. Die gebräuchlichsten dieser Darstellungsformen sind die folgenden [19]:

- als Zustandstabelle zusammen mit einem Übergangsgraphen

Beispiel: Ein Schnelldrucker kann in drei verschiedenen Zuständen sein: IDLE, wenn das Gerät abgeschaltet ist; BUSY, wenn ein Druckbefehl auszuführen ist; READY, wenn eingeschaltet, aber kein Druckbefehl vorliegt. Die einzelnen Zustände ergeben sich daher in folgender Weise, wenn man mit "Start" die Stellung des Einschalters und mit "Befehl" das Vorliegen eines Druckauftrags bezeichnet:

LP	Start	Befehl	Zustand
0	0	0	IDLE
1	0	1	IDLE
2	1	0	READY
3	1	1	BUSY

Fig. 2-7 Zustandstabelle eines Schnelldruckers

Die Übergänge zwischen den einzelnen Zuständen dieser Tabelle sind durch den folgenden Übergangsgraphen gegeben:

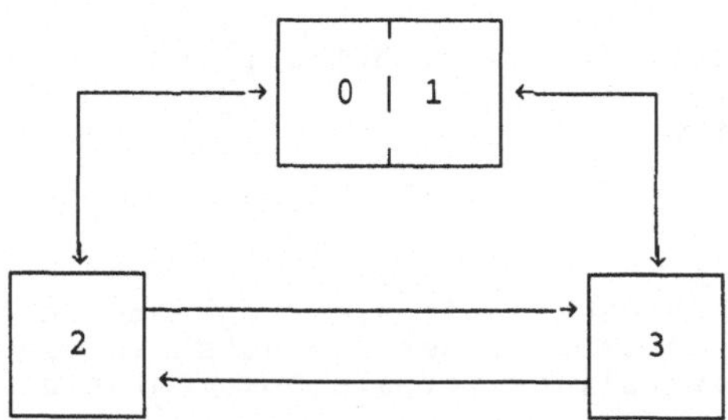

Fig. 2-8 Übergangsgraph des Schnelldruckers

- als abstraktes Programm p, eventuell mit zusätzlicher Status-
  Information s: (p,s)

- als Programm in einer höheren Programmiersprache, wobei hier
  jedoch einige der Nachteile einer Darstellung in Maschinensprache erhalten bleiben

- als endlicher Automat, dargestellt durch eine Zustandsübergangstabelle. Diese letzte Darstellungsform ist jedoch nur
  dann sinnvoll, wenn die Anzahl der möglichen Aktionen des
  Prozesses klein ist, da die Darstellung sonst zu unüber-
  sichtlich wird.

  <u>Beispiel:</u> Ein sequentieller Binäraddierer für Bitstrings
  kann etwa durch die folgende Zustandsübergangstabelle, die
  für alle möglichen Eingangswerte den ausgegebenen Wert und
  den resultierenden Folgezustand angibt, beschrieben werden:

Eingangswerte	Ausgangswert/Zustand: S0	S1
00	0 / S0	1 / S0
01	1 / S0	0 / S1
10	1 / S0	0 / S1
11	0 / S1	1 / S1
Ende	Halt	Überlauf

Fig. 2-9 Zustandsübergangstabelle eines Binäraddierers

2.3 VERWALTUNG DER PROZESSE

2.3.1 Prozeß-Zustände

Ein Prozeß kann dann in seinen Aktionen fortfahren, wenn ihm
ein Prozessor zugeteilt ist: Man sagt dann, er sei "rechnend".
Prozesse, die nicht rechnend sind, können dies aus verschiedenen
Gründen nicht sein:

- Ihnen ist kein Prozessor zugeteilt.

- Sie warten darauf, daß ein bestimmter Prozessor (z. B. ein
  E/A-Prozessor) oder ein anderer Prozeß eine bestimmte Aktion
  beendet.

- Sie warten auf ein Betriebsmittel, das im Augenblick nicht
  verfügbar ist.

- Sie befinden sich nicht oder nur teilweise im Hauptspeicher.

- Kombinationen hiervon.

Die einen Prozeß bildenden Datenstrukturen befinden sich an
verschiedenen physikalischen und logischen Stellen im Rechner, je
nachdem ob der Prozeß rechnend ist oder nicht. Falls der Prozeß
nicht rechnend ist, kann der Grund, weshalb er in seinen Aktionen
nicht fortfahren kann, ebenfalls die Position seiner Datenstrukturen im Rechner beeinflussen oder umgekehrt von dieser
Position bestimmt sein. Man drückt diesen Sachverhalt dadurch
aus, das man sagt, der Prozeß befinde sich in verschiedenen
Zuständen:

- **rechnend:** Hardware-Kontext in den Maschinen-Registern,
  Software-Kontext, Prozeßkopf und Image im Hauptspeicher

- **wartend** und **ausführbar:** Hardware-Kontext im Prozeßkopf im
  Hauptspeicher, Software-Kontext in einer Warteschlange, Image
  im Hauptspeicher

- **ausgelagert:** Software-Kontext in einer Warteschlange im
  Hauptspeicher, alles andere auf Peripherie-Speicher

Dabei umfaßt der Zustand "wartend" alle die Prozesse, die
nicht rechnen können, ehe sie sich mit einem anderen Prozeß
synchronisiert haben bzw. ehe ein bestimmtes Betriebsmittel
verfügbar wird, während der Zustand "ausführbar" alle Prozesse
umfaßt, die rechnen können, sobald ihnen nur ein Prozessor
zugeteilt wird. Die Darstellung beider Prozeßtypen ist innerhalb
des Systems völlig gleich, lediglich ihre Software-Kontexte
gehören anderen Warteschlangen an. Man bezeichnet die Zustände
"rechnend", "wartend" und "ausführbar" zusammenfassend als
"residente" Zustände, im Gegensatz zu den "ausgelagerten"
Zuständen, bei denen sich wesentliche Teile des Prozesses auf dem
Hintergrund-Speicher befinden.

Der Zustand "wartend" kann, je nach dem Grund des Wartens, in
Unterzustände unterteilt werden, zu denen je eine Warteschlange
gehört. Außerdem läßt sich die Verwaltung der Prozesse
vereinfachen, wenn man die ausgelagerten Prozesse dahingehend
unterscheidet, ob sie nach einem Transport in den Hauptspeicher
wartend oder ausführbar würden. In vielen Betriebssystemen wird
der Zustand "wartend" sogar noch erheblich weiter in Unterzustände
aufgeteilt, um eine bessere Kontrolle über das Gesamtsystem aller
Prozesse zu ermöglichen.

<u>Beispiel:</u> Im Betriebssystem VMS werden die folgenden Prozeß-
Zustände unterschieden [23]:

- **CURRENT PROCESS (CUR):** rechnend

- **COMPUTE (COM):** ausführbar, wird rechnend, sobald ein
  Prozessor zugeteilt wird

- **PAGE FAULT WAIT (PFW):** wartend auf Übertragung einer Seite
  in den Adreßraum eines Images (s. Abschnitt 5.2.4)

- **COLLIDED PAGE WAIT (CPG):** wartend auf eine Seite, die gerade
  auf den Hintergund geschrieben oder von dort eingelesen wird
  (s. Abschnitt 5.2.4)

- **FREE PAGE WAIT (FPG):** wartend auf eine freie Hauptspeicher-
  Seite

- **MUTEX AND MISC. RESOURCE WAIT (MWT):** wartend auf ein
  dynamisch vergebenes Betriebsmittel; hierzu gehören unter
  anderem die folgenden Unterzustände:

    o **ASTWAIT (RWAST):** wartend auf einen Software-Interrupt
    o **NPDYNMEM (RWNPG):** wartend auf physischen Hauptspeicher
    o **PGFILE (RWPGF):** wartend auf Platz im Pagefile
    o **SWPFILE (RWSWP):** wartend auf Platz im Swapfile

- **LOCAL EVENT FLAG WAIT (LEF):** wartend auf Synchronisation mit
  dem E/A-System und ähnliches

- **COMMON EVENT FLAG WAIT (CEF):** wartend auf Synchronisation
  mit einem anderen Prozeß (s. Abschnitt 3.2.4)

- **HIBERNATE WAIT (HIB):** wartend auf explizites Wecken durch
  einen anderen Prozeß oder eine bestimmte Uhrzeit

- **SUSPENDED WAIT (SSP/SUSP):** wartend auf Wiederstart durch
  einen anderen Prozeß

- **COMPUTE (OUT OF BALANCE SET) (CMO/COMO):** ausgelagert
  ausführbar; um rechnend zu werden, muß dieser Prozeß:

    1. in den Hauptspeicher gebracht werden
    2. den Prozessor zugeteilt erhalten

- **LOCAL EVENT FLAG WAIT (OUT OF BALANCE SET) (LFO/LEFO):** wie
  LEF, jedoch auf den Hintergund ausgelagert

- **HIBERNATE WAIT (OUT OF BALANCE SET) (HBO/HIBO):** wie HIB,
  jedoch auf den Hintergund ausgelagert

- **SUSPENDED WAIT (OUT OF BALANCE SET) (SPO/SUSPO):** wie SSP,
  jedoch auf den Hintergund ausgelagert

Man sieht an diesem Beispiel die sehr starke Aufspaltung des
Zustandes "wartend", die dem Betriebssystem eine sehr spezifische
Kontrolle der Zustandsübergänge der Prozesse gestattet. Gleich-
zeitig vermittelt dieses Beispiel einen ersten Eindruck von der

Komplexität der Beziehungen der einzelnen Prozesse untereinander
und von der entsprechenden Komplexität der Entscheidung zur Auswahl des nächsten Prozesses, der einen Prozessor zugeteilt
erhalten soll.

Da ein Transport eines ausgelagerten, nicht ausführbaren
Prozesses in den Hauptspeicher nicht sinnvoll ist (Warum?), ergibt
sich folgendes Zustandsübergangsdiagramm für die Prozesse in einem
Betriebssystem:

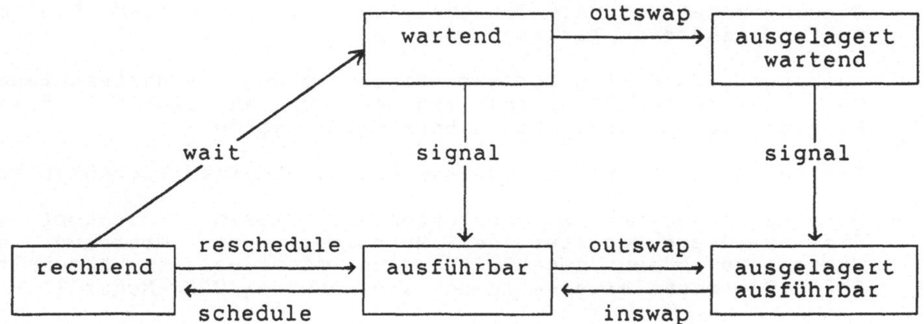

Fig. 2-10 Zustandsübergangsdiagramm der Prozesse

Ein Wechsel des Zustandes von "wartend" nach "ausführbar"
wird durch einfaches Umhängen des Software-Kontextes von einer
Warteschlange in eine andere realisiert. Bei einem Wechsel
zwischen einem der residenten und einem der ausgelagerten Zustände
müssen zusätzlich der Prozeßkopf und das Image (oder zumindest ein
Teil davon) aus dem Hauptspeicher auf die Peripherie übertragen
werden bzw. umgekehrt. Von besonderem Interesse ist der Zustandswechsel zwischen "rechnend" einerseits und "wartend" bzw.
"ausführbar" andererseits, der im allgemeinen einen Wechsel des
vom Prozessor bearbeiteten Prozesses beinhaltet und als Prozeßwechsel oder context switch bezeichnet wird.

2.3.2 Prozeßwechsel

Ein Prozeß kann den Zustand "rechnend" auf zwei Arten
verlassen:

- durch freiwillige Abgabe des Prozessors, um auf irgendeine
  Bedingung zu warten: Wechsel in den Zustand "wartend"

- durch einen Interrupt, der einen Prozeßwechsel erzwingt:
  Wechsel in den Zustand "ausführbar"

In beiden Fällen müssen die Hardware-Register mit dem zugehörigen Hardware-Kontext ausgetauscht werden; im ersten Fall muß
zusätzlich sein Software-Kontext von einer Warteschlange in eine
andere umgehängt werden. Der Systemteil, der diese Aufgaben

übernimmt, heißt <u>Dispatcher</u>; er führt im Einzelnen die folgenden
Operationen aus:

- Übertragen der Hardware-Register in den Hardware-Kontext des
  Prozesses, der den Zustand "rechnend" verläßt

- Setzen des Prozeß-Zustandes im Software-Kontext auf den
  richtigen Wert, je nach dem Ereignis, das den Prozeßwechsel
  verursacht hat

- Einhängen des Software-Kontextes in die zu diesem Prozeß-
  Zustand gehörende Warteschlange

- Aushängen des ersten Software-Kontextes aus der Warteschlange
  der lauffähigen Prozesse (mit der höchsten Priorität, falls
  Prozesse nach Prioritäten unterschieden werden)

- Bestimmen der aktuellen Adresse des zugehörigen Prozeßkopfes

- Übertragen des Hardware-Kontextes aus diesem Prozeßkopf in
  die Hardware-Register der Maschine; dabei Übergang des
  Prozessors in den zugehörigen Zugriffsmodus (s. Abschnitt
  8.2.3.2) (normalerweise in den sogenannten "USER-Modus")

Dieser Prozeßwechsel kann auf verschiedene Arten beschleunigt
werden:

- durch Bereitstellen von Maschinenbefehlen, die den ganzen
  Hardware-Kontext auf einmal transportieren (TR440, VAX)

- durch Bereitstellen mehrerer Sätze von Prozessor-Registern,
  so daß zum Wechsel des Hardware-Kontextes nur ein Umschalten
  auf einen anderen Registersatz erforderlich ist, was zum
  Beispiel durch einen Wechsel des Prozessor-Status-Wortes
  geschehen kann (ND-100, MODCOMP CLASSIC)

- durch geeigneten Aufbau der Datenstrukturen der Prozeß-
  Verwaltung (VAX)

- durch Bereitstellen von Maschinenbefehlen zum schnellen
  Durchsuchen dieser Datenstrukturen (VAX)

<u>Beispiel</u>: [23,25] Im Betriebssystem VMS werden Prozesse nach
Prioritäten unterschieden, und die ausführbaren Prozesse jeweils
einer Priorität liegen in einer Warteschlange. Ein spezielles
Maschinenwort, das sogenannte "Compute Queue Status Longword",
enthält für jede nicht leere Warteschlange ein auf 1 gesetztes
Bit:

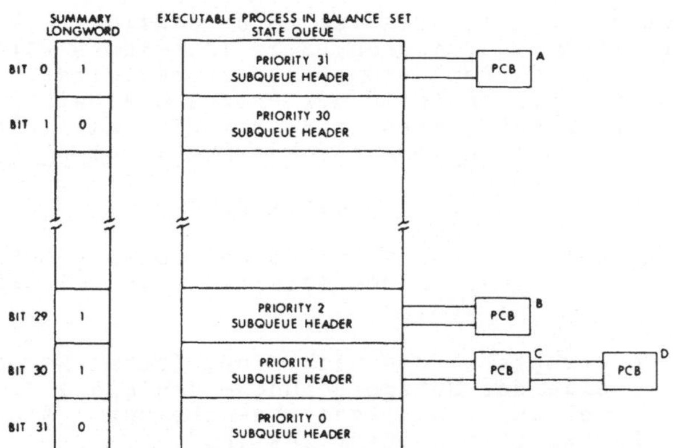

Fig. 2-11 Warteschlangen ausführbarer Prozesse

Durch Bereitstellung eines Bit-Such-Befehls und eines Dequeue-Befehls als Maschinen-Befehle ist es bei dieser Datenstruktur mit nur zwei Befehlen möglich, den nächsten zu rechnenden Prozeß auszuwählen und seinen Software-Kontext zu lokalisieren. Damit ist es möglich, den Dispatcher sehr einfach und kurz zu implementieren.

Anmerkung: Speziell für Timesharing- und Realzeit-Systeme ist es wichtig, Prozeßwechsel sehr schnell durchführen zu können, da hierdurch die Reaktionsfähigkeit des Systems sehr stark beeinflußt wird. Schnelle Prozeßrechner erreichen heute Zeiten im Bereich von einigen Mikrosekunden.

2.3.3 Verwaltung und Zuordnung mehrerer Prozessoren

In Betriebssystemen, die die parallele Arbeit mehrerer im wesentlichen gleichberechtigter Prozessoren unterstützen, wird die Verwaltung der Prozesse gegenüber Ein-Prozessor-Systemen dadurch verkompliziert, daß mehrere Prozesse gleichzeitig aktiv sein und/ oder durch Interrupts unterbrochen werden können. Damit können z.B. die folgenden Situationen auftreten:

- Jeder Prozessor bearbeitet einen Benutzer- bzw. System-Prozeß.

- Einer der Prozessoren erhält einen Interrupt, bearbeitet ihn und setzt anschließend den unterbrochenen Prozeß fort, während die anderen Prozessoren ihre Prozesse ungestört fortführen.

- Es treffen - z.B. von verschiedenen Geräten - mehrere Interrupts quasi gleichzeitig ein. Für deren Abarbeitung sind verschiedene Alternativen möglich:

o Einer der Prozessoren ist als einziger für Interrupt-
  Bearbeitung vorgesehen; alle Interrupts werden der Reihe
  nach von diesem Prozessor abgearbeitet, während die
  anderen Prozessoren in der Prozeß-Bearbeitung verbleiben.
  Man bezeichnet dieses, z.B. bei der VAX-11/782 verwendete
  Verfahren als "Asymmetrisches Multiprocessing".

  Vorteil: einfache Realisierung

  Nachteile: Durchsatz-Engpaß bei hoher E/A-Last
                Ausfall des Gesamtsystems bei defektem Haupt-
                prozessor

o Die Interrupts werden nach einem festen Schema - je nach
  der Quelle der Unterbrechung - den einzelnen Prozessoren
  zugeordnet und von diesen abgearbeitet. Man spricht hier
  von "Dediziertem Multiprocessing".

  Vorteil: höherer Durchsatz durch größere Parallelität

  Nachteile: wesentlich höhere Komplexität
                immer noch Engpässe bei bestimmter Interrupt-
                Verteilung
                Teilausfall des Systems bei Defekt in einem
                Prozessor

  Dieses Verfahren wird, da es weitgehend die Nachteile der
  beiden anderen kombiniert, im wesentlichen nur für
  Spezialfälle, z.B. für den Anschluß von Konsol- und
  Service-Prozessoren eingesetzt.

o Die Interrupts werden frei in der Reihenfolge ihres Eintreffens auf die einzelnen Prozessoren verteilt, so daß
  zu einem gegebenen Zeitpunkt mehrere Prozessoren unterschiedliche oder auch äquivalente Interrupts abarbeiten
  können. Dieses Verfahren, das in Betriebssystemen hoher
  Leistung angewendet wird, nennt man "Symmetrisches Multiprocessing".

  Vorteile: höchster Durchsatz durch größtmögliche Paral-
                lelität
                Funktionsfähigkeit auch bei Ausfall einzelner
                Prozessoren

  Nachteile: hohe Komplexität der Prozeß- und Prozessor-
                Verwaltung
                mögliche Konkurrenz-Situationen zwischen den
                Prozessoren

- Zwei Prozessoren versuchen quasi gleichzeitig, eine zentrale
  Datenstruktur des Betriebssystems zu verändern, indem z.B.
  beide einen Speicherbereich allokieren, beide einen neuen
  Prozeß zur Verarbeitung auswählen oder beide einen E/A-
  Vorgang für das gleiche Gerät einleiten. In diesem Fall muß
  für eine Koordination dieser miteinander kollidierenden
  Vorgänge gesorgt werden. Verfahren, mit denen sich die hier
  notwendige Synchronisation bewerkstelligen läßt, werden im
  nächsten Kapitel ausführlich behandelt.

- Einer oder mehrere der Prozessoren führen einen Prozeßwechsel durch. Dabei kann es vorkommen, daß ein Prozeß von einem Prozessor auf einen anderen wechselt.

- Ein Prozeß startet einen E/A-Vorgang und verliert, da er in einen Wartezustand geht, seinen Prozessor. Der E/A-Vorgang wird durch einen Interrupt, dessen Bearbeitung eventuell auf einem zweiten Prozessor erfolgt, beendet, so daß der betreffende Prozeß wieder ausführbar wird. Da in diesem Augenblick ein dritter Prozessor frei ist, wird der Prozeß auf diesem fortgesetzt.

Man sieht an diesen Beispielen, daß in einem Multi-Prozessor-System die Zuordnung von Prozessen, Prozessoren und Interrupts sehr dynamisch wechseln kann, wobei diese Zuordnung im symmetrischen Fall am flexibelsten ist; die anderen Systemtypen ergeben sich hieraus durch Befolgung mehr oder weniger starker Einschränkungen. Das Betriebssystem eines solchen Multi-Prozessor-Systems muß somit Informationen mitführen, die den aktuellen Zustand dieser Zuordnung so beschreiben, daß jederzeit Zustandsübergänge koordiniert erfolgen können und daß auch frühere Zustände - beispielsweise nach einer Unterbrechung - rekonstruiert bzw. fortgesetzt werden können.

Während nun in einem Betriebssystem alle Programme und auch die meisten Daten für das **ganze** System und somit für **alle** Prozessoren gelten, müssen genau die Daten, die die Zuordnung von Prozessen, Prozessoren und Interrupts beschreiben, prozessorspezifisch sein. Dies ist erforderlich, weil jeder Prozessor anhand der **für ihn** geltenden Zuordnung arbeiten muß; Zugriff auf die Zuordnungs-Information eines anderen Prozessors würde bewirken, daß die Aktionen dieses Prozessors unkoordiniert dupliziert würden.

Es ist somit erforderlich, daß die Zuordnungs-Information jedes Prozessors in einer prozessorspezifischen Datenstruktur abgelegt wird, die zwar für jeden Prozessor - da alle Prozessoren den gleichen Betriebssystem-Code durchlaufen - in derselben Weise adressiert wird, aber für jeden Prozessor an einer anderen Stelle im Hauptspeicher liegt und somit physisch - und auch inhaltlich - verschieden ist. Dies läßt sich beispielsweise dadurch erreichen, daß die Startadressen der Datenstrukturen für die einzelnen Prozessoren in einem Array abgelegt werden, der durch die Prozessor-Nummer indiziert wird.

Beispiel: Im Betriebssystem VMS werden bei symmetrischem Multiprocessing [46] die CPU-abhängigen Datenstrukturen über einen Vektor addressiert, dessen für einen bestimmten Prozessor relevantes Element über die Hardware-Nummer dieses Prozessors ausgewählt wird. Jede dieser Datenstrukturen ist identisch aufgebaut, und ihre Bestandteile werden in gleicher Weise adressiert:

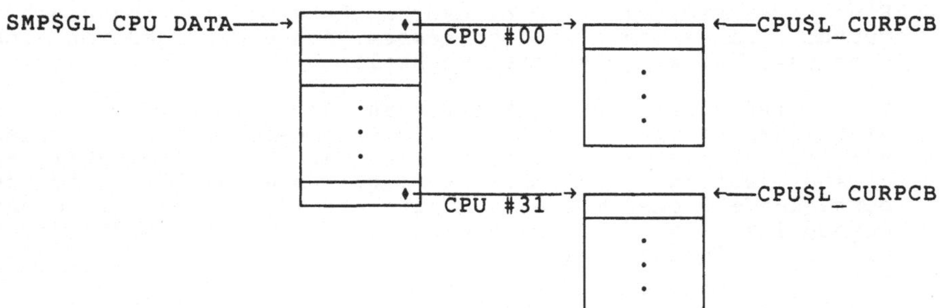

Fig. 2-12 Adressierung der CPU-Datenbasis unter VMS

Dabei werden die prozessorspezifischen Datenstrukturen natürlich
nur für tatsächlich vorhandene Prozessoren angelegt.

Innerhalb der einzelnen prozessorspezifischen Datenstrukturen
werden die verschiedenen Teile der Zuordnungs-Information auf die
jeweils gleiche Art aufgefunden. Art und Umfang dieser Information hängen in hohem Maße von dem betreffenden Betriebssystem
ab, doch vermittelt die folgende Liste einen guten Eindruck davon,
was man typischerweise dort finden wird:

- Adresse des Software-Kontextes des aktuellen Prozesses (dieses Prozessors)

- Zustand und Priorität des aktuellen Prozesses

- Prozessor-Nummer (z.B. für Konsistenz-Prüfungen)

- Adresse des Interrupt-Stacks

- diverse Prozessor-Zeiten

- Information über Synchronisationen mit anderen Prozessoren

- Verweise auf (für diesen Prozessor) ausstehende Interrupt-Be-
  arbeitungen

- Interrupt-Stack (dieses Prozessors)

Diese Informationen gestatten es jedem Prozessor, unabhängig von
den anderen Prozessoren Prozesse laufen zu lassen und zu wechseln,
Interrupts zu bearbeiten und die eigene Arbeit mit der der anderen
Prozessoren zu koordinieren.

KAPITEL 3

PROZESS-STEUERUNG

3.1 KRITISCHE ABSCHNITTE

3.1.1 Gegenseitige Ausschließung

Die gemeinsame Benutzung von Daten durch mehrere Prozesse ist notwendig, damit diese Prozesse überhaupt Informationen austauschen können. Da für viele Rechnertypen ein einzelner Speicherzugriff die größte unteilbare Aktion ist, kann die Koordination des Zugriffs auf gemeinsame Daten nur relativ schwierig realisiert werden:

- Zur Zugriffskoordination sind Programmstücke erforderlich, die zwar kurz sind, aber dennoch Folgen mehrerer Aktionen.

- Da im Prinzip jederzeit ein Interrupt einen Prozeßwechsel erzwingen kann, ist nicht zu gewährleisten, daß der gesamte Koordinations-Algorithmus ungeteilt abläuft.

- Wenn der Koordinations-Algorithmus unterbrochen wird, kann der nächste rechnende Prozeß ein anderer sein, der ebenfalls auf die gemeinsamen Daten zugreifen will und daher seinen Koordinations-Algorithmus startet.

Daraus folgt, daß der Koordinations-Algorithmus so aufgebaut sein muß, daß er auch noch bei parallelem Ablauf in mehreren Prozessen funktioniert.

<u>Beispiel</u> [19]: Mehrere Prozesse in einem Rechner sollen dynamisch mit Speicherblöcken fester, gleicher Größe versorgt werden. Diese Blöcke werden durch einen Stack mit Verweisen auf die verfügbaren Blöcke verwaltet. Anfordern von Speicher geschieht durch einen Aufruf **getspace**, Freigabe durch einen Aufruf **release(adr)**. Dadurch ist eine Koordination des Zugriffs auf die Speicherblöcke gewährleistet, solange **getspace** und **release** als unteilbare Aktionen betrachtet werden. Diese Koordination geht verloren, wenn nur kleinere Aktionen unteilbar sind:

```
getspace:
     begin getspace := Stack[top];
           top -:= 1
     end
```

```
release(adr):
      begin top +:= 1;
            Stack[top] := adr
      end
```

(Dabei wird die Möglichkeit des Stack-Unter-/Überlaufs hier igno-
riert).

Wenn zwei Prozesse gleichzeitig **getspace** und **release**
ausführen und dabei im geeigneten Augenblick Prozeßwechsel
vorkommen, ist die folgende Abarbeitung der Einzelschritte möglich
(mit **top** = h_0 für t = t_0):

t_0: **top** +:= 1   → **top** = h_0 + 1

t_1: **getspace** := Stack[top]   → **getspace** = Stack[h_0+1]

t_2: **top** -:= 1   → **top** = h_0

t_3: Stack[top] := adr   → Stack[h_0] = **adr**

Ergebnis:

- Ein undefinierter Wert von jenseits des Stacks wird **getspace**
  übergeben. → **Fehler!**

- Die Adresse des freigegebenen Blocks wird über eine gültige
  Adresse geschrieben. → **Fehler!**

Diese Schwierigkeiten lassen sich vermeiden, wenn gewährleistet ist, daß die Operationen von **getspace** und **release** nicht
miteinander vermischt werden. Dies führt zu der folgenden

Definition: Eine kritische Sektion (kritischer Abschnitt,
"critical section") eines Programms ist eine Menge von
Instruktionen, in der das Ergebnis ihrer Ausführung auf
unvorhersehbare Weise variieren kann, wenn Variablen, auf die in
diesem Abschnitt zugegriffen wird und die auch für andere,
parallel verlaufende Prozesse verfügbar sind, während dieser
Ausführung verändert werden.

Kritische Abschnitte eines Prozesses sind somit durch
Parallelzugriff auf gemeinsame Daten mehrerer Prozesse bestimmt;
es spielt dabei keine Rolle, ob diese Prozesse auf demselben
Prozessor laufen oder nicht. Es kann durchaus sein, daß es in
einem System mehrere Gruppen von Prozessen gibt, die in Bezug auf
verschiedene Daten zueinander kritische Abschnitte enthalten;
diese kritischen Abschnitte bilden zueinander fremde Mengen, so
daß sie verschiedene Äquivalenzklassen von Prozessen definieren.
Eine mögliche Formulierung kritischer Abschnitte wäre etwa [19]:

when <classname> do <critical section> enddo

Die Koordination des Speicherzugriffs müßte also unter expliziter Bezugnahme auf einen kritischen Abschnitt sp folgendermaßen
formuliert werden:

getspace:
    <u>when</u> sp <u>do</u> getspace := Stack[top]; top -:= 1 <u>enddo</u>

release(adr):
    <u>when</u> sp <u>do</u> top +:= 1; Stack[top] := **adr** <u>enddo</u>

Durch diese Notation wird angezeigt, daß zu einem Zeitpunkt nur jeweils ein kritischer Abschnitt aktiv sein kann.

3.1.2 Probleme der Koordination kritischer Abschnitte

Durch die Möglichkeit, daß jederzeit ein Prozeßwechsel erfolgen kann, wissen wir nichts über die relative Geschwindigkeit der einzelnen Prozesse. Damit sich ein Betriebssystem definiert verhält, darf daher das Ergebnis keines Prozesses von seiner eigenen Geschwindigkeit oder der eines anderen Prozesses abhängen, denn anderenfalls kann dieses Ergebnis vom Ausgang eines "Wettrennens" zwischen diesen beiden Prozessen abhängig werden ("race conditions") und damit je nach aktueller Belastung des Rechners verschieden sein.

Damit ein System die Aktionen seiner einzelnen Prozesse reproduzierbar koordiniert und sich nicht selbst blockiert, müssen die folgenden Forderungen erfüllt sein:

- Parallele Prozesse mit kritischen Abschnitten derselben Klasse müssen daran gehindert werden, ihre kritischen Abschnitte gleichzeitig auszuführen.

- Ein Prozeß, der außerhalb eines kritischen Abschnittes angehalten wird, darf die Fortführung anderer, unabhängiger Prozesse nicht behindern.

- Prozesse dürfen nicht unbegrenzt auf Betriebsmittel oder Signale zu warten gezwungen sein.

Die Prozeß-Steuerung muß daher folgende Aufgaben lösen:

- <u>Gegenseitige Ausschließung kritischer Abschnitte</u>: Nicht mehr als ein Prozeß darf sich zu einem Zeitpunkt in einem kritischen Abschnitt einer Klasse befinden.

- <u>Synchronisation</u>: Es muß sichergestellt sein, daß unter bestimmten Bedingungen ein Prozeß nicht über einen gegebenen Punkt hinaus fortfahren kann, ohne daß er ein Signal erhält, das er selbst nicht erzeugen kann.

- <u>Vermeidung von Deadlocks</u>: Es muß verhindert werden, daß sich eine Menge von Prozessen im System bildet, von denen keiner fortfahren kann, ohne daß ein anderer aus dieser Menge fortgefahren ist.

- <u>Kommunikation</u>: Es muß möglich sein, daß Prozesse bei Bedarf Nachrichten miteinander austauschen können; die Länge dieser Nachrichten sollte (innerhalb vernünftiger Grenzen) frei wählbar sein.

Es ist zwar im Prinzip möglich, daß sich Prozesse über die Verwaltung ihrer kritischen Abschnitte direkt abstimmen, doch ist dies nicht empfehlenswert:

- Die Einhaltung der obengenannten Forderungen hängt davon ab, daß alle Prozesse alle Synchronisationen richtig behandeln.

- Der Aufwand für die Synchronisation zweier Prozesse ist sehr hoch, wenn dies durch die Prozesse selbst geschehen soll.

Beides führt zu erheblichem Aufwand für die Programmierung der Prozesse und zu hoher Fehleranfälligkeit des Systems.

3.1.3 Synchronisation

Im Folgenden sollen einige Lösungsversuche für das Problem der Synchronisation zweier Prozesse durch diese Prozesse selbst angegeben werden, um die Schwierigkeit dieser Aufgabe zu demonstrieren [18]:

Lösung 1:

```
begin integer turn;
      turn := 1;
      parbegin
            P1: begin L1: if turn = 2 then goto L1;
                          < critical section 1 >;
                          turn := 2;
                          .....
                          goto L1;
                end
            P2: begin L2: if turn = 1 then goto L2;
                          < critical section 2 >;
                          turn := 1;
                          .....
                          goto L2;
                end
      parend
end
```

Diese Lösung erzwingt den Durchlauf der kritischen Abschnitte in der Reihenfolge P1, P2, P1, P2,... Ein Prozeß, der ein zweites Mal durch seinen kritischen Abschnitt laufen will, ist solange blockiert, bis der andere den seinigen wieder durchlaufen hat, da die Umschaltvariable **turn** erst jeweils nach Durchlaufen des kritischen Abschnittes des anderen Prozesses zurückgesetzt wird. Blockieren des zweiten Prozesses außerhalb seines kritischen Abschnittes blockiert also auch den ersten Prozeß in dieser Situation: Diese Lösung erfüllt daher nicht die Anforderungen korrekter Synchronisation.

Um die beiden Prozesse so zu entkoppeln, daß jeder von ihnen seinen kritischen Abschnitt beliebig oft durchlaufen kann, ohne daß der andere dazu den seinigen zwischendurch durchlaufen müßte, ersetzen wir die eine "Umschaltvariable" **turn** durch ein Paar von ("Flag"-)Variablen **C1** und **C2**, die jeweils einem der Prozesse zugeordnet sind:

Lösung 2:

```
begin integer C1,C2;
      C1 := 1; C2 := 1;
      parbegin
          P1: begin L1: if C2 = 0 then goto L1;
                        C1 := 0;
                        < critical section 1 >;
                        C1 := 1;
                        .....
                        goto L1;
              end
          P2: begin L2: if C1 = 0 then goto L2;
                        C2 := 0;
                        < critical section 2 >;
                        C2 := 1;
                        .....
                        goto L2;
              end
      parend
end
```

Diese Lösung führt nicht zu einer korrekten Synchronisation, wenn beide Prozesse gleichzeitig die Abfrage durchlaufen, da sie dann beide weitermachen.

Um dies zu verhindern, schützen wir das Setzen der Flag-Variablen dadurch, daß jeder Prozeß zuerst sein eigenes Flag setzt, ehe er das des anderen Prozesses überprüft:

Lösung 3:

```
begin integer C1,C2;
      C1 := 1; C2 := 1;
      parbegin
          P1: begin A1: C1 := 0;
                    L1: if C2 = 0 then goto L1;
                        < critical section 1 >;
                        C1 := 1;
                        .....
                        goto A1;
              end
          P2: begin A2: C2 := 0;
                    L2: if C1 = 0 then goto L2;
                        < critical section 2 >;
                        C2 := 1;
                        .....
                        goto A2;
              end
      parend
end
```

Diese dritte Lösung kann zum Deadlock der beiden Prozesse führen, wenn jeder der Prozesse darauf wartet, daß der andere sein Flag löscht. Der Grund hierfür ist, daß jeder der Prozesse sein Flag schon gesetzt hat, während er wartet, obwohl er noch gar nicht in seinem kritischen Abschnitt ist.

Dieses Problem können wir dadurch lösen, daß wir beim Warten eines Prozesses sein Flag wieder löschen:

Lösung 4:

```
begin integer C1,C2;
      C1 := 1; C2 := 1;
      parbegin
            P1: begin L1: C1 := 0;
                         if C2 = 0 then
                         begin C1 := 1; goto L1 end;
                         < critical section 1 >;
                         C1 := 1;
                         .....
                         goto L1;
                end
            P2: begin L2: C2 := 0;
                         if C1 = 0 then
                         begin C2 := 1; goto L2 end;
                         < critical section 2 >;
                         C2 := 1;
                         .....
                         goto L2;
                end
      parend
end
```

Hier kann es stattdessen geschehen, daß die beiden Prozesse zusammen in eine unendliche Schleife geraten, wobei jeder dem anderen den Vortritt lassen will.

Eine richtige Lösung dieses Problems lautet [18]:

Lösung 5:

```
begin integer C1,C2,turn;
      C1 := 1; C2 := 1; turn := 1;
      parbegin
            P1: begin A1: C1 := 0;
                     L1: if C2 = 0 then
                             begin if turn = 1 then goto L1;
                                   C1 := 1;
                     B1:         if turn = 2 then goto B1;
                                 goto A1;
                             end;
                         < critical section 1 >;
                         turn := 2; C1 := 1;
                         .....
                         goto A1;
                end
```

```
        P2: begin A2: C2 := 0;
                  L2: if C1 = 0 then
                      begin if turn = 2 then goto L2;
                            C2 := 1;
                  B2:         if turn = 1 then goto B2;
                            goto A2;
                      end;
                      < critical section 2 >;
                      turn := 1; C2 := 1;
                      .....
                      goto A2;
                  end
        parend
end
```

Diese Lösung wurde laut Dijkstra von dem holländischen Mathematiker Th. J. Dekker gefunden. Das Beispiel zeigt, daß die direkte Synchronisation zweier Prozesse eine durchaus nicht triviale Aufgabe ist. Der Beweis, daß die angegebene Lösung korrekt ist, erfordert einigen Aufwand.

Es ist somit zweckmäßig, durch Einführung allgemeiner Synchronisationsverfahren den Aufwand und die Fehleranfälligkeit direkter Synchronisation zu vermeiden.

3.2 SYNCHRONISATIONSVERFAHREN

3.2.1 Aktives Warten ("busy waiting")

Die einfachste Methode, einen Prozeß an einer Stelle anzuhalten, ist eine unendliche Schleife, die durchlaufen wird, bis eine bestimmte Variable ihren Wert ändert bzw. einen bestimmten Wert annimmt:

```
        repeat until V = 0;
```

Die Implementierung besteht üblicherweise aus einer Abfrage und einem geeigneten Rücksprung:

```
        M: if V ≠ 0 then goto M fi;
```

Diese Form der Synchronisierung wurde für das Anhalten der beiden Prozesse vor ihrem kritischen Abschnitt in den vorangegangenen Beispielen verwendet.

Vorteil: einfache Implementierung

Nachteile:

- Der Prozessor ist während des Wartens belegt.

- Die abzufragende Variable muß (daher) von einem anderen Prozessor gesetzt werden.

- Prozeßwechsel in einem Prozessor ist hiermit nicht zu realisieren.

Die aktive Form des Wartens wird daher im wesentlichen nur für E/A-Geräte (Controller) verwendet, deren Wartezeit im Prinzip nichts kostet. In Multiprozessor-Systemen kann aktives Warten, dann bezeichnet als "spin lock", allerdings die einfachste und effizienteste Form der Synchronisierung zwischen den Prozessoren sein, wenn gewährleistet ist, daß:

- Synchronisationsvorgänge selten und

- Wartezeiten sehr kurz (nur wenige Maschinenbefehle lang)

sind (s. Abschnitt 3.2.14).

3.2.2 Blockierung der Interrupts

Eine ebenfalls relativ einfache Methode der Prozeß-Synchronisierung ist der Schutz kritischer Abschnitte durch Abschalten des Interrupt-Mechanismus, während diese Abschnitte durchlaufen werden. Hierzu stehen auf vielen Prozessoren spezielle (privilegierte) Befehle zur Verfügung.

<u>Beispiel:</u> TR440: **BSS**; 8080: **EI/DI**; PDP-8: **DBEI/DBDI**

<u>Vorteil:</u> einfache Implementierung, falls der Prozessor diese Befehle vorsieht

<u>Nachteile:</u>

- Bei abgeschalteten Interrupts kann keine Reaktion auf externe Ereignisse erfolgen:

    o Möglichkeit des Verlierens von Interrupts
    o eventuell langsame Reaktion des Systems
    o anfällig für Systemzusammenbrüche durch Programmierfehler

- Prozeßwechsel ist hiermit nicht direkt zu realisieren.

Synchronisation durch Abschalten der Interrupts wird daher im allgemeinen nur für Spezialzwecke eingesetzt:

- in dedizierten Systemen, bei denen die Blockierung einer Reaktion kalkulierbar/in bestimmten Fällen akzeptierbar ist

- in einfachen Systemen geringer Leistung

- an beschränkten Stellen eines Betriebssystem-Kerns, an denen die Auswirkungen der Interrupt-Blockierung überschaubar und akzeptierbar sind

3.2.3 Spezielle Zugriffsoperationen

Die kleinsten, nicht durch Interrupts teilbaren Aktionen in einem Rechner sind üblicherweise einzelne Speicherzugriffe der Art

LOAD A,x bzw. **STORE A,x**

Aktionen dieser Art brauchen nicht als kritische Abschnitte
programmiert zu werden. Längere (Folgen von) Aktionen können als
kritische Abschnitte geschrieben werden, wenn sie durch geeignete
Klammerung mit solchen Aktionen geschützt werden, die die gegenseitige Ausschließung der kritischen Abschnitte garantieren:

```
        LOCK (key[s]);
          · ⎫
          · ⎬ kritischer Abschnitt zu Datenmenge s
          · ⎭
        UNLOCK (key[s]);
```

Der kritische Abschnitt kann dabei nur betreten werden, wenn
key[s] einen bestimmten Wert, z.B. 1, hat. Eine mögliche
Implementierung von UNLOCK ist daher:

```
        UNLOCK (key[s]):
            key[s] := 1;
```

Da es sich hier nur um einen einzelnen Speicherzugriff handelt,
ist eine Kollision hier nicht möglich. Die Implementierung von
LOCK ist dagegen schwieriger, wie das folgende Beispiel zeigt:

```
        LOCK (key[s]):
            begin local V;
                repeat V := key[s] until V = 1;
                key[s] := 0
            end
```

Dieser Ansatz löst das Problem aus zwei Gründen nicht:

- Die Abfrage von key[s] und das Umbesetzen des Wertes sind
  zwei verschiedene Operationen, stellen in sich also schon
  wieder einen kritischen Abschnitt dar.

- LOCK blockiert Prozesse durch aktives Warten mit allen dazu
  gehörigen Nachteilen.

Falls der Prozessor über einen nicht unterbrechbaren Befehl
wie

TEST AND SET x

verfügt, läßt sich das erste der beiden Probleme folgendermaßen
lösen:

```
        LOCK (key[s]):
            begin local V;
                repeat V := TEST AND SET key[s]
                        until V = 1;
            end
```

Das Problem des aktiven Wartens ist mit diesen Operationen nicht
gelöst; außerdem ist nicht zu garantieren, daß jeder Prozeß, der
den LOCK-Befehl gibt, irgendwann auch Zugriff erhält ("Verhun-

gern", "starvation"). Die Lösung über LOCK/UNLOCK-Operationen ist
nur dann möglich, wenn es wenigstens einen nicht unterbrechbaren
Maschinenbefehl gibt, der einen Speicherwert liest oder abfragt
und neu besetzt.

Beispiel: TR440: BC; IBM/370, Siemens 7.xxx: **TS**

   Bei allen bisher beschriebenen Synchronisationsverfahren
können Fehler in ihrer Bedienung zum Blockieren eines Prozessors
und damit zum Zusammenbruch des gesamten Rechners/Betriebssystems
führen. Die korrekte Abwicklung der Synchronisation ist immer
noch in die Verantwortung aller beteiligten Prozesse gelegt.

3.2.4 Semaphore

   Die von LOCK und UNLOCK nicht behobenen Schwierigkeiten
können durch eine Umkonstruktion dieser Funktionen in zwei
Operationen P(**sem**) und V(**sem**) auf einem einzelnen Argument **sem**
umgangen werden [15,18]:

```
P(sem): begin if sem = 1 then sem :=0
                    else < block calling process >;
                          < switch to another process >
               endif
        end

V(sem): begin if  THERE exists a process waiting for sem >
                  then i := < select waiting process >;
                       wakeup (process [i])
                  else sem := 1
               endif
        end
```

   Man bezeichnet die Argumente solcher Synchronisations-
funktionen (**sem** in unserem Falle) als Semaphore.

   P und V selbst müssen als kritische Abschnitte programmiert
werden, da sie jeweils mehrere Aktionen umfassen. Wesentlich ist
hierbei jedoch:

- daß es sich um kurze Programmstücke mit definiertem Inhalt
  handelt, die etwa durch Abschalten der Interrupts geschützt
  werden können;

- daß die Synchronisation nicht von den beteiligten Prozessen
  selbst, sondern von einer zentralen Instanz (der Prozeß-
  verwaltung) vorgenommen wird; diese Instanz wird explizit von
  den beteiligten Prozessen aufgerufen und entscheidet über
  deren weiteren Verbleib im Prozessor.

   Die Operationen P und V, die von E. W. Dijkstra erfunden
wurden [15], ermöglichen den Prozeßwechsel und vermeiden das
Blockieren von Prozessoren durch busy waiting; sie bedingen
gleichzeitig die Unterscheidung zwischen den Prozeß-Zuständen
"rechnend", "ausführbar" und "wartend". Ein kritischer Abschnitt

läßt sich mit den P- und V-Operationen folgendermaßen schreiben:

        P(**sem**);
        . ⎫
        . ⎬ kritischer Abschnitt
        . ⎭
        V(**sem**);

Dabei ist für jede zu schützende Datenmenge ein eigener Semaphor vorzusehen.

Auch die Arbeit mit Semaphoren kann einige Probleme bereiten:

- Der Aufruf von P und V kann durch Programmierfehler übersprungen werden, so daß die gegenseitige Ausschließung nicht gewährleistet ist bzw. einzelne Prozesse auf ewig blockiert werden.

- Es ist nicht möglich, innerhalb desselben Prozesses mit anderen Aktionen fortzufahren, wenn eine P-Operation erfolglos war.

- Man kann nicht auf einen beliebigen einer Menge von Semaphoren warten.

- Man kann eventuell durch Programmierfehler Semaphore überschreiben.

3.2.5 Ereignisse ("events")

Bei der Zugriffskoordination für Betriebsmittel, von denen mehrere gleichwertige Einheiten vorhanden sind, kann die Steuerung durch binäre Semaphore dadurch erweitert werden, daß man als Semaphor eine Variable verwendet, die die Anzahl der verfügbaren Einheiten des Betriebsmittels zählt [18]. Die Operationen P und V werden in diesem Fall auch als WAIT und SIGNAL bezeichnet:

```
WAIT(s): begin s -:= 1;
              if s < 0
                  then < block calling process >;
                       < switch to another process >
              endif
         end

SIGNAL(s): begin s +:= 1;
                if s < 0
                    then i := < select waiting process >;
                         wakeup (process [i])
                endif
           end
```

Anmerkung: Die Terminologie ist in diesem Punkt sehr uneinheitlich; man findet die Definitionen von P und WAIT und von V und SIGNAL oft auch gegeneinander vertauscht.

Die Argumente von WAIT und SIGNAL werden oft als <u>Ereignisse</u> ("events") bezeichnet; sie sind jedoch Semaphore und <u>nicht mit</u> Interrupts als Ereignissen zu verwechseln.

Das Problem der Prozeß-Synchronisation läßt sich mit Ereignissen folgendermaßen formulieren [18]:

```
begin semaphore mutex;
      INIT(mutex,1);
      parbegin
          P1: begin L1: WAIT (mutex);
                        < critical section 1 >;
                        SIGNAL (mutex);
                        .....
                        goto L1;
              end
          P2: begin L2: WAIT (mutex);
                        < critical section 2 >;
                        SIGNAL (mutex);
                        .....
                        goto L2;
              end
      parend
end
```

Es ist offensichtlich, daß diese Lösung erheblich einfacher und übersichtlicher ist als die direkte Synchronisierung, doch bietet auch sie keinen Schutz gegen Fehlbedienung des Semaphors.

3.2.6 Prozeß-Teilung ("fork")

Eine besondere Form der Prozeß-Synchronisierung wurde im Timesharing-System GENIE [14] entwickelt und durch ihre Verwendung im System UNIX [33] bekannt. Hier erzeugt ein Prozeß, der eine asynchrone Operation anstoßen will, durch eine sogenannte <u>FORK</u>-Operation

processid = fork()

ein identisches Abbild seiner selbst, das als sein Nachkomme ("child") bezeichnet wird. Die beiden dann existierenden Prozesse sind identisch bis auf den einen Unterschied, daß im erzeugenden Prozeß als **processid** die Prozeß-Identifikation des erzeugten Prozesses (die immer $\neq$ 0 ist) zurückgegeben wird, während im erzeugten Prozeß immer der Wert 0 zurückgegeben wird. Auf diese Weise können die beiden Prozesse dann entscheiden, welcher der erzeugende und welcher der erzeugte ist. Der erzeugende Prozeß kann sich dann mit dem erzeugten Prozeß durch einen Aufruf

processid = wait(status)

synchronisieren; dieser Aufruf bewirkt ein Anhalten des erzeugenden Prozesses bis zu dem Zeitpunkt, an dem einer seiner Nachkommen sich beendet hat. In diesem Fall wird als **processid** die Prozeß-Identifikation des beendeten Prozesses zusammen mit einiger Status-Information über diesen Prozeß übergeben.

Diese Form der Prozeß-Synchronisation hat einige Besonderheiten, die sie von der Synchronisation über Semaphore unterscheidet [37]:

- Mit Ereignissen der Art, die hier zur Synchronisation verwendet wird, ist keine Speicherbelegung verbunden; Ereignisse existieren allein durch ihren Gebrauch. Wenn etwa ein Prozeß auf die Beendigung eines seiner Nachkommen wartet, so wartet er auf ein Ereignis, das durch seine eigene Prozeß-Tabelle definiert ist. Beendigung des Nachkommen signalisiert dann gerade das hierdurch definierte Ereignis.

- Signalisieren eines Ereignisses, auf das kein Prozeß wartet, ist eine Operation ohne irgendwelche Auswirkungen.

- Signalisieren eines Ereignisses, auf das mehrere Prozesse warten, weckt diese alle auf.

- Es ist mit diesem Mechanismus nicht möglich, quantitative Informationen zu übermitteln, etwa die Menge des durch ein bestimmtes Ereignis verfügbar gemachten Speicherplatzes.

- Weil Ereignisse der hier beschriebenen Art nicht mit einer Speicherbelegung verbunden sind, haben sie kein Gedächtnis: Wenn ein Prozeß auf ein Ereignis zu warten beginnt, das schon signalisiert wurde, so erfährt er diese Tatsache nicht, sondern wartet vergeblich - das Ereignis wurde verloren. Diese Eigenschaft des Prozeß-Teilungsverfahrens stellt das größte Problem dieses Synchronisierungsverfahrens dar.

3.2.7 Monitore

Um die Schwierigkeiten bei der Bedienung von Semaphoren zu vermeiden, wurde von Brinch Hansen [5] und Hoare [20] eine Sprachkonstruktion, der Monitor, entwickelt, die eine korrekte Abwicklung der Synchronisation dadurch erzwingen soll, daß die Aufrufe von P und V nicht explizit geschrieben werden müssen, sondern von einem Compiler automatisch erzeugt werden.

Der Monitor ist dabei ein Programmstück, das

- Verwaltung,
- Zuteilung und
- Zugriffsoperationen

für ein Betriebsmittel (oder gemeinsame Daten) zusammenfaßt. Dieses Programmstück kann als abstrakter Datentyp des Betriebssystems aufgefaßt werden; es hat generell den folgenden Aufbau:

```
monitor name:
        begin declaration of local data;
              entry procedure proc1(param11,param12,...):
                    begin ..... end;
              entry procedure proc2(param21,param22,...):
                    begin ..... end;
              .....
              local procedure loc1(par11,par12,...):
                    begin ..... end;
              local procedure loc2(par21,par22,...):
                    begin ..... end;
              .....
              initialization of local data;
        end;
```

Wartezustände werden durch WAIT- und SIGNAL-Operationen auf lokalen Daten realisiert. Monitore lösen das Problem der gegenseitigen Ausschließung durch die Realisierung folgender Regeln:

- Monitore existieren statisch (also auch wenn gerade keine ihrer Prozeduren ausgeführt wird).

- Auf lokale Daten und Prozeduren kann von außen nicht zugegriffen werden.

- Monitore sind exklusiv:

  o Sie können nur über ihre Eingangsprozeduren aufgerufen werden.

  o Aufruf einer Eingangsprozedur blockiert alle Eingangsprozeduren für alle Prozesse, so daß kein zweiter Prozeß einen besetzten Monitor aufrufen kann.

- Monitore werden freigegeben, wenn ein Rücksprung aus der aufgerufenen Eingangsprozedur erfolgt oder wenn der belegende Prozeß einen WAIT-Aufruf absetzt.

- SIGNAL aktiviert einen Prozeß, der einen Monitor durch WAIT verlassen hat, erst dann, wenn dieser Monitor wieder frei ist.

Eine mögliche Implementierung eines Monitors könnte etwa lauten [30]:

```
monitor name:
        begin declaration of local data;
              semaphore mutex (initial = 1);
              entry procedure proc1(param11,param12,...):
                    begin P(mutex);
                          .....
                          V(mutex);
                    end;
              .....
              .....
              .....
              initialization of local data;
        end;
```

<u>Vorteile:</u>

- geringere Fehleranfälligkeit als Synchronisation mit P und V direkt

- Zugriff nur in vorgesehener Weise über die Monitor-Prozeduren möglich

- Erzwingen einer klaren Programm-Struktur

<u>Nachteile:</u>

- Einsatz erfordert Vorhandensein spezieller Compiler

- geschachtelter Aufruf führt zu oft nicht beabsichtigter Sequentialisierung [26] (Ineffizienz, Widerspruch zum Konzept als abstrakter Datentyp)

- nicht oder nur beschränkt einsetzbar für die Koordination von Parallelzugriffen und datenabhängigen Zugriffen

- wegen der Passivität der Monitore Schwierigkeiten bei:

    o Fehlerbehandlung
    o Abbruch von Prozessen
    o Wiederanlauf nach Fehlern

- reaktionsschnelle Behandlung externer Ereignisse (Interrupts) nur schwer oder gar nicht möglich

- weitere Probleme beim Einsatz auf Multiprozessor-Systemen und verteilten Systemen

3.2.8 Verteilte Prozesse

Um die Schwierigkeiten zu vermeiden, die Monitore bei der Implementierung von Betriebssystemen auf verteilten Prozessoren machen, wurde von Brinch Hansen [6] und Hoare [21] ein Konzept entwickelt, das als <u>verteilte Prozesse</u> bezeichnet wird und formal (bis auf die Ersetzung des Wortes <u>monitor</u> durch <u>process</u>) mit der Schreibweise für Monitore übereinstimmt. Neben den üblichen Sprachmitteln sind <u>bewachte Anweisungen</u> bzw. <u>bewachte Regionen</u> ("guarded commands/regions") vorgesehen:

<u>if</u>   B1:S1 | B2:S2 | ... <u>end</u>   (Auswahl einer Anweisung Si
                                     gemäß Bedingung Bi)

<u>do</u>   B1:S1 | B2:S2 | ... <u>end</u>   (Auswahl in einer Schleife)

<u>when</u> B1:S1 | B2:S2 | ... <u>end</u>   (Warten auf Bedingung Bi)

<u>cycle</u> B1:S1 | B2:S2 | ... <u>end</u>   (Warten in einer Schleife)

Falls mehrere Bedingungen gleichzeitig erfüllt sind, ist die Auswahl einer Anweisung Si nicht deterministisch. Synchronisation wird über diese bewachten Regionen und über gegenseitigen Ausschluß der Prozeß-Aufrufe (Prozesse als exklusive Betriebs-

mittel wie Monitore) erzielt; dabei geht man von der Vorstellung
aus, daß jedem Prozeß ein Prozessor zugeordnet ist. Sieht man von
der Anwendbarkeit dieses Konzeptes auf Multiprozessor-Systeme ab,
so bleiben dennoch die meisten der Schwierigkeiten des Monitor-
Konzepts bestehen.

3.2.9 Nachrichten-Systeme

Eine spezielle Form verteilter Prozesse sind die (unter
anderen) von Hoare [21] vorgeschlagenen Nachrichten-Systeme, bei
denen als grundlegender Mechanismus zur Prozeß-Synchronisation der
Austausch von Nachrichten über explizite Ein-/Ausgabe-Operationen
vorgesehen ist. Eine solche Grundstruktur eines Betriebssystems
scheint für Multiprozessor-Systeme und Rechnernetze geeignet; sie
weist jedoch auch einige Nachteile auf:

- Nachrichten müssen zwischengespeichert werden, falls Sender
  und Empfänger asynchron zueinander arbeiten.

- Der Empfänger gilt stets als aktiv, auch wenn er gerade auf
  eine Nachricht wartet.

- Es ist sehr aufwendig, für jeden abstrakten Datentyp einen
  Prozeß zu erzeugen, wenn man nicht zwischen Prozessen als
  Koordinationsmechanismen und Prozessen als Betriebssystem-
  Verwaltungseinheiten unterscheidet.

Eine spezielle Form eines Nachrichten-Systems ist das in der
Programmiersprache Ada angegebene "<u>Rendezvous</u>"-Konzept [13].

3.2.10 Pfad-Ausdrücke ("path expressions")

Campbell und Habermann [19] versuchen das Problem der
Synchronisation durch die Spezifikation zulässiger Folgen von
Operationen ("path expressions", Pfad-Ausdrücke) zu lösen. Ein
Pfad-Ausdruck hat die Form

<u>path</u> S <u>end</u>

wobei S Folgen zugelassener Operationen spezifiziert:

$S1;S2$:   S2 folgt auf S1 oder umgekehrt

$S1,S2$:   Auswahl von S1 oder S2

{S1}   :   Iteration von S1 ohne Dazwischentreten anderer
              Aktionen

(S1-S2)n :   S1 muß wenigstens so oft wie s2 ausgeführt werden
             und höchstens n-mal mehr; dies muß zu jedem
             Zeitpunkt gelten.

Eine Untermenge der möglichen Pfad-Ausdrücke läßt sich automatisch in eine Synchronisation der Si durch P- und V-Operationen umwandeln, womit eine Implementierung dieses Teils der Pfad-Ausdrücke möglich ist. Die Hauptbedeutung der Pfad-Ausdrücke dürfte jedoch bei der Unterstützung formaler Korrektheitsbeweise liegen.

Beispiel: Der Ausdruck path a;b,c;d end kann durch drei Semaphore s1, s2, s3 realisiert werden, wenn man a, b, c, d ersetzt durch A, B, C, D mit:

        A: P(s1); a; V(s2)
        B: P(s2); b; V(s3)
        C: P(s2); c; V(s3)
        D: P(s3); d; V(s1)

Die Formulierung einer Synchronisation durch Pfad-Ausdrücke kann relativ schwierig sein, wenn der Systemzustand von einzelnen Prozessen oder deren Beziehung zueinander abhängt. Da außerdem Pfad-Ausdrücke keinen Verweis auf zu verwaltende Prozesse enthalten, ist nicht klar ersichtlich, wie hiermit eine Prozeß-Verwaltung zu realisieren wäre.

3.2.11 Software-gesteuerte Interrupts (ASTs)

Falls ein Prozessor die softwaremäßige Definition von Interrupts durch geeignete Hardware-Vorrichtungen ermöglicht, läßt sich eine interrupt-gesteuerte Prozeß-Synchronisation realisieren. Dieses Verfahren ist insbesondere dann sinnvoll, wenn die Synchronisation:

- längere Wartezeiten erfordert, die zur Auslagerung des wartenden Prozesses führen können

- schnelle Reaktion auf die Erfüllung der Synchronisationsbedingung erfordert

- Prozesse in Wartezuständen erreichen muß

- software-gesteuerte externe Ereignisse behandeln soll

Da diese Software-Interrupts asynchron die Arbeit des zu synchronisierenden Prozesses unterbrechen, werden sie auch als "asynchronous system traps" (ASTs) bezeichnet. Der typische Synchronisationsvorgang besteht aus den folgenden Teilen:

- Definition des AST vor der ersten zu synchronisierenden Stelle

- einer Interrupt-Routine, die die eigentliche Behandlung der Synchronisation vornimmt

Dieses Verfahren ist nicht direkt mit den vorher genannten Verfahren vergleichbar, da es eher eine Synchronisation mit externen Ereignissen als eine Synchronisation des Parallelzugriffs auf gemeinsame Daten realisiert; der letztere Synchronisationstyp müßte innerhalb der Interrupt-Routine über lokale Daten dieser Routine vorgenommen werden.

Vorteile:

- sehr reaktionsschnelles Verfahren

- durch asynchronen Eingriff vielseitige Einsatzmöglichkeiten

- direkte Simulation von Interrupt-Systemen möglich

Nachteile:

- erfordert spezielle Vorkehrungen im Prozessor

- kann relativ schwierige Programmierung erfordern

- wegen des asynchronen Eingriffs keine direkte Formulierung des Kontroll-Flusses in einer höheren Programmiersprache möglich; Formulierung höchstens in Form einer "ON-condition" (wie etwa in PL/I)

3.2.12 Komplexe Synchronisationsverfahren

Zur Realisierung komplexerer Arten der Synchronisation, wie sie etwa von Datenbanksystemen benötigt werden, eignet sich das Konzept des "Lock-Managers" [23]. Man versteht darunter eine zentrale Synchronisationsfunktion des Betriebssystems, die es Anwendungsprogrammen erlaubt, durch explizite Synchronisations-Aufträge

- frei gewählte Namen für beliebige zu synchronisierende Betriebsmittel als Objekte zu definieren; diese Namen werden als "Locks" bezeichnet;

- die gewünschte Zugriffsart auf das Objekt und die für andere Prozesse erlaubten Zugriffsarten als "Typen" der Locks anzugeben; diese parallelen Zugriffe werden als "sharing" bezeichnet;

- sich über die aktuellen Zugriffsmöglichkeiten auf ein Objekt zu informieren;

- den Zugriff selbst synchronisiert durchzuführen; dabei stehen dieselben Synchronisationsmöglichkeiten wie bei der Durchführung eines asynchronen E/A-Vorganges (s. Abschnitt 6.3.2) zur Verfügung:

    o gelegentliche Abfrage einer Status-Variablen,
    o Aufruf einer (einfachen) Synchronisierungs-Routine,
    o Software-Interrupt (AST).

Die Synchronisation erfolgt dabei in ähnlicher Weise wie bei einem E/A-Vorgang: So wie dort ein Auftrag an das E/A-System gegeben wird, mit dessen Beendigung sich der auftraggebende Prozeß synchronisieren muß, wird hier ein Auftrag an die zentrale Instanz des Lock-Managers gegeben, der diesen Auftrag dann als erfüllt zurückmeldet, wenn der spezifizierte Zugriff zulässig geworden ist.

Man unterscheidet die folgenden Typen von Locks:

- **NL (Null)**: Dieses Lock gibt keinen Zugriff auf das angesprochene Objekt; es bezeugt lediglich ein Interesse daran. Dieses Lock ist kompatibel mit allen anderen Locks, einschließlich EX.

- **CR (Concurrent Read)**: Dieses Lock gibt lesenden Zugriff auf das angesprochene Objekt und erlaubt sharing mit schreibenden Zugriffen. Das CR-Lock kann auf oberen Ebenen von Lock-Hierarchien eingesetzt werden.

- **CW (Concurrent Write)**: Dieses Lock gibt schreibenden Zugriff auf das Objekt und erlaubt sharing mit schreibenden Zugriffen. Auch das CW-Lock ist für obere Ebenen hierarchischer Locks sinnvoll.

- **PR (Protected Read)**: Dieses Lock gibt lesenden Zugriff auf das Objekt und erlaubt sharing mit lesenden Zugriffen; es entspricht der traditionellen SHARE- oder READ-Synchronisation.

- **PW (Protected Write)**: Dieses Lock gibt schreibenden Zugriff auf das Objekt und erlaubt sharing mit lesenden Zugriffen; es entspricht der traditionellen UPDATE-Synchronisation, die einen Schreiber und viele Leser erlaubt.

- **EX (Exclusive)**: Dieses Lock gibt schreibenden Zugriff auf das Objekt und verhindert jedes sharing; es entspricht der traditionellen EXCLUSIVE- oder WRITE-Synchronisation.

Die folgende Tabelle stellt die Verträglichkeiten der einzelnen Locks, den erlaubten Zugriff und das erlaubte sharing dar:

	access	sharing	NL	CR	CW	PR	PW	EX
NL	–	Write	+	+	+	+	+	+
CR	Read	Write	+	+	+	+	+	–
CW	Write	Write	+	+	+	–	–	–
PR	Read	Read	+	+	–	+	–	–
PW	Write	Read	+	+	–	–	–	–
EX	Write	–	+	–	–	–	–	–

Fig. 3-1 Verträglichkeiten der Locks

Der Lock-Manager ist ein über Systemdienste zu bedienender Teil des Betriebssystems. Er ermöglicht den einzelnen Prozessen die Koordination des Zugriffes auf einen Namensraum mit Baum-Struktur; die Namen dieses Raumes können über Zeiger auf ihre

Vorgänger verweisen. Damit ist es möglich, Lock-Hierarchien aufzubauen, durch die Betriebsmittel und/oder Teile des Datenbestandes mit verschiedener Granularität gegen parallele Zugriffe geschützt werden.

Der Aufrauf des Lock-Managers ist ähnlich zu einem Aufruf des E/A-Systems; er stößt eine Operation an, die - falls sie nicht aufgrund eines syntaktischen Fehlers sofort abgelehnt wird - erst nach einer gewissen Zeit ein Ergebnis produziert. Dieses Ergebnis wird nach Abschluß der Operation dem Prozeß in einem Status-Block mitgeteilt; es beinhaltet zumindest die Nachricht, ob das Lock gewährt wurde bzw. den Grund seiner Ablehnung sowie eine eindeutige Identifikation des bearbeiteten Locks. Bis die Operation abgeschlossen ist, kann der Prozeß in einem Wartezustand verharren; er kann jedoch auch weiterarbeiten und sich über einen Software-Interrupt vom Ende der Operation unterrichten lassen.

Die Funktionen, die der Lock-Manager zur Verfügung stellt, sind die folgenden:

- Gewährung eines Locks auf dem Namen eines Betriebsmittels/ Datenobjektes

- Änderung des Typs eines bestehenden Locks

- Freigabe eines bestehenden Locks

- Erzeugung eines Software-Interrupts, wenn ein gewährtes Lock zum Blockieren eines anderen Prozesses führt, weil dieser versucht, ein zum gewährten Lock unverträgliches Lock zu erhalten ("Blocking-AST")

- Übermittlung eines Datenwertes zum Anwenderprogramm bei Gewährung eines Locks

- Übermittlung eines Datenwertes vom Anwenderprogramm zum Betriebsmittel bei Freigabe eines PW- oder EX-Locks

Mithilfe eines Lock-Managers können verteilte Anwendungen, die koordiniert auf gemeinsame Datenbestände zugreifen, relativ einfach realisiert werden. In einem VAXcluster-System wird ein derartiger Synchronisations-Mechanismus sogar zu betriebssystemübergreifender Koordination eingesetzt.

3.2.13 Spezielle Hardware-Mechanismen

Die Prozeß-Synchronisation läßt sich erheblich vereinfachen, wenn der Prozessor spezielle Synchronisationsbefehle oder synchronisierbare Speicherzugriffe vorsieht. Es muß dabei gewährleistet sein, daß diese Befehle entweder

- nicht unterbrechbar sind oder zumindest

- nicht von anderen Synchronisationsbefehlen, die auf demselben Speicher arbeiten, unterbrochen werden können, und daß

- die Befehlsausführungsdauer dieser Befehle beschränkt ist.

Befehle, die diese Eigenschaften erfüllen, können verwendet werden für:

- Parallelzugriff auf gemeinsame Daten ohne weitere Synchronisation

- Realisierung von prozeß-lokalen Semaphoren

- Aufbau kritischer Abschnitte

Während die Realisierung nicht unterbrechbarer Befehle relativ einfach ist - sie beinhaltet nur das Abschalten bzw. Ignorieren des Interrupt-Systems während der Ausführungsphase -, müssen unterbrechbare Befehle ein spezielles Blockierungs-Protokoll (ähnlich LOCK/UNLOCK bzw. P/V) realisieren. Ein mögliches Protokoll hierzu ist das sogenannte "Interlock"-Verfahren, bei dem die Ausführung der Befehle aus drei Abschnitten aufgebaut ist:

- Interlock-Read: Der Befehl überprüft ein spezielles "Interlock-Flipflop" im angesprochenen Speicher; falls dieses:

  o gesetzt ist, wird der Befehl mit einer Fehlerbedingung abgebrochen,

  o nicht gesetzt ist, wird es gesetzt und der Befehl ausgeführt.

- die eigentliche Befehlsausführung

- Interlock-Write: Das Interlock-Flipflop wird gelöscht, so daß weitere Synchronisationsbefehle freigegeben werden.

Während bei nicht unterbrechbaren Befehlen eine Synchronisation nur für einen Prozessor möglich ist, gewährleistet das Interlock-Protokoll sichere Synchronisation auch bei Parallelzugriff durch mehrere Prozessoren. Es ist bei diesem Protokoll jedoch zweckmäßig, die Dauer des Interlock-Zyklus zu überwachen, um Fehlersituationen vorzubeugen.

Beispiel: Im VAX-Prozessor sind folgende durch Interlock geschützte Befehle vorgesehen [38]:

ADAWI: Addition

INSQHI, INSQTI, REMQHI, REMQTI: Einfügen/Entfernen von Warteschlangenelementen am Anfang und am Ende der Schlange

BBSSI, BBCCI: Testen und Setzen/Löschen eines Bits als Flag

<u>Vorteile:</u>

- sehr einfache, aber trotzdem sichere und effiziente Synchronisierung

- alternative Aktionen bei erfolglosem Synchronisationsversuch möglich

<u>Nachteile:</u>

- setzt spezielle Prozessor-Eigenschaften voraus

- kein Schutz gegen Fehlbedienung durch nicht synchronisierte Befehle

- nur anwendbar auf die Datentypen, für die es diese Befehle gibt

3.2.14 Synchronisation von Multiprozessoren

Während man bei Rechnern mit nur einem Prozessor das Problem der Synchronisation im Prinzip dadurch lösen kann, daß man Semaphor-Operationen wie etwa P und V als Betriebssystemfunktionen bereitstellt, deren korrekter Ablauf beispielsweise durch Abschalten der Interrupts gewährleistet wird, können bei Multiprozessor-Systemen zusätzliche Schwierigkeiten auftreten, die weitergehende Maßnahmen erfordern. So ist es hier denkbar, daß zwei Prozesse, die auf verschiedenen Prozessoren laufen, im gleichen Moment auf denselben Semaphor zuzugreifen versuchen. Ein Abschalten des Interruptsystems ist in diesem Fall nicht ausreichend, um eine korrekte Synchronisation der beiden Prozesse zu erreichen, denn weil beide Prozesse nicht nur quasi, sondern echt gleichzeitig ablaufen, durchlaufen sie beide den Code der Synchronisationsfunktion im selben Augenblick. Damit ist für diese Prozesse jedoch der einzelne Speicherzugriff wieder die geringste unteilbare Aktion, und wir sind in der im Abschnitt 3.2.3 beschriebenen Situation.

Ein Rückgriff auf höhere Synchronisationsverfahren ist hier nicht möglich, da zunächst die korrekte Synchronisation der Prozessoren untereinander gelöst sein muß, ehe man, auf dieser aufbauend, eine Synchronisation der Prozesse realisieren kann. Dazu benötigt man minimal neben dem einzelnen, unteilbaren Speicherzugriff eine ebenfalls unteilbare Operation, die es einem Prozessor ermöglicht, einen Speicherwert abzufragen und auf einen bestimmten Wert zu setzen, ohne daß ein anderer Prozessor zwischendurch auf diesen Wert zugreifen könnte. Die Notwendigkeit solcher, in den Abschnitten 3.2.3 und 3.2.13 beschriebenen Maschinen-Instruktionen ist somit in Multiprozessor-Systemen in besonderer Weise gegeben.

Setzt man nun voraus, daß alle Synchronisationsvorgänge innerhalb des Betriebssystems - etwa über Semaphore - abgewickelt werden, so stellt sich die Frage, welche Operationen ein Prozessor noch ausführen kann, der auf Systemebene auf die Synchronisation mit einem anderen Prozessor wartet. Man überlegt sich leicht, daß eine Synchronisation des Zugriffs auf eine zentrale Datenstruktur

des Betriebssystems, wie etwa die Liste der Semaphore oder die der
Prozeß-Kontexte, jeglichen Prozeßwechsel an dieser Stelle
verbieten kann, denn ein Prozeßwechsel könnte genau wieder eine
Manipulation derselben Datenstruktur erfordern - und diese
Veränderung müßte ihrerseits wieder synchronisiert werden! In
diesem Falle kann der betreffende Prozessor überhaupt nicht
fortfahren, sondern er muß durch "busy waiting" solange an derselben Programmstelle verharren, bis der Zugriff auf diese Datenstruktur von dem sie belegenden Prozessor freigegeben wird, die
Synchronisation also erfolgt ist.

Dies hat zur Folge, daß durch solche Synchronisationsvorgänge
effektiv Rechenleistung verloren geht, das System also ineffi-
zienter wird, und zwar umso mehr, je häufiger diese Vorgänge
erfolgen und je länger sie andauern. Aus diesem Grund ist es beim
Entwurf von Multiprozessor-Betriebssystemen von immenser Wichtig-
keit, die Anzahl und den Umfang der kritischen Abschnitte so klein
wie möglich zu halten. Diese Optimierung wird jedoch dadurch
erschwert, daß die Zerlegung eines größeren kritischen Abschnitts
in zwei voneinander unabhängige Teile insgesamt zu einer Stei-
gerung der Effizienz führen kann, da

- einerseits die Dauer der Synchonisationsvorgänge verkürzt
  wird und

- andererseits Synchronisationen der beiden Teile sich wechsel-
  seitig überhaupt nicht mehr stören, also keinen Effizienz-
  verlust mehr verursachen.

Aus diesem Grund kommt einer sinnvollen Aufsplittung der durch
Synchronisation zu schützenden Datenstrukturen zusätzliche Bedeutung zu.

Beispiel: Im Betriebssystem VMS [46] erfolgt die Synchronisation
des Zugriffs mehrerer Prozessoren auf zentrale Datenstrukturen
durch sogenannte "spin locks" (s.a. Abschnitt 3.2.1), kurze
"busy wait"-Schleifen, die über die im vorigen Abschnitt
beschriebenen Interlock-Instruktionen den Zugriff auf gemeinsame
Speicherwerte koordinieren. Bei der Belegung eines Semaphors, der
als ein solcher Speicherwert implementiert ist, gestattet es die
optionale Angabe einer Interrupt-Priorität,für die Dauer der
Synchronisation bestimmte Interrupts für den aktuellen Prozessor
zu verhindern, andere Interrupts höherer Priorität jedoch auch
noch während dieser Synchronisation zu bearbeiten. Falls der zu
belegende Semaphor frei ist, wird die Schleife sofort verlassen;
andernfalls bleibt der Prozessor so lange in diesem Programmstück
hängen, bis der den Semaphor belegende Prozessor diesen freigibt.
Die Freigabe eines belegten Semaphors erfolgt im wesentlichen
durch Löschen des Speicherwertes mit einer Interlock-Instruktion.

Gegenseitige Blockaden der einzelnen Prozessoren durch
Synchronisationsvorgänge werden dadurch weitgehend vermieden, daß
für jedes Betriebsmittel, auf das synchonisiert zugegriffen werden
muß, ein eigener Semaphor vorgesehen ist. Unter anderem wird der
Zugriff auf die folgenden Betriebsmittel über eigene spin locks
koordiniert:

- Error-Logging-Datenpuffer

- Systemzeit

- Ein-/Ausgabe an der Systemkonsole

- Freigabe des Paging-Assoziativspeichers (s. Abschnitt 5.5.1)

- Performance-Monitor

- Zugriff auf physischen Hauptspeicher

- Interprozeß-Kommunikation über Mailboxes (s. Abschnitt 3.4.1)

- Datenstrukturen des E/A-Systems (nach Geräteklassen getrennt)

- Datenstrukturen der Prozeß-Verwaltung

- Datenstrukturen der Hauptspeicher-Verwaltung

- Datenstrukturen für Kommunikation mit anderen Systemen

- Datenstrukturen des Datei-Systems

Durch diese relativ starke Aufteilung der kritischen Abschnitte in disjunkte Synchronisationsklassen gelingt es, den aus der Prozessor-Synchronisation resultierenden Leistungsverlust auf Werte um 5-10 % der Leistung jedes Prozessors zu beschränken, obwohl im Normalbetrieb schon bei nur 2 Prozessoren in jeder Sekunde Hunderte von Synchronisationen notwendig sein können.

3.3 DEADLOCKS

3.3.1 Charakterisierung

Selbst bei korrekter Synchronisation aller Prozesse eines Betriebssystems können - wenn keine weiteren Vorkehrungen getroffen werden - Situationen entstehen, in denen (außer dem Null-Prozeß) alle Prozesse in einem Wartezustand sind und keiner davon in den Zustand "ausführbar" übergehen kann. Diese Situation wird dann kritisch, wenn kein einziger dieser Prozesse auf ein externes Signal wartet, das ihn (und eventuell die anderen Prozesse in der Folge) wieder aktivieren könnte, sondern alle Prozesse auf Signale von anderen Prozessen im System warten. Diese Situation, die als Deadlock ("Verklemmung") bezeichnet wird, wurde im Abschnitt 3.1.2 folgendermaßen beschrieben: Es gibt eine Menge von Prozessen im System, von denen keiner fortfahren kann, ohne daß ein anderer aus dieser Menge fortgefahren ist.

Beispiel: Zwei Prozesse benötigen zu bestimmten Zeiten exklusiven Zugriff auf zwei Betriebsmittel R_1 und R_2. Man kann nach [8] das in Fig. 3-2 dargestellte Zeitdiagramm für den gemeinsamen Fortschritt der beiden Prozesse zeichnen, indem man jeder Achse den Fortschritt eines der Prozesse zuordnet:

Fortschritt von T_2

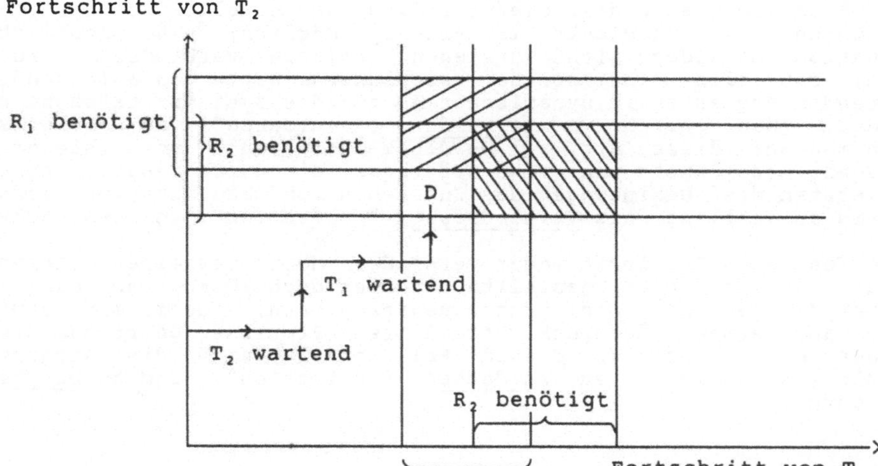

Fig. 3-2 Gemeinsamer Fortschritt zweier Prozesse

Wesentlich an einem solchen Diagramm ist, daß die Koordinatenwerte entlang dem von beiden Prozessen verfolgten Weg immer monoton wachsend sind, da der Fortschritt der Prozesse irreversibel ist. Die beiden schraffierten Bereiche umfassen diejenigen Punkte im Prozeßraum, bei denen eines der Betriebsmittel (R_1 oder R_2) von zwei Prozessen gleichzeitig belegt wäre; der Weg der Prozesse kann in diese Gebiete nicht eindringen, da ja ausschließlicher Zugriff verlangt war. Sobald jedoch der Weg der Prozesse in den Bereich D eingetreten ist, muß er durch eines der verbotenen Gebiete laufen, da die Koordinatenwerte ja monoton wachsen müssen: Der Weg kann in diesem Fall nicht über D hinaus fortgesetzt werden: Deadlock!

Zur Entstehung eines Deadlocks sind vier Bedingungen notwendig [8]:

- "mutual exclusion": Die betreffenden Prozesse benötigen exklusiven Zugriff auf die betreffenden Betriebsmittel.

- "wait for": Prozesse verfügen schon über ihnen zugewiesene Betriebsmittel, während sie auf weitere Betriebsmittel warten.

- "no preemption": Es ist nicht möglich, Prozessen einmal zugeteilte Betriebsmittel wegzunehmen, ohne daß diese Prozesse sie fertig benutzt haben.

- "circular wait": Es gibt eine geschlossene Kette von Prozessen, in der jeder Prozeß über gewisse Betriebsmittel verfügt, die vom nächsten Prozeß in der Kette benötigt werden.

Sind die ersten drei dieser Bedingungen erfüllt, so ist das Vorkommen von Deadlocks im Prinzip möglich; eine Deadlock-Situation muß jedoch nicht entstehen, solange verhindert werden kann, daß sich eine solche geschlossene Kette von aufeinander wartenden Prozessen im dynamischen Ablauf des Systems tatsächlich bildet. Man spricht von Vermeidung ("avoidance") von Deadlocks, wenn man auf diese Art an Deadlock-Situationen vorbeisteuert. Dagegen bezeichnet man eine Strategie, die durch Negation einer der ersten drei Bedingungen das Entstehen von Deadlocks von vornherein ausschließt, als Verhinderung ("prevention") von Deadlocks.

Wenn sich Deadlocks weder verhindern noch vermeiden lassen, läßt sich das hier gestellte Problem doch lösen, wenn man die dritte der genannten Bedingungen negieren kann, indem man einem der an einem Deadlock beteiligten Prozesse Betriebsmittel gewaltsam wegnimmt. In diesem Fall stellt sich die Aufgabe, Deadlock-Situationen zu entdecken ("detection") und zu beheben ("recovery").

3.3.2 Verhinderung

In einem System, in dem die Entstehung von Deadlocks generell verhindert werden soll, muß wenigstens eine der vier zur Entstehung notwendigen Bedingungen zu jedem Zeitpunkt negiert sein. Da es nicht sinnvoll ist, den Zugriff auf alle Betriebsmittel nicht exklusiv zu machen (es gibt Fälle, wo Betriebsmittel exklusiv sein müssen!), lassen sich durch Negation der restlichen Bedingungen drei grundlegende Strategien zur Verhinderung von Deadlocks festlegen:

- "no wait for": Jeder Prozeß muß seinen Bedarf an allen Betriebsmitteln auf einmal verlangen und darf erst bei vollständiger Erfüllung seiner Bedürfnisse fortfahren.

  → : kann zu schlechter Ausnutzung der Betriebsmittel führen

- "preemption": Wenn einem Prozeß der Zugriff auf ein Betriebsmittel versagt wird, muß er alle in seinem Besitz befindlichen Betriebsmittel freigeben und eine Gesamtanforderung stellen ("freiwillige preemption").

  → : nur für Betriebsmittel anwendbar, die einem Prozeß entzogen und nachher wieder zurückgegeben werden können (z.B. der Prozessor oder bei "swapping"-Systemen der Hauptspeicher).

- "no circular wait": Die Betriebsmittel werden in einer linearen Reihenfolge angeordnet, und Prozesse, die schon über Betriebsmittel verfügen, dürfen nur noch solche Betriebsmittel anfordern, die in dieser Reihenfolge den schon belegten Betriebsmitteln folgen; damit ist eine Bildung geschlossener Ketten unmöglich gemacht worden.

  → : Implementierung in vielen Fällen unklar

Generell läßt sich feststellen, daß Verhinderungs-Strategien im allgemeinen so restriktiv sind, daß ihr Einsatz nur in einem Teil der möglichen Problemfälle ratsam ist.

3.3.3 Entdeckung

Zur Entwicklung von Algorithmen, die Deadlocks entdecken oder die Möglichkeit ihrer Entstehung im voraus erkennen, ist es sinnvoll, die Anforderungen und Freigaben von Betriebsmitteln durch die einzelnen Prozesse genauer zu beschreiben [7]. Es ist hier zweckmäßig, Prozesse in Zeitabschnitte zu zerlegen, während derer ihr Betriebsmittelbedarf konstant bleibt ("Tasks"), und nur die Zeitpunkte zu betrachten, zu denen eine solche Task endet und die nächste gestartet wird, da sich nur zu diesen Zeiten der gesamte Bedarf an Betriebsmitteln ändert. Wenn das Gesamtsystem aus den Prozessen $C1,...,Cn$ besteht, kann man es in folgender Weise durch eine Menge von Tasks $Ti(s)$ beschreiben, mit:

$$Ci = Ti(1)Ti(2)...Ti(pi) \quad \text{und} \quad pi \geq 1$$

Da das interne Verhalten der Tasks nicht interessiert, genügt es, die Ausführungsfolge

$$\alpha = a[1]...a[2pi] = Ti(1)\underline{Ti}(1)Ti(2)\underline{Ti}(2)...Ti(pi)\underline{Ti}(pi)$$

zu betrachten, wobei $Ti(s)$ den Start, $\underline{Ti}(s)$ das Ende der Task $Ti(s)$ bezeichnet. Wenn wir die Betriebsmittel $R1,...,Rm$ zu vergeben haben, können wir zu jeder Task $Ti(s)$ den <u>Anforderungs-Vektor</u> ("request vector")

$$qi(s) = (qi1(s),...,qim(s))$$

und den <u>Freigabe-Vektor</u> ("release vector")

$$ri(s) = (ri1(s),...,rim(s))$$

definieren, die die Anzahlen der zum Start von $Ti(s)$ zusätzlich benötigten Betriebsmittel bzw. die beim Ende von $Ti(s)$ freiwerdenden Betriebsmittel beschreiben. Der Zustand $S[k]$ des Systems nach dem Ereignis $a[k]$ (Start oder Ende einer Task) kann vollständig durch zwei Matrizen

$$P(k) = [P1(k),...Pn(k)]^T$$

$$Q(k) = [Q1(k),...,Qn(k)]^T$$

beschrieben werden, wobei $Pij(k)$ die vom Prozeß Ci zum Zeitpunkt $a[k]$ belegten Einheiten des Betriebsmittels Rj angibt, und $Qij(k)$ die Anzahl der angeforderten Einheiten. Es ergibt sich dann:

$$Qi(0) = qi(s) \quad\quad Pi(0) = 0$$

$$Qi(k) = 0 \quad\quad\quad Pi(k) = Pi(k-1) + Qi(k-1) \quad \text{für } a[k] = Ti(s)$$

$$Qi(k) = qi(s+1) \quad Pi(k) = Pi(k-1) - ri(s) \quad\quad \text{für } a[k] = \underline{Ti}(s)$$

Da alle Tasks nach ihrer Beendigung alle Betriebsmittel wieder freigegeben haben müssen, gilt zusätzlich:

$$Pi(2pi) = \sum_{s=1}^{pi} [qi(s) - ri(s)] = 0$$

Die Systemkapazität ist gegeben durch den Vektor

$$w = (w1,...,wm)$$

wobei wj die Anzahl der überhaupt vorhandenen Einheiten von Rj angibt. Dagegen ist die Menge der zu einem Zeitpunkt a[k] verfügbaren Betriebsmittel bestimmt durch den <u>Verfügbarkeits-Vektor</u> ("available resources vector")

$$v(k) = (v1(k),...,vm(k))$$

Dabei gilt der Zusammenhang:

$$v(k) = w(k) - \sum_{i=1}^{n} Pi(k)$$

Unter Verwendung der hier eingeführten Begriffe ergibt sich:

Während ein Ereignis a[k] = $\underline{T}$i(s) immer zulässig ist, ist ein Ereignis a[k] = $\hat{T}$i(s) nur dann zulässig, wenn gilt:

$$Qi(k-1) \leq v(k-1)$$

Hieraus ergibt sich die folgende formale Beschreibung eines Deadlock:

$$\bigvee_{\substack{D \neq \emptyset \\ D \subseteq \{1,...,n\}}} \bigwedge_{i \in D} Qi(k) \nleq v(k) + \sum_{j \notin D} Pj(k)$$

D ist dann genau die Menge der Prozesse im Deadlock. Die Existenz einer solchen nichtleeren Menge D läßt sich mit folgendem Algorithmus überprüfen [7]:

1. Initialisierung: D := {1,...,n}; V := v(k)

2. Suche i ∈ D mit Qi(k) $\leq$ V. Falls kein solches i vorhanden: fertig.

3. D := D \ {i}; V +:= Pi(k); go to 2.

Da der am Ende des Algorithmus berechnete Vektor V für keinen der Prozesse aus D ausreicht, enthält D, falls $\neq \emptyset$, genau die Prozesse im Deadlock. Der Algorithmus überprüft nur, ob in jedem Prozeß eine weitere Task gestartet werden kann, nicht jedoch, ob sich die Prozesse bis zum Ende durchführen lassen. Da der Algorithmus im i-ten Durchgang maximal n-i+1 Prozesse (alle, die dann noch in D sind) überprüfen muß, ist seine Laufzeit proportional zu m und zur Summe über die n-i+1, also $O(m*n^2)$.

Die Laufzeit dieses Algorithmus läßt sich dadurch verbessern, daß man die Elemente jeder Spalte der Matrix Q(k) in Form einer Warteschlange Ej = (Qi[1]j,...,Qi[n]j) mit Qi[1]j $\leq$ ... $\leq$ Qi[n]j anordnet. Arbeitet man die Matrix Q(k) jetzt in einer solchen Reihenfolge ab, daß man in jeder Spalte j den Eintrag Qij markiert, falls Qij $\leq$ Vj ist, und für alle Zeilen i, in denen alle Elemente markiert sind (für die also Qi $\leq$ **V** gilt), **V** um Pi erhöht, so genügt ein Durchgang durch die ganze Matrix, um D zu bestimmen. Die Laufzeit dieses Algorithmus ist somit $O(m*n)$, doch wird hier noch Verwaltungsaufwand für die Ej benötigt. Merkt man sich die Anzahl unmarkierter Elemente in jeder Zeile in einem Vektor **x**, so lautet der Algorithmus [7]:

```
D := {1,...,n}; V := v(k); x := {m,...,m}; done := false;
while not done
do done := true;
     for j := 1 to m
     do while Ej ≠ ø and Qhj := head(Ej) < Vj
          do Ej := Ej \ {Qhj};      ! remove head of queue
          xh -:= 1;
          if xh = 0
             then V +:= Ph(k);
                  D := D \ {h};
                  done := false
          endif
       enddo
     enddo
enddo
```

Nach Ablauf dieses Algorithmus kann jeder Prozeß Ci, für den xi = 0 ist, durch Start seiner nächsten Task Ti(s) fortgesetzt werden.

3.3.4 Behebung

Eine einmal eingetretene Deadlock-Situation läßt sich nur dadurch beheben, daß man entweder

- einen oder mehrere der beteiligten Prozesse abbricht ("_crash_") und seine Betriebsmittel freigibt, oder

- einem oder mehreren der beteiligten Prozesse zwangsweise so viele Betriebsmittel entzieht, daß der Deadlock aufgehoben wird ("_forced preemption_").

Während das erste dieser Verfahren so drastisch ist, daß es einem völligen Neustart des Gesamtsystems entsprechen kann, ist bei dem zweiten Verfahren zu berücksichtigen, daß der Entzug der Betriebsmittel mit bestimmten Kosten für das Retten des Status und spätere Wiederherstellung des Zustandes verbunden ist.

Ordnet man jedem Betriebsmittel Rj einen bestimmten Kostenfaktor Kj für zwangsweisen Entzug zu, so erscheint es zunächst zweckmäßig, die Gesamtkosten für den Entzug dadurch zu minimieren, daß man diejenige Teilmenge von Prozessen Ci und zugehörigen Betriebsmitteln Pij auswählt, für die

$$\sum_i \sum_j Kj * g(Pij - Vj) \quad \text{mit} \quad g(x) = \begin{cases} x & \text{für } x > 0 \\ 0 & \text{für } x \leq 0 \end{cases}$$

minimal ist. Hier kann jedoch die Situation auftreten, daß für den Vorgang des Entzugs selbst (etwa zum Retten des Status) weitere Betriebsmittel benötigt werden, was im schlimmsten Fall sekundäre Deadlocks auslösen kann. Durch geeignete Wahl der Kostenfaktoren Kj läßt sich im Prinzip erreichen, daß Situationen weitgehend vermieden werden,

- die zu sekundären Deadlocks führen können

- in denen die Wiederherstellung des alten Zustandes schwer oder unmöglich ist.

Da jedoch nicht zu garantieren ist, daß in allen Deadlock-Situationen Prozesse beteiligt sind, die mit vertretbaren Kosten aus der Warteliste entfernt werden können, sind zusätzliche Strategien nötig, die versuchen, das Entstehen von Deadlocks insgesamt zu vermeiden.

3.3.5 Vermeidung

Zur Beschreibung des Problems der Vermeidung von Deadlocks ist es sinnvoll, zwischen "sicheren" und "unsicheren" Zuständen des Systems zu unterscheiden:

Definition: Sei σ = S[0]S[1]...S[k] die Folge der Zustände, die der Ausführungsfolge α = a[1]...a[k] entspricht. Wenn es eine bis zum Ende aller Tasks durchführbare Ausführungsfolge β gibt, die mit α beginnt (d.h. $\beta = \alpha\alpha'$ für geeignetes α'), so nennt man S[k] einen <u>sicheren</u> Zustand; andernfalls ist S[k] <u>unsicher</u>.

Analog bezeichnet man einen Zustandsübergang S[k] → S[k+1] aus einem sicheren Zustand S[k] als <u>sicher</u>, wenn auch S[k+1] sicher ist; andernfalls nennt man ihn <u>unsicher</u>. Als <u>zulässig</u> bezeichnet man den Übergang dagegen dann, wenn er nur solche Betriebsmittel anfordert, die zu diesem Zeitpunkt noch verfügbar sind.

Aus dieser Definition ergeben sich die folgenden Konsequenzen:

- Die Sicherheit eines Zustandes läßt sich nur beweisen, wenn die Betriebsmittelanforderungen der Prozesse im voraus bekannt sind.

- Deadlock-Zustände sind prinzipiell unsicher.

- Wenn ein System erst in einem unsicheren Zustand ist, sind alle Folgezustände ebenfalls unsicher, und Deadlock ist unvermeidlich.

Ein Algorithmus zur Vermeidung von Deadlocks muß nun bestimmen, ob ein Zustandsübergang $S[k] \rightarrow S[k+1]$ sowohl zulässig als auch sicher ist, unter der Voraussetzung, daß

$$S[k] = [P(k), Q(k)]$$

sicher ist. Dabei müssen zwei Fälle unterschieden werden:

1. $a[k+1] = \underline{T}i(s)$: Ende einer Task. Es gilt dann:

   $Pi(k+1) = Pi(k) - ri(s) \qquad Qi(k+1) = qi(s+1) \qquad$ für $s < pi$

   $Pi(k+1) = Pi(k) - ri(s) \qquad Qi(k+1) = 0 \qquad$ für $s = pi$

   $Ph(k+1) = Ph(k) \qquad\qquad Qh(k+1) = Qh(k) \qquad$ für $h \neq i$

   $v(k+1) = v(k) + ri(s)$

   Wegen $v(k+1) \geq v(k)$ ist $S[k+1]$ auch sicher, wenn dies nur für $S[k]$ gilt.

2. $a[k+1] = Ti(s)$: Anfang einer Task. In diesem Fall gilt:

   $Pi(k+1) = Pi(k) + Qi(k) \qquad Qi(k+1) = 0$

   $Ph(k+1) = Ph(k) \qquad\qquad Qh(k+1) = Qh(k) \qquad$ für $h \neq i$

   $v(k+1) = v(k) - Qi(k)$

   Der Übergang ist zulässig, wenn $Qi(k) \leq v(k)$ gilt, doch muß er auch bei Erfüllung dieser Bedingung nicht sicher sein.

Der Vermeidungs-Algorithmus muß auch Ereignisse der Art $\underline{T}i(s)$ berücksichtigen, da durch das Freiwerden von Betriebsmitteln Übergänge zulässig werden können, die dies vorher nicht waren. Im allgemeinen bedeutet die Frage der Sicherheit eines Übergangs ein Durchforsten aller möglichen Folgen von Ereignissen für alle aktiven Prozesse, d.h. alle Prozesse, die über Betriebsmittel verfügen bzw. diese angefordert haben. Dabei ist, ausgehend von $v(k+1)$, eine Ausführungsfolge zu finden, die nur zulässige Ereignisse des Typs $Ti(s)$ enthält und das Ende aller Tasks erreicht: eine "gültige Endfolge" ("valid completion sequence").

Die Suche nach einer solchen gültigen Endfolge läßt sich unter Verwendung der folgenden Ergebnisse vereinfachen [7]:

- Wenn $S[k]$ und alle Betriebsmittelvergaben für alle Prozesse außer Ci sicher sind und wenn $a[k+1] = Ti(s)$ zulässig ist, dann ist $S[k+1]$ dann sicher, wenn man die geplante Ausführungsfolge durch Anhängen von $\underline{T}i(pi)$ zu einem Teil einer gültigen Endfolge machen kann.

- Wenn man einen Teil einer gültigen Endfolge zum Zustand $S[k]$ gefunden hat, der alle Task-Ende-Ereignisse für die Prozesse enthält, die in $S[k]$ über Betriebsmittel verfügen, so ist $S[k]$ sicher.

-   Wenn S[k] sicher und wenn β eine gültige Ausführungsfolge
    ist, in der für alle gestarteten Tasks Ti(s) gilt

    $$qi(s) \leq ri(s)$$

    so ist β der Anfang einer gültigen Endfolge.

Trotz dieser Vereinfachungen sind Algorithmen, die solche
Suchverfahren verwenden, im wesentlichen nicht einsetzbar, da ihre
Laufzeit exponentiell mit der Anzahl der Tasks geht, und da im
allgemeinen die exakten Betriebsmittelanforderungen der Tasks
nicht im voraus bekannt sind. Ein vereinfachtes Verfahren zur
Bestimmung sicherer Zustände geht davon aus, daß für jeden Prozeß
Ci nur sein maximaler Bedarf Mij an den einzelnen Betriebsmitteln
Rj bekannt ist in Form eines Vektors

$$\mathbf{Mi} = (Mi1,\ldots,Mim)$$

mit

$$Mij = \max_{1 \leq s \leq pi} \left\{ qij(s) + \sum_{h=1}^{s-1} [qij(h)-rij(h)] \right\}$$

In einem solchen System (MRU-System, "maximum resource
usage") muß man bei der Überprüfung der Sicherheit des Übergangs
S[k] → S[k+1] vom schlimmsten Fall ausgehen, daß nämlich keiner
der aktiven Prozesse irgendwelche der ihm gemäß Pi(k+1)
zugeteilten Betriebsmittel freigibt, sondern daß jeder zusätzlich
seinen maximalen Bedarf $\mathbf{Mi}$-Pi(k+1) anfordert. Man kann daher die
restlichen Tasks jedes Prozesses Ci durch eine spezielle Task Ti'
ersetzen, deren Betriebsmittelbedarf gegeben ist durch:

$$qi' = \mathbf{Mi} - Pi(k+1)$$

$$ri' = \mathbf{Mi}$$

Daraus ergibt sich der folgende

Satz: Für $1 \leq i \leq n$ sei zum Zustand S[k+1] die Matrix Q'(k+1)
gegeben durch

$$Qi'(k+1) = \mathbf{Mi} - Pi(k+1) \quad \text{für } Pi(k+1) + Qi(k+1) > 0$$

$$Qi'(k+1) = 0 \qquad \text{sonst}$$

Dann ist der Zustand S[k+1] sicher, wenn der Zustand
[P(k+1),Q'(k+1)] deadlockfrei ist [7].

Da diese Aussage nur von Obergrenzen für den Betriebsmittelbedarf ausgeht, ist sie zwar hinreichend, aber nicht notwendig,
was zu schlechter Ausnutzung der Betriebsmittel führen kann; doch
ist der Algorithmus zur Bestimmung der Sicherheit in seinem
Laufzeitverhalten erheblich günstiger als die vorher besprochenen
Suchalgorithmen; die Laufzeit geht hier mit O(n) wie bei den
Entdeckungsalgorithmen.

Falls man nur die Vergabe von w Einheiten eines Betriebsmittels betrachtet, läßt sich die Sicherheit eines Zustandes
graphisch auf relativ einfache Art bestimmen [19]:

Man zeichnet eine Strecke mit w Segmenten und darüber für
jeden Prozeß einen Pfeil, der von Mi nach Mi-Pi(k+1) geht (nur 1
Betriebsmittel, daher Skalare!):

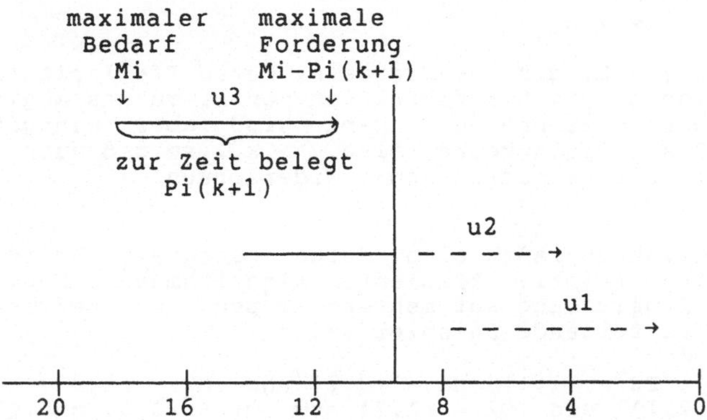

Fig. 3-3 Graphische Darstellung der Sicherheitsbedingung

Dann gilt der

Satz: Ein zulässiger Zustand ist sicher genau dann, wenn für alle
$x \in \{0,\ldots,w\}$ die Summe der Pfeilstücke links von einer Senk-
rechten durch "x" nicht größer als w-x ist, d.h. wenn gilt:

$$\bigwedge_{x \in \{0,\ldots,w\}} \sum_{\substack{i=1 \\ Mi>x}}^{n} (Mi - \max\{ x, Mi-Pi \}) \leq w - x$$

Beweis: Sei zur Abkürzung

$$L(x) := \sum_{\substack{i=1 \\ Mi>x}}^{n} (Mi - \max\{x, Mi-Pi\}) \quad \text{und} \quad R(x) := \sum_{i=1}^{n} Pi - L(x)$$

1. Sei für ein x_0 : $L(x_0) > w - x_0$. Bezeichnet man die Anzahl
    freier Einheiten des Betriebsmittels mit v, so gilt für alle
    x:

$$L(x) + R(x) + v = \sum_{i=1}^{n} Pi + v = w$$

Speziell gilt also:

$$w - (R(x_0) + v) > w - x_0 \quad \Rightarrow \quad R(x_0) + v < x_0$$

Um einen linken Teil eines Pfeils bis x = 0 zu erweitern,
d.h. dem betreffenden Prozeß alle angeforderten Betriebsmittel zu geben, müßten wenigstens x_0 Einheiten für diesen

Prozeß verfügbar sein. Da im besten Fall nur noch $R(x_0) + v$ Einheiten vergeben werden können, ist der Zustand nicht sicher.

2. Sei für alle x zwar $L(x) \leq w - x$, aber der Zustand sei dennoch unsicher. Dann muß es Prozesse geben, deren Pfeil nicht bis x = 0 verlängert werden kann. Sei Ci ein solcher Prozeß mit maximalem Mi-Pi := x_0. Dann gilt:

$$R(x_0) + v \geq x_0$$

Falls $R(x_0) > 0$, gibt es Prozesse, deren Pfeilspitzen rechts von x_0 liegen. Nach Konstruktion von x_0 muß es möglich sein, diese Prozesse zu beenden. Dann wird aber wenigstens der Betrag $R(x_0)$ freigegeben, also $v \geq x_0$, so daß auch Ci seinen Bedarf erfüllt bekommen kann: Widerspruch!

Dieses Verfahren läßt sich durch geeignete Anordnung der Prozesse zu einem relativ effizienten Algorithmus machen, doch ist keine direkte Erweiterung auf mehrere Typen von Betriebsmitteln möglich, wie das folgende Beispiel zeigt:

Sei P1 = (1,1), P2 = (1,1); M1 = (3,2) und M2 = (2,3). Anforderungen Q1 = (2,1) und Q2 = (1,2) bzw. Q1 = (2,0) und Q2 = (0,2) führen in diesem Fall zum Deadlock, ohne daß das geschilderte Verfahren dies erkennt.

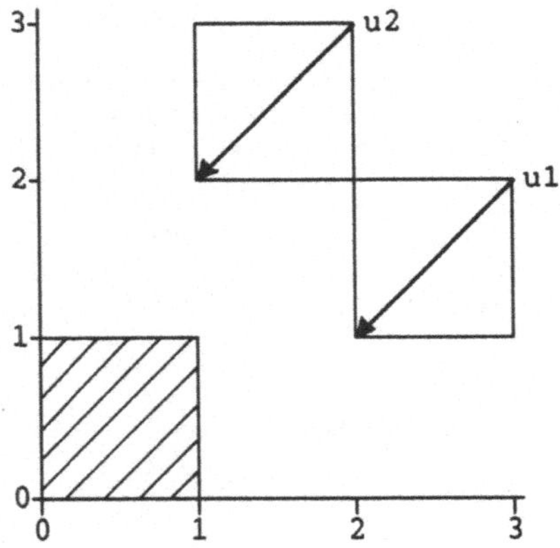

Fig. 3-4 Betriebsmittelvergabe bei mehreren Betriebsmitteln

3.3.6 Vergleich und Alternativen

Für viele Zwecke ist es ausreichend und einfacher, das Entstehen von Deadlocks zu verhindern als einmal entstandene Deadlocks zu beheben, weil:

- Deadlocks in vielen Fällen ein lokales Phänomen sind (bezogen auf bestimmte Betriebsmittel);

- Deadlocks relativ selten auftretende Ausnahme-Situationen darstellen.

Das Entstehen von Deadlocks kann oft durch einfache System-korrekturen verhindert werden:

- Zulassen von Preemption

- Anordnung von Betriebsmitteln als geordnete Folge

- Änderung von Scheduling-Strategien

Bei Entdeckungs- und Vermeidungs-Algorithmen besteht ein Gegensatz zwischen:

- Aufwand der Algorithmen (und damit System-Overhead)

- Grad der Auslastung der Betriebsmittel

Bei nur wenigen möglichen Task-Zuständen ist manchmal eine Auflistung aller zulässigen Übergänge ein sinnvolles Verfahren, das auch für die wahrscheinlicheren Fälle eines allgemeinen Vermeidungs-Algorithmus verwendet werden kann. Außerdem ist es oft zweckmäßig, folgende Situationen zusätzlich zu vermeiden:

- "Fast-Deadlock": Es kann immer nur ein Prozeß bedient werden.

- Ein Prozeß hat auf Betriebsmittel zu warten, während er schon teure andere Betriebsmittel belegt und damit blockiert.

<u>Beispiel</u>: Bedienung von Magnetbandgeräten auf der TR440

Das Problem der Deadlock-Vermeidung läßt sich vereinfachen, wenn man den Algorithmus zur Überprüfung nur ein einziges Mal bei Beginn eines Prozesses laufen läßt, nicht jedoch, wenn sich in einem schon laufenden Prozeß die Betriebsmittelanforderungen ändern; dieses Verfahren kann jedoch zu einer schlechten System-Auslastung führen. Eine andere Möglichkeit der Behandlung des Deadlock-Problems besteht darin, Deadlocks einfach in Kauf zu nehmen, aber dafür zu sorgen, daß sie relativ selten auftreten und keine zu schlimmen Folgen haben; doch ist auch diese Lösung des Problems keineswegs befriedigend.

3.4 INTERPROZESS-KOMMUNIKATION

3.4.1 Techniken

Der Grundmechanismus, über den in einem Universum U ein
Prozeß A einem anderen Prozeß B eine Nachricht S[A] zustellen
kann, besteht aus den beiden folgenden Teilen [18]:

1. Aufbau der Kommunikation:

    a. Durch Vereinbarung erfahren beide Prozesse von der
        Existenz eines gemeinsam benutzbaren "Briefkastens"
        ("mailbox") M; dieser ist durch einen gemeinsam
        zugreifbaren Speicherbereich realisiert.

    b. Nach Vereinbarung interpretieren beide Prozesse einen
        bestimmten Zustand S[0] von M als "die Mailbox ist leer";
        M sollte entsprechend initialisiert werden.

2. Nachrichtenübertragung:

    a. Prozeß A setzt M in einen Zustand $S[A] \neq S[0]$.

    b. Prozeß B interpretiert jeden Zustand $\neq S[0]$ als "Nach-
        richt angekommen".

        Abhänging von der Vereinbarung mit A kann B dem Zustand
        S[A] eine Bedeutung zuerkennen oder nicht.

Zusätzlich zum eigentlichen Austausch von Nachrichten wird
also ein vorheriger Aufbau der Kommunikation benötigt; dieser
setzt seinerseits die Übereinstimmung in der Interpretation
bestimmter Elemente des Universums U voraus. Es ist nicht
möglich, diese erste Übereinstimmung innerhalb von U zu erzielen;
diese Konventionen müssen auf einer anderen logischen Ebene (etwa
durch Entwurfsrichtlinien, Absprachen der beteiligten Programm-
mierer usw.) festgelegt werden. Eine erst einmal aufgebaute
Kommunikation kann dagegen zum Austausch von Nachrichten benutzt
werden, die weitere Kommunikationen definieren; speziell kann auch
der dargestellte Mechanismus zur Nachrichtenübertragung als Grund-
baustein allgemeinerer und komplexerer Kommunikationsverfahren
verwendet werden.

Zur eigentlichen Kommunikation stehen - abgesehen von der
direkten Verwendung gemeinsamer Hauptspeicherbereiche - im wesentlichen drei Verfahren zur Verfügung:

-   Bit-Synchronisation ("event flags"): Die Prozesse verein-
    baren eine oder mehrere 1-Bit-Variable (Flags), denen sie
    irgendwelche Bedeutung zuerkennen; Kommunikation benutzt die
    folgenden Primitiv-Operationen auf diesen gemeinsamen Flags:

    o erzeuge Flag (Definition und Kreation)
    o assoziiere Flag (Eintrag in den eigenen Namensraum)
    o disassoziiere Flag (Löschen des Zugriffsrechts)
    o lösche Flag (Vernichtung)

o setze Flag (auf 0 oder 1 zur Nachrichtenübertragung)
o lese Flag (direkte Zustandsbestimmung)
o warte auf Flag (Blockieren des Prozesses, bis Flag gesetzt)
o warte auf UND/ODER von Flags (logische Verknüpfung von Kommunikationen/Bedingungen)

- explizite Nachrichten-Übertragung über Warteschlangen/Mailboxes; die folgenden Primitiv-Operationen sind hier sinnvoll:

o erzeuge Mailbox
o assoziiere Kanal zu Mailbox
o disassoziiere Kanal
o lösche Mailbox
o E/A-Operationen auf dem Mailbox (s. Kapitel 6)

- Software-Interrupts (ASTs) als Trigger-Signale für die Kommunikation, gesteuert über folgende Operationen:

o definiere Interrupt-Typ/-Handler
o gib Interrupt frei ("enable")
o blockiere Interrupt ("disable")

Die Art der Interrupt-Signale (bzw. ihre Quelle) ist vom System bzw. der Rechner-Architektur her vorgegeben; sie wird über die Interrupt-Definition irgendwelchen der zu übertragenden Nachrichten zugeordnet, und der Interrupt-Mechanismus selbst dient im allgemeinen nur zur Synchronisation der Kommunikation.

Generell muß jede Interprozeß-Kommunikation durch Synchronisation der kommunizierenden Prozesse koordiniert werden, was bei den beiden ersten der genannten Verfahren über separate Synchronisation (etwa über P- und V-Operationen) geschehen muß, obwohl diese Synchronisations-Operationen oft schon in die Primitiv-Operationen der Kommunikation hinein integriert sind.

3.4.2 E/A-Systeme und Interprozeß-Kommunikation

Üblicherweise werden die E/A-Geräte eines Rechners von speziellen Prozessen des Betriebssystems verwaltet und bedient (Beispiel: TR440: HGV, PAV, SAV (s. Abschnitt 2.1)). Die Aufgaben dieser E/A-Prozesse sind im wesentlichen:

- Anpassung der E/A an systemweite Standardformate

- Koordination logischer und physikalischer Datenströme

- Steuerung der Geräte-Treiber-Routinen

- Verwaltung von Datenpuffern

- Fehlerbehandlung

Während die Einzelheiten der Bedienung der physikalischen Geräte von den einzelnen Treiber-Routinen abgehandelt werden, übernehmen die E/A-Prozesse die Steuerung und Koordination der Treiber-Aufrufe und die Behandlung der Rückmeldungen von den Treibern. Diese Aufteilung von E/A-Vorgängen hat den Vorteil, daß alle E/A über eine einheitliche Schnittstelle, nämlich die der Interprozeß-Kommunikation, abgewickelt werden kann, unabhängig davon, ob der Kommunikationspartner

- ein lokaler Prozeß

- eine Datei

- ein E/A-Gerät

- ein Prozeß auf einem Fremdrechner

ist. Der Benutzer sieht somit E/A, Interprozeß-Kommunikation und Zugriff auf ein Rechnernetz in völlig gleicher Weise; er kann alle Kommunikationstypen über die gleiche Schnittstelle (etwa E/A-Operationen wie OPEN, CLOSE, READ, WRITE) bedienen. Folgende Operationen sind hier sinnvoll und üblich:

- weise E/A-Kanal zu ("assign I/O channel")

- lösche Kanalzuweisung ("deassign I/O channel")

- fordere E/A-Vorgang ("queue I/O request"), spezialisiert als:

    o Eingabe
    o Ausgabe
    o Setzen/Abfrage von Steuerungs-Parametern
    o eventuell Code-/Format-Konversion

- lösche E/A-Vorgang ("cancel I/O on channel")

- lese Status ("get I/O channel/device information")

- belege Gerät ("allocate device")

- gib Gerät frei ("deallocate device")

Die in diesem Abschnitt verwendete Terminologie lehnt sich an die in [23] verwendete an; auf eine genauere Beschreibung der E/A-Vorgänge kann hier verzichtet werden, da dieser ganze Komplex im Kapitel 6 noch ausführlich diskutiert wird.

KAPITEL 4

SCHEDULING

4.1 ZIELE, STRATEGIEN, ALGORITHMEN UND REALISIERUNG

Falls mehrere Prozesse gleichzeitig Zugriff auf ein bestimmtes Betriebsmittel benötigen, muß eine Entscheidung getroffen werden, welchem dieser Prozesse als nächstem das Betriebsmittel zuzuteilen ist. Man bezeichnet die Auswahl des zu bedienenden Prozesses als Scheduling und das Programm, das diese Auswahl trifft, als Scheduler. Zur Beschreibung des Scheduling-Problems sind vier Betrachtungsebenen zweckmäßig:

- Ziele: Welches Systemverhalten soll erzielt werden bzw. welche Parameter dieses Verhaltens sollen optimiert werden? Die Ziele des Schedulings von Zentralprozessoren sind verschieden je nach Typ des Betriebssystems:

  o Batch: hoher Durchsatz

  o Timesharing: schnelle Reaktion auf Eingaben

  o Realzeit: garantierte Abarbeitungszeiten für bestimmte Algorithmen

  Diese Ziele widersprechen sich zum Teil, so daß allgemeine Systeme oft in bestimmten Arbeitsbereichen schlechteres Verhalten zeigen als spezialisierte Systeme, die nur auf ein Ziel hin optimiert sind.

- Strategien: Die Konkretisierung der allgemeinen Ziele erfolgt durch die Festlegung von Strategien, die bestimmen:

  o unter welchen Bedingungen ein Prozeß das angeforderte Betriebsmittel erhalten darf,

  o welcher Zeitanteil für System-Routinen (im Gegensatz zu Benutzerprogrammen) verbraucht werden darf,

  o wie lange das Interrupt-System maximal deaktiviert werden darf,

  o ob nur Benutzer- oder auch System-Programme dem Scheduling unterworfen werden,...

  Die Festlegung der Strategie impliziert im allgemeinen eine Festlegung des Gesamtaufbaus der Prozeßverwaltung, eventuell sogar der Hardware.

- <u>Algorithmen</u>: Die Implementierung einer Scheduling-Strategie erfolgt hauptsächlich durch die Auswahl eines Algorithmus zur Betriebsmittelvergabe, von dem bekannt ist, daß seine Eigenschaften denen der festgelegten Strategie möglichst nahe kommen. Dieser Algorithmus legt im allgemeinen die Datenstrukturen der Prozeßverwaltung fest.

- <u>Realisierung</u>: Die Programmierung des ausgewählten Algorithmus unter Verwendung der durch ihn festgelegten Datenstrukturen ist der letzte Schritt beim Aufbau eines Schedulers. Die hier verbleibenden Freiheitsgrade sind im allgemeinen nur noch gering.

Wesentlich an dieser Aufteilung des Scheduling-Problems ist die Unterscheidung in:

- Ziele und Strategien: Was soll erreicht werden?

- Algorithmen/Realisierung: Wie wird es erreicht?

Von besonderer Bedeutung ist die Vergabe des Zentralprozessors (bzw. der Prozessoren), da dieser den Fortgang der einzelnen Prozesse besonders stark beeinflußt. Aus diesem Grund soll zunächst Scheduling von Zentralprozessoren (kurz: CPU-Scheduling) betrachtet werden. Hier unterscheidet man zwei prinzipiell verschiedene Vorgehensweisen:

- Wenn die Ausführungszeiten der einzelnen Prozesse schon vorher bekannt sind, kann man versuchen, die Ausführungen der Prozesse bzw. der sie bildenden Tasks oder Ausführungsstücke zeitlich so anzuordnen, daß sich ein gewünschtes Systemverhalten ergibt. Man bezeichnet dieses Vorgehen als <u>Deterministisches Scheduling</u>.

- Wenn nur Erwartungswerte und Wahrscheinlichkeitsverteilungen für die Rechenzeiten bzw. auch die Ankunftszeiten der Prozesse/Jobs bekannt sind, muß man das Verhalten der einzelnen Scheduling-Algorithmen unter der wahrscheinlichen Last beschreiben. Man spricht hier von <u>Probabilistischen Scheduling-Modellen</u>.

In der Praxis wird man beim Entwurf eines Schedulers beide Methoden gemeinsam einsetzen.

4.2 DETERMINISTISCHE MODELLE

Die Darstellung in diesem Abschnitt folgt weitgehend der ausgezeichneten Beschreibung deterministischer Scheduling-Modelle in [7]. Auf die Angabe der Beweise zu den einzelnen Sätzen wird wegen ihres Umfangs verzichtet; diese Beweise sind in [7] im vollen Umfang enthalten und können dort bei Bedarf nachgelesen werden.

4.2.1 Einführung

Wenn die Ausführungszeiten der einzelnen Prozesse (Tasks) bekannt sind und wenn nur ein Prozessor vorhanden ist, der diese Tasks ohne Verschachtelung (durch Context-switching) bearbeitet, ist das Scheduling-Problem relativ einfach: Die gesamte Rechenzeit ist die Summe der einzelnen Rechenzeiten; durch geeignetes Sortieren der Abarbeitungsreihenfolge können Abhängigkeiten der Tasks voneinander berücksichtigt werden, und die mittlere Anzahl der Tasks im System sowie die mittlere Wartezeit können beeinflußt werden. Falls mehrere Prozessoren sich die Arbeit teilen können, werden die Verfahren zum Finden eines optimalen Scheduling-Algorithmus sehr schnell kompliziert oder nicht mehr anwendbar.

Anmerkung: Der einfachste Fall entspricht zum Teil einer Situation, in der ein Monoprozessor eine Anzahl rein rechenintensiver Jobs zu bedienen hat.

Definition: Ein Schedule (Fahrplan) S für m Prozessoren und eine vorgegebene Menge von Tasks mit gegebenen Abhängigkeiten ist eine Beschreibung der Arbeit, die jeder Prozessor zu jedem Zeitpunkt zu verrichten hat.

Die Abhängigkeiten der Tasks voneinander können durch sogenannte Präzedenz-Graphen beschrieben werden, die einen Pfeil von einer Task Ti nach einer anderen Task Tj genau dann enthalten, wenn Ti beendet sein muß, ehe Tj beginnen darf.

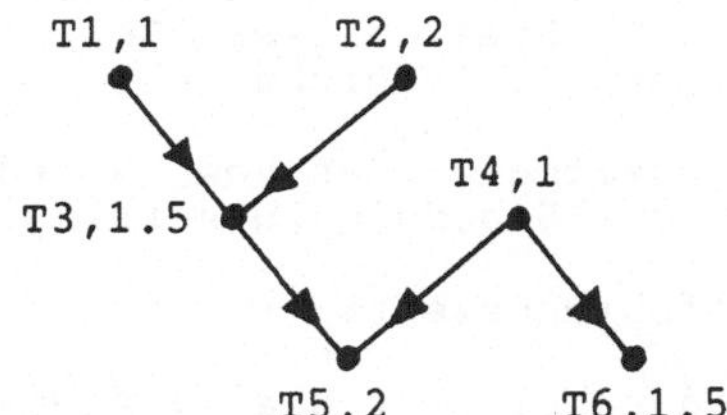

Fig. 4-1 Beispiel eines Präzedenz-Graphen

Ein Schedule muß die folgenden Bedingungen erfüllen:

- Berücksichtigung der Präzedenz-Relationen

- zu jeder Zeit nur ein Prozessor pro Task

- Vergabe der gesamten geforderten Rechenzeit an die fordernde Task

Ein Schedule kann durch ein sogenanntes Gantt-Diagramm, eine Zeitachse mit Angabe der Prozessor-/Task-Zuordnungen, dargestellt werden:

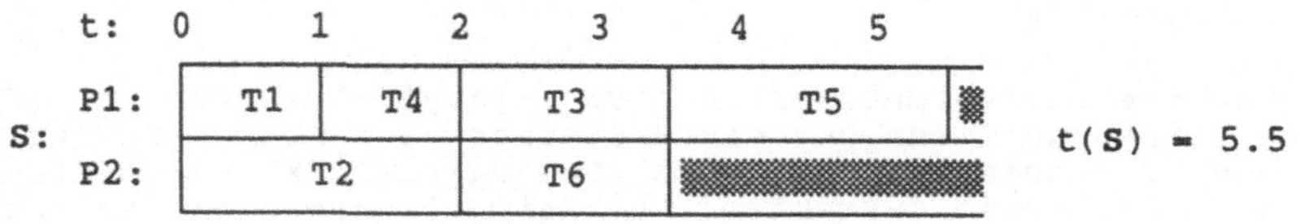

```
t:   0      1      2      3      4      5

     ┌──────┬──────┬──────┬─────────────┬──┐
P1:  │  T1  │  T4  │  T3  │     T5      │▓▓│
S:   ├──────┴──────┼──────┴──┬──────────┴──┤      t(S) = 5.5
P2:  │     T2      │   T6    │▓▓▓▓▓▓▓▓▓▓▓▓▓▓│
     └─────────────┴─────────┴─────────────┘
```

Fig. 4-2 Beispiel eines Gantt-Diagramms

Als Länge t(S) eines Schedules S bezeichnet man die Zeit, zu
der die letzte Task aus S fertig wird. Ein Prozessor, dem in
einem Teilintervall von [0,t(S)] keine Task zugewiesen ist, wird
für dieses Teilintervall als frei ("idle") bezeichnet.

Die hier betrachtete Ausführungszeit einer Task kann drei
verschiedene Bedeutungen haben:

- echte Ausführungszeit:

  Die Ergebnisse des Schedule sind exakte Vorhersagen.

- maximal mögliche Ausführungszeit:

  Das Schedule beschreibt den ungünstigsten möglichen Fall
  ("worst case", wichtig für Realzeit-Systeme!). Hier sind
  zwei Strategien möglich:

  o Wenn einer Task Ti ein Prozessor für eine bestimmte Zeit
    zugewiesen ist, und Ti wird schon vorher fertig, bleibt
    der Prozessor für den Rest dieses Zeitintervalls frei
    (oder bearbeitet einen Hintergrund-Job).

  o Kürzere Ausführungszeiten werden vom Scheduler benutzt,
    um die Gesamtlänge des Schedule zu verringern.

- Erwartungswert der Ausführungszeit:

  Das Schedule gibt einen Anhalt für die gesamte zu verbrau-
  chende Rechenzeit. Eine mögliche Vorgehensweise besteht aus
  den Schritten:

  o Bestimmung eines Schedule S nach dem gegebenen Präzedenz-
    Graphen G

  o Erweiterung von G um Pfeile von Ti nach Tj, wenn Ti und
    Tj voneinander unabhängig sind und Ti gemäß S auf
    demselben Prozessor wie Tj, und zwar zeitlich vor Tj,
    läuft; der erweiterte Graph sei G'

  o Bestimmung des längsten Pfades in G'; diese Länge ist ein
    Schätzwert für die mittlere Länge von S.

Im Prinzip lassen sich alle optimalen Schedules durch
Vergleich aller möglichen Schedules finden. Da dieses Verfahren
jedoch Laufzeiten hat, die exponentiell mit der Anzahl der Tasks
gehen, besteht die Aufgabe im Finden von Scheduling-Algorithmen,
deren Laufzeit nur mit einer (möglichst kleinen) Potenz der Anzahl
der Tasks anwächst.

Generell lassen sich die Scheduling-Verfahren unterteilen in:

- non-preemptive Scheduling: Eine einmal gestartete Task läuft durch bis zu ihrem Ende.

- preemptive Scheduling: Tasks können an beliebigen Stellen unterbrochen werden; sie werden dann später fortgesetzt. Aus praktischen Gesichtspunkten (System-Overhead) kann es zweck- mäßig sein, die Anzahl der Unterbrechungen pro Zeiteinheit zu begrenzen ("restricted preemptive Scheduling"), doch sollen solche Verfahren wegen ihrer Komplexität hier nicht unter- sucht werden.

Schließlich kann man noch unterscheiden, ob Prozessoren frei sein dürfen, obwohl noch unbearbeitete Tasks vorhanden sind. Man kann nämlich in manchen Fällen durch Einführung von Idle-Zeiten die Gesamtlänge eines Schedules reduzieren, wie das folgende Beispiel zeigt:

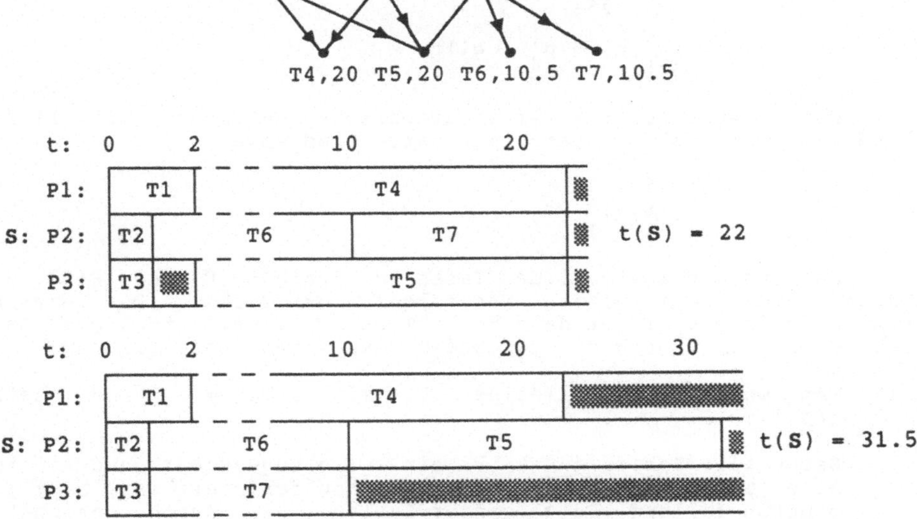

Fig. 4-3 Einführung von Idle-Zeit in ein Schedule

4.2.2 Optimales Scheduling von Doppelprozessoren

Nur für einen sehr engen Spezialfall, bestimmt durch:

- Anzahl m der Prozessoren = 2

- gleiche Ausführungszeiten für alle Tasks

ist zur Zeit das Auffinden eines optimalen, non-preemptive

Schedules für beliebige Präzedenz-Graphen untersucht und bekannt [7]. Alle allgemeineren Fälle führen zu Algorithmen hoher, nicht mehr realistisch zu behandelnder Komplexität. Eine Anwendung dieses Spezialfalls ergibt sich, falls es möglich ist, die gegebene Menge von Prozessen in Tasks etwa gleicher Länge zu zerlegen, was speziell auch bei Zeitscheibenverfahren (s. Abschnitt 4.3.3.6) erzwungen wird.

Der Algorithmus, der hier betrachtet wird, beruht auf einer geeigneten Durchnumerierung der Tasks, die im wesentlichen eine lineare Anordnung der Tasks gemäß ihren Abhängigkeiten erzeugt; hierzu empfiehlt sich die

Definition: Seien $N = (n_1,\ldots,n_t)$ und $N' = (n'_1,\ldots,n'_{t'})$ zwei streng monoton fallende Folgen natürlicher Zahlen, d.h.

$$\bigwedge_i n_i \in \mathbf{N}, \quad \bigwedge_j n'_j \in \mathbf{N}, \quad \bigwedge_{i<t} n_i > n_{i+1}, \quad \bigwedge_{j<t'} n'_j > n'_{j+1}$$

Man sagt dann, es gelte $N < N'$, wenn entweder

$$\bigvee_i (n_i < n'_i \ \wedge \ \bigwedge_{j<i} n_j = n'_j) \quad \text{oder}$$

$$t < t' \ \wedge \ \bigwedge_{j\leq t} n_j = n'_j \quad \text{gilt.}$$

Man erzeugt so eine lexikographische Anordnung mit links-bündigen Zahlenfolgen; Beispiele dafür sind etwa:

$$(7,5,3,2) < (7,5,4,1)$$
$$(4,3,1) < (5,1)$$
$$(7,2) < (7,2,1)$$

Sei nun n die Anzahl der Tasks im Graphen G und S(T) die Menge aller unmittelbaren Nachfolger einer Task T. Der Numerierungsalgorithmus ordnet dann jeder Task T eine natürliche Zahl $a(T) \in \{1,\ldots,n\}$ nach der folgenden rekursiven Vorschrift zu:

1. Man wähle ein beliebiges T_0 mit $S(T_0) = \emptyset$ und setze $a(T_0) := 1$.

2. Seien alle Zahlen $j < k$ für ein $k \leq n$ zugeordnet, und sei für alle Tasks T, für die a(T) schon definiert ist, N(T) die monoton fallende Folge ganzer Zahlen, die durch geeignetes Umordnen der Menge $\{a(T') \mid T' \in S(T)\}$ entsteht. Wähle eine Task T* mit $N(T*) \leq N(T)$ für alle T, für die N(T) schon definiert ist. Setze $a(T*) := k$.

3. Führe Schritt 2 durch, bis alle Tasks numeriert sind.

Der Scheduling-Algorithmus lautet dann:

Algorithmus A: Wenn ein Prozessor frei wird, weise ihm die Task zu,

- deren sämtliche Vorgänger ausgeführt sind, und

- die unter allen noch nicht durchgeführten Tasks die höchste
  Nummer a hat, also die "oberste" Position im Graphen ein-
  nimmt.

(Wenn zwei oder mehrere Prozessoren gleichzeitig frei werden, kann
etwa der Prozessor mit der niedrigsten Nummer zuerst bedient
werden.)

<u>Beispiel:</u>

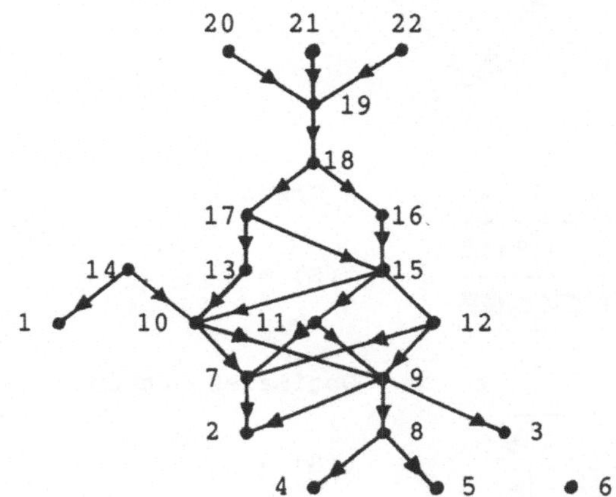

Fig. 4-4 Beispiel für ein A-Schedule

Man stellt die folgenden Eigenschaften der Numerierung fest:

- Falls im Präzedenz-Graphen T auf einer höheren Ebene liegt
  als T', gilt a(T) > a(T').

- Falls S(T') eine echte Teilmenge von S(T) ist, gilt ebenfalls
  a(T) > a(T').

- Falls t(T) und t(T') die Anfangszeiten von T bzw. T' sind,
  und falls T auf dem Prozessor P1 ausgeführt wird, gilt:

$$t(T) < t(T') \Rightarrow a(T) > a(T')$$

- P1 ist während des gesamten Schedule nie frei.

Man kann dann den folgenden Satz beweisen:

Satz: Für einen beliebigen Graphen, dessen Tasks alle die gleiche Ausführungszeit haben, hat ein A-Schedule minimale Länge, falls für die Anzahl der Prozessoren m = 2 gilt.

Das folgende Gegenbeispiel zeigt, daß bei verschiedenen Ausführungszeiten der einzelnen Tasks ein A-Schedule nicht optimal zu sein braucht:

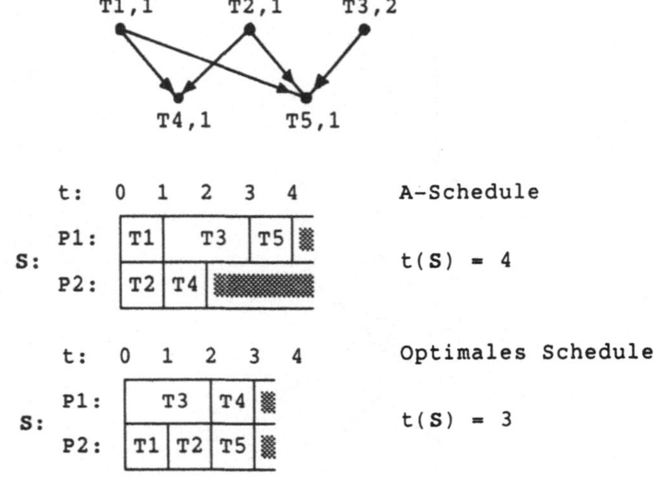

Fig. 4-5 Gegenbeispiel mit verschiedenen Ausführungszeiten

Ein weiteres Gegenbeispiel mit drei Prozessoren zeigt, daß auch für diesen Fall A-Schedules nicht optimal sein müssen:

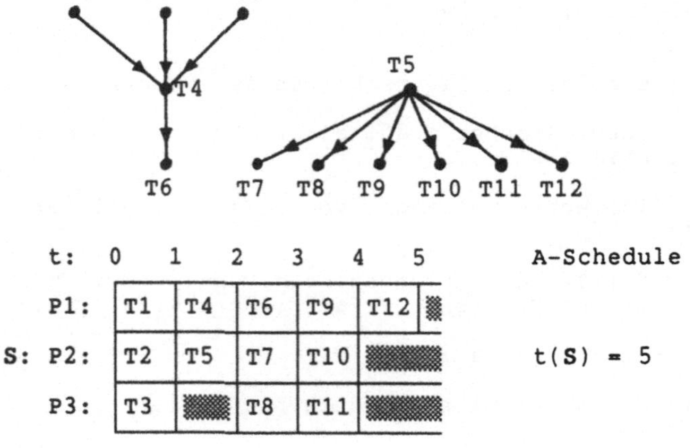

	t:	0	1	2	3	4
	P1:	T1	T3	T4	T6	▨
S:	P2:	T2	T7	T9	T11	▨
	P3:	T5	T8	T10	T12	▨

Optimales Schedule

$t(S) = 4$

Fig. 4-6 Gegenbeispiel mit drei Prozessoren

Der Beweis des obengenannten Satzes ist relativ umfangreich und wird daher übergangen.

4.2.3 Optimales Scheduling von Präzedenz-Bäumen

Man kann eine Menge von Tasks gleicher Ausführungszeit auf $m \geq 2$ Prozessoren optimal schedulen, wenn ihr Präzedenz-Graph Baumstruktur hat (Präzedenz-Baum).

<u>Beispiel:</u>

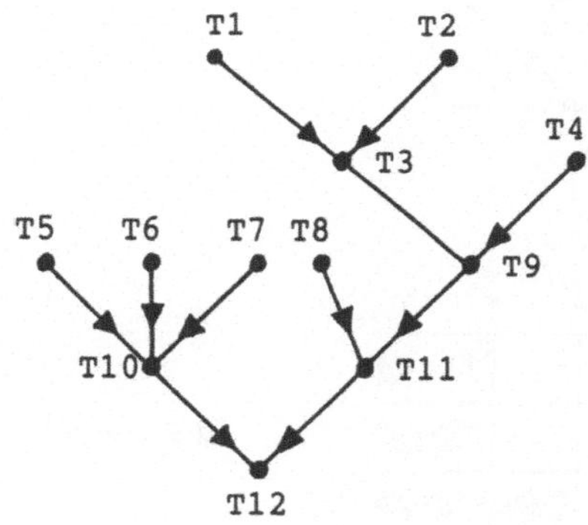

Fig. 4-7 Beispiel eines Präzedenz-Baumes

Dazu ordnet man jeder Task T eine Nummer, die Ebene $L(T)$ dieser Task, zu; $L(T)$ ist die Länge, d.h. die Anzahl der Teilstrecken, des kürzesten Weges im Graphen G von der Task T zu einer Task T* am Ende des Graphen (Terminal-Task, hier: die Wurzel des Baumes). Für eine Terminal-Task T* gelte $L(T^*) := 1$.

Man kann dann den folgenden Algorithmus definieren:

Algorithmus B: Wenn ein Prozessor frei wird, weise ihm (falls vorhanden), die Task (eine der Tasks) zu,

- deren sämtliche Vorgänger ausgeführt sind, und

- die von allen noch nicht ausgeführten Tasks die höchste Ebene
  hat.

Dann läßt sich der folgende Satz (ebenfalls nur mit großem
Aufwand) beweisen:

Satz: Sei G ein Baum und S_0 ein B-Schedule für G. Dann gilt für
alle gültigen Schedules S über G: $t(S_0) \leq t(S)$.

Hierzu gibt es noch das (recht einsichtige)

Korollar: Sei G ein Baum mit weniger als m sofort zu startenden
Tasks. Wenn L die Länge des längsten Pfades in G ist, so gilt für
ein B-Schedule S_0: $t(S_0) = L$.

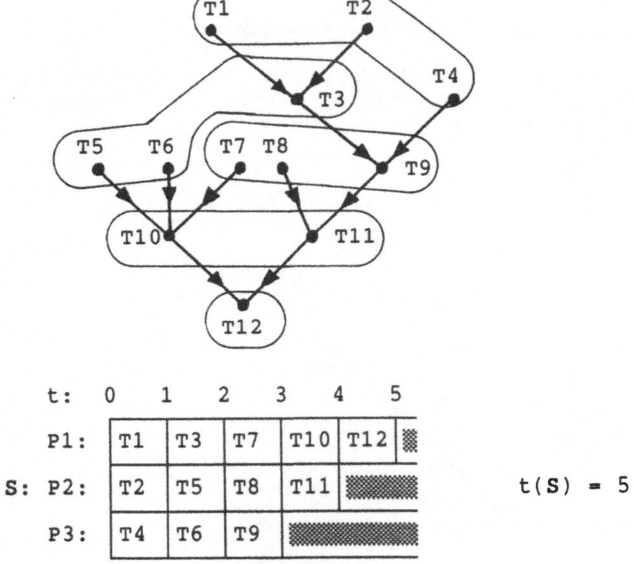

t:	0	1	2	3	4	5
P1:	T1	T3	T7	T10	T12	
S: P2:	T2	T5	T8	T11		
P3:	T4	T6	T9			

$t(S) = 5$

Fig. 4-8 Beispiel für ein B-Schedule

Sei nun Q(j) die Menge aller Tasks auf Ebenen $\geq$ j und L die
Länge eines maximalen Pfades in G. Man stellt dann fest:

- Die Tasks auf Ebenen $>$ j benötigen wenigstens $|Q(j+1)|/m$
  Zeiteinheiten zu ihrer Ausführung.

- Die Tasks bis zur Ebene j sind frühestens nach j Zeiteinheiten fertig.

Daraus ergibt sich für die Länge t_0 eines Schedule minimaler
Länge:

$$t_0 \geq \max_{0 \leq j \leq L} \left\{ j + \left\lceil \frac{|Q(j+1)|}{m} \right\rceil \right\}$$

wobei $\lceil x \rceil$ die kleinste natürliche Zahl $\geq$ x bezeichnet. Analog kann man eine Untergrenze angeben für die Anzahl m_0 der Prozessoren, die man benötigt, um einen gegebenen Graphen in höchstens t Zeiteinheiten auszuführen:

$$m_0 \geq \max_{\substack{0 \leq j < L \\ t \geq L}} \left\{ \left\lceil \frac{|Q(j+1)|}{t-j} \right\rceil \right\}$$

(Da L ein absolutes Minimum für t(S) ist, muß man t $\geq$ L annehmen.)

4.2.4 Scheduling unabhängiger Tasks

Falls die Anzahl der verfügbaren Prozessoren beliebig und die Ausführungszeiten der Tasks verschieden sind, so läßt sich - nach heutigem Wissen [7] - selbst bei völliger Unabhängigkeit der Tasks voneinander kein optimaler Scheduling-Algorithmus angeben, dessen Laufzeitverhalten gutartig ist. Man kann lediglich für einen bestimmten Algorithmus, den sogenannten LPT-Algorithmus ("largest processing time"), der einem freigewordenen Prozessor jeweils die Task mit der größten Ausführungszeit zuweist, eine Schranke für den Abstand zu einem optimalen Algorithmus angeben:

Satz: Sei t_1 die Länge eines LPT-Schedule und t_0 die Länge eines optimalen Schedule für eine Menge unabhängiger Tasks, die auf m Prozessoren ausgeführt werden sollen. Dann gilt:

$$\frac{t_1}{t_0} \leq \frac{4}{3} - \frac{1}{3m}$$

Auch hierfür ist der Beweis sehr umfangreich und wird daher übergangen. Im allgemeinen liefert LPT-Scheduling für eine Menge unabhängiger Tasks zwar keine optimalen, aber dennoch recht gute Schedules, so daß dieser Algorithmus einige praktische Bedeutung hat, zumal er recht einfach ist.

t_i: 16, 13, 12, 8, 6, 5, 5, 1

	t:	0 2 4 6 8 10 12 14 16 18 20 22 24	LPT-Schedule
	P1:	T1 · T6 · ▨	
S:	P2:	T2 · T5 · T7 · ▨	t(S) = 24
	P3:	T3 · T4 · T8 · ▨	

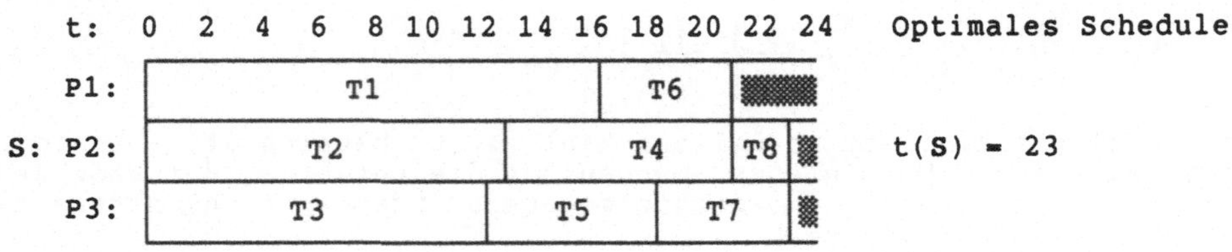

Fig. 4-9 Beispiel für ein nicht optimales LPT-Schedule

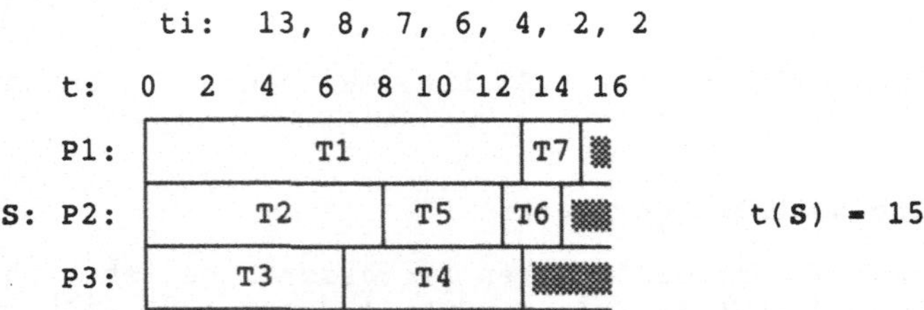

Fig. 4-10 Beispiel für ein optimales LPT-Schedule

Das folgende Beispiel zeigt, daß die Grenze für die Optimalitäts-Abschätzung, die im Satz angegeben wurde, die bestmögliche Grenze darstellt, da sie echt erreicht werden kann:

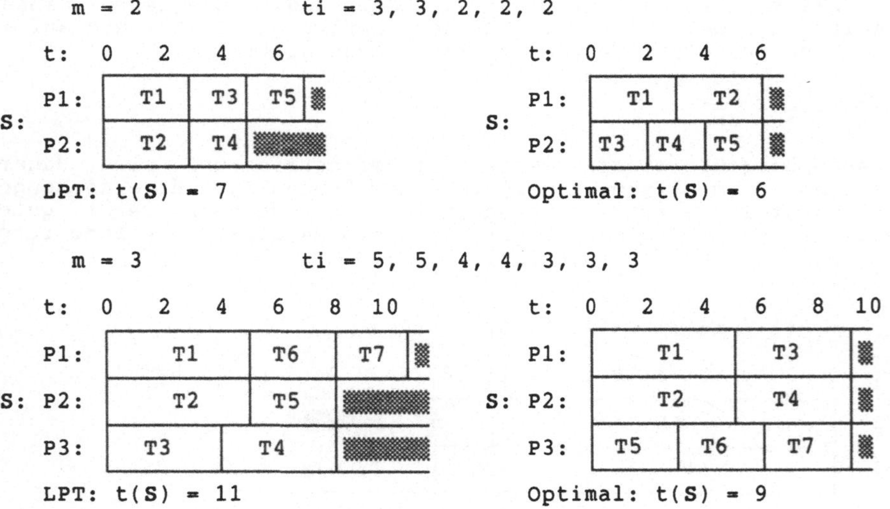

Fig. 4-11 Beispiele für "worst case" LPT-Schedules

4.2.5 Scheduling nach Prioritätslisten

Wenn die Ausführungszeiten der einzelnen Tasks im voraus
unbekannt sind, muß der Scheduler Tasks allein nach den
Informationen des Präzedenz-Graphen auswählen. Da diese
Informationen lediglich eine teilweise Ordnung der Tasks
festlegen, kann deren Anordnung sonstige Bedeutung haben. Der
Scheduler geht in diesem Fall davon aus, daß die Tasks nach
irgendeinem Kriterium geordnet sind, und wählt jeweils die nächste
Task dieser Liste aus, deren sämtliche Vorgänger gemäß dem
Präzedenz-Graphen schon gerechnet sind. Die Länge des erzeugten
Schedule hängt ab von:

- der Anzahl m der Prozessoren

- den Ausführungszeiten der Tasks

- den Einschränkungen durch den Präzedenz-Graphen

- der Reihenfolge der Tasks in der Prioritätsliste

Dabei stellt man fest, daß dieses listengesteuerte Scheduling
eine Reihe von Anomalien aufweist, in dem Sinne, daß die Aufhebung
oder Abschwächung der genannten Einschränkungen unter Umständen
nicht zu einer Verkürzung, sondern zu einer Verlängerung des
erzeugten Schedule führen kann.

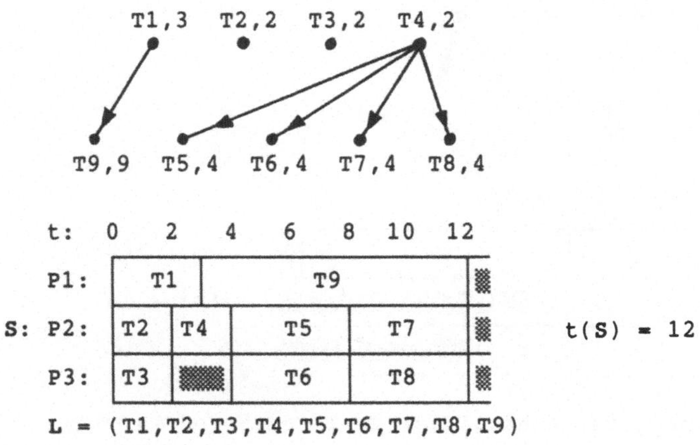

Fig. 4-12 Beispiel einer Scheduling-Anomalie

In diesem Beispiel wird das Schedule länger, wenn eine beliebige
der genannten Einschränkungen geeignet verändert wird, so daß hier
alle vier möglichen Anomalien zusammen vorliegen:

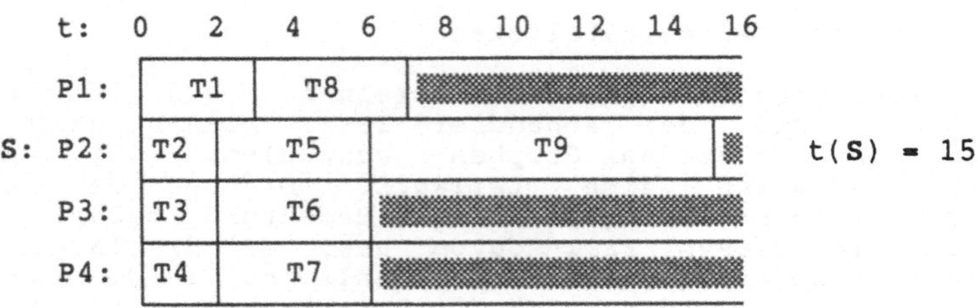

Fig. 4-13 Erhöhung von 3 auf 4 Prozessoren

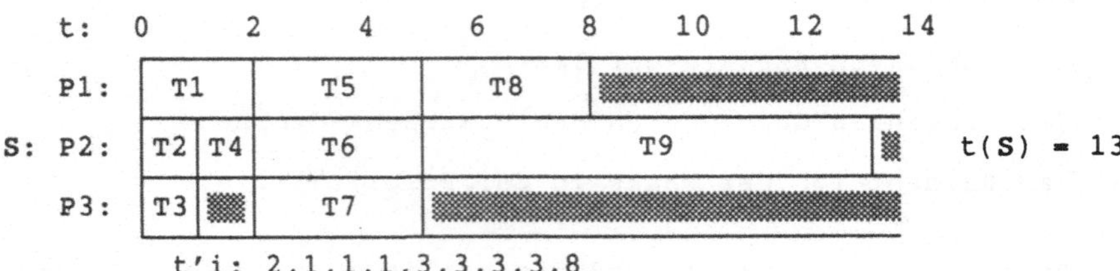

Fig. 4-14 Verkürzung der Ausführungszeiten um je eine Einheit

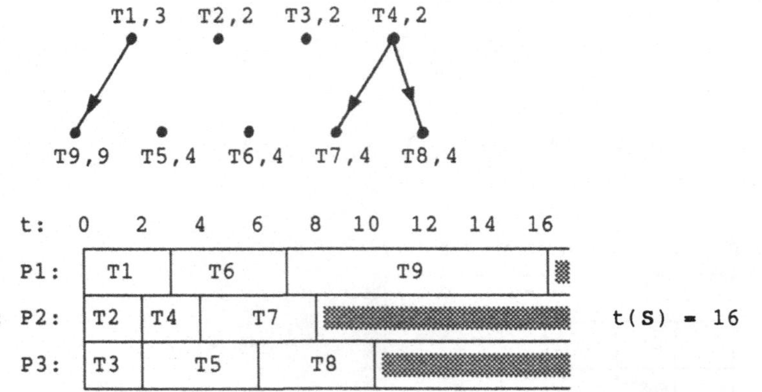

Fig. 4-15 Aufhebung der Abhängigkeiten T4 → T5 und T4 → T6

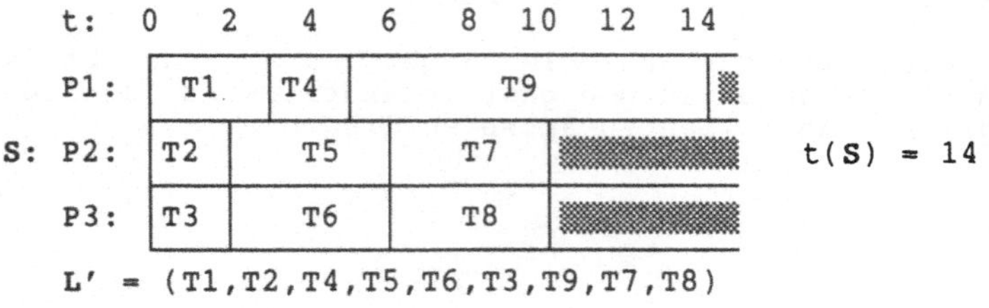

L' = (T1,T2,T4,T5,T6,T3,T9,T7,T8)

Fig. 4-16 Umordnen der Prioritätsliste

Man kann für die Anomalien des listengesteuerten Scheduling eine Schranke angeben:

Satz: Sei eine Menge von Tasks Ti gegeben und seien m, {ti}, L und G bzw. m', {t'i}, L' und G' zwei Auswahlen der Anzahl der Prozessoren, der Ausführungszeiten, der Prioritätslisten und der Präzedenzgraphen, wobei G' $\subseteq$ G und für alle i t'i $\leq$ ti gelte, und seien t bzw. t' die Längen der sich ergebenden Schedules. Dann gilt:

$$\frac{t'}{t} \leq 1 + \frac{m-1}{m'}$$

Die Bedeutung dieser Anomalien liegt vor allen Dingen auf dem Gebiet des Scheduling in Realzeit-Systemen, bei denen ja maximale Schedule-Längen garantiert werden müssen. Die Anomalien durch kürzere Ausführungszeiten (wenn also die angegebenen Ausführungs- zeiten Maximalwerte darstellen), können umgangen werden, wenn der ursprüngliche Präzedenzgraph erweitert wird um alle Relationen Ti → Tj, wenn im ursprünglichen Schedule Ti vor Tj auf demselben Prozessor läuft.

4.2.6 Scheduling mit Preemption und Prozessor-Sharing

Wenn es ohne zu hohen Aufwand möglich ist, die Ausführung von Tasks durch Prozeßwechsel zu unterbrechen und die Tasks später fortzusetzen, lassen sich die Längen (mit vertretbarem Aufwand) erreichbarer Schedules im allgemeinen verkürzen. Man spricht in diesem Fall von <u>Scheduling mit Preemption</u>.

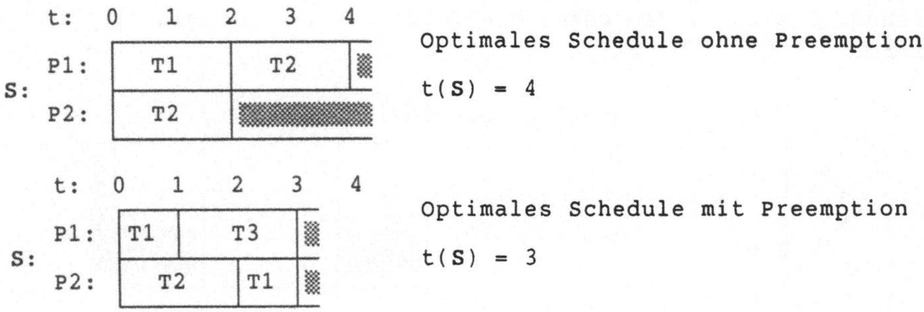

Fig. 4-17 Beispiel für Schedule-Verkürzung durch Preemption

Für unabhängige Tasks läßt sich die Länge eines optimalen Schedules mit Preemption angeben:

Satz: Sei eine Menge von Tasks Ti mit Ausführungszeiten ti gegeben. Dann ergibt sich für die Länge t_0 eines optimalen Schedule mit Preemption auf m Prozessoren:

$$t_0 = \max \left\{ \max_{1 \le i \le n} \{ti\}, \frac{1}{m} * \sum_{i=1}^{n} ti \right\}$$

Dieser Wert ist eine Untergrenze für t_0; er kann aber auch tatsächlich erreicht werden, wenn (im Fall $\max\{ti\} < (1/m)*\Sigma ti$) die Tasks so auf die Prozessoren verteilt werden, daß für $t < t_0$ kein Prozessor je frei ist. Es läßt sich zeigen, daß dies immer möglich ist.

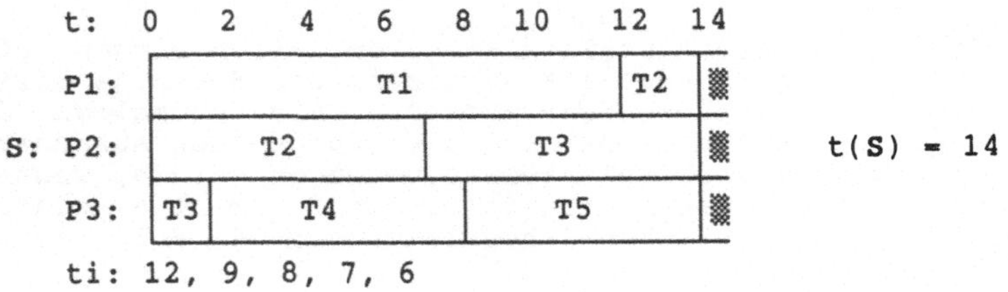

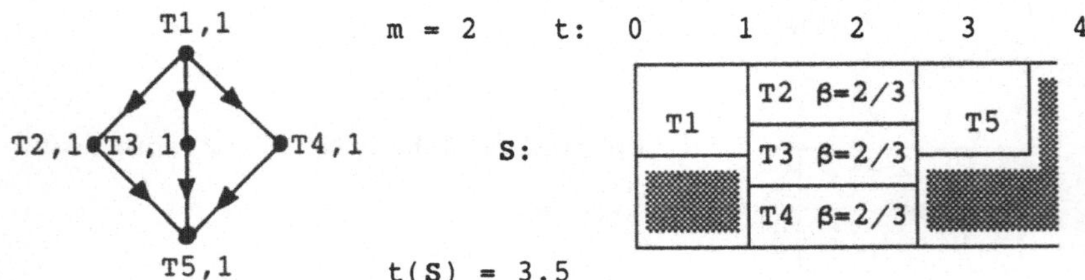

Fig. 4-18 Beispiel für ein Schedule mit Preemption

Schaltet man während eines Zeitraums den Prozessor sehr oft (im Grenzfall unendlich oft) zwischen einigen der Tasks um, so erhält man eine Situation, in der jede dieser Tasks rechnet, aber nur mit einem Bruchteil β der Geschwindigkeit, die sie ohne das Umschalten hätte. (Zur Vereinfachung betrachten wir das Umschalten selbst als verlustlos; diese Näherung gilt dann, wenn die zum Umschalten erforderliche Rechenzeit immer noch erheblich kürzer ist als die Zeit, die eine Task den Prozessor ohne Unterbrechung besitzt.) Man bezeichnet dieses Verfahren als Processor-Sharing (PS-Scheduling).

Fig. 4-19 Beispiel für Scheduling mit Processor-Sharing

Dabei wird der Anteil β des Prozessors, der einer Task zugeordnet ist, während der Ausführungszeit dieser Task festgehalten. Verbindet man PS-Scheduling mit der Möglichkeit der Preemption und der nachfolgenden Zuteilung eines anderen Wertes für β, so erhält man allgemeines Scheduling ("general scheduling").

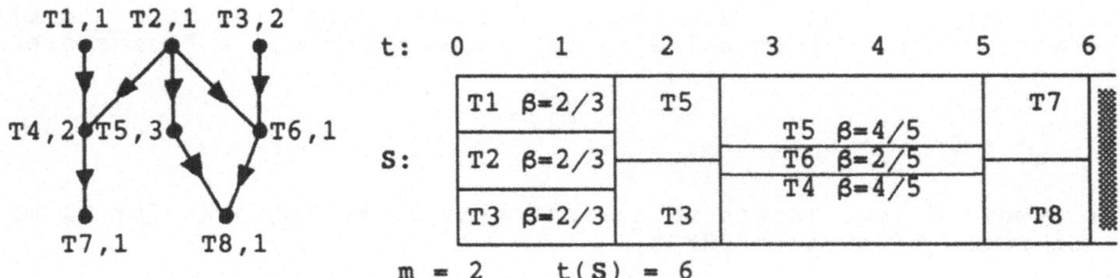

Fig. 4-20 Beispiel für allgemeines Scheduling

      Man kann nun die Effizienz dieser drei Scheduling-Verfahren
miteinander vergleichen, wobei Verfahren als gleich effizient
anzusehen sind, wenn ihre optimalen Schedules für alle Präzedenz-
Graphen jeweils gleich lang sind, während ein effizienteres
Verfahren wenigstens ein kürzeres und nie ein längeres Schedule
erzeugt. Man hat dann den

Satz: Allgemeines Scheduling und Scheduling mit Preemption sind
gleich effizient.

Der Beweis ergibt sich daraus, daß schon beim Scheduling mit
Preemption die volle Rechenkapazität aller Prozessoren ausgenutzt
werden kann.

Satz: Scheduling mit Preemption ist effizienter als PS-
Scheduling.

Hier genügt die Angabe eines Beispiels:

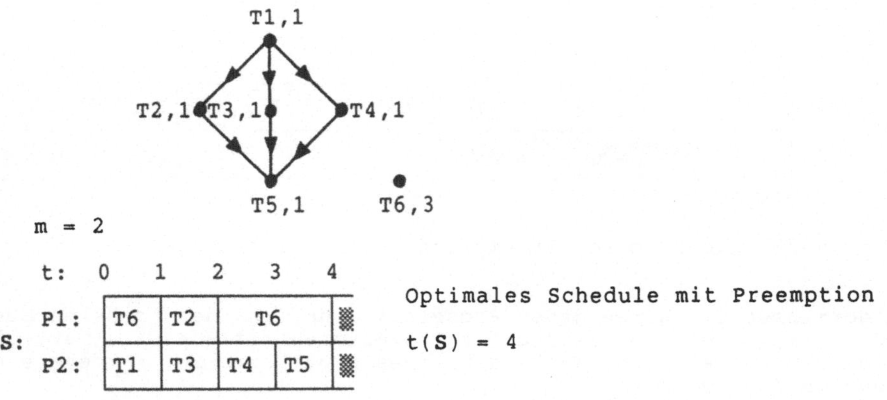

Fig. 4-21 Vergleich von Preemption und Processor-Sharing

      Auch hier läßt sich eine Schranke für das Effizienzverhalten
der beiden Verfahren angeben, wobei diese Schranke tatsächlich
erreicht werden kann:

Satz: Seien t_0 und t_1 die Längen optimaler Schedules ohne und mit Preemption für einen beliebigen Graphen G und $m \geq 1$ Prozessoren. Dann gilt:

$$\frac{t_0}{t_1} \leq 2 - \frac{1}{m}$$

Der Beweis dieses Satzes vergleicht eine obere Schranke für t_0 mit einer unteren Schranke für t_1.

Läßt man zu bestimmten Zeiten Preemptions der einzelnen Tasks zu, so läßt sich aus dem Algorithmus A ein allgemeiner Scheduling-Algorithmus entwickeln, der in dem Fall, daß die Zeiten für Preemptions beliebig dicht liegen können, Processor-Sharing verwendet und sonst eine Sonderform eines Algorithmus mit Preemption ist. Man kann hier gegenüber dem ursprünglichen Algorithmus A eine zum Teil nicht unerhebliche Beschleunigung erzielen; gleichzeitig hat man hier einen auf Zeitscheiben-verfahren ("Time-Slicing") anwendbaren Algorithmus. Die Verbesserung gegenüber Algorithmus A wird durch das folgende Beispiel demonstriert:

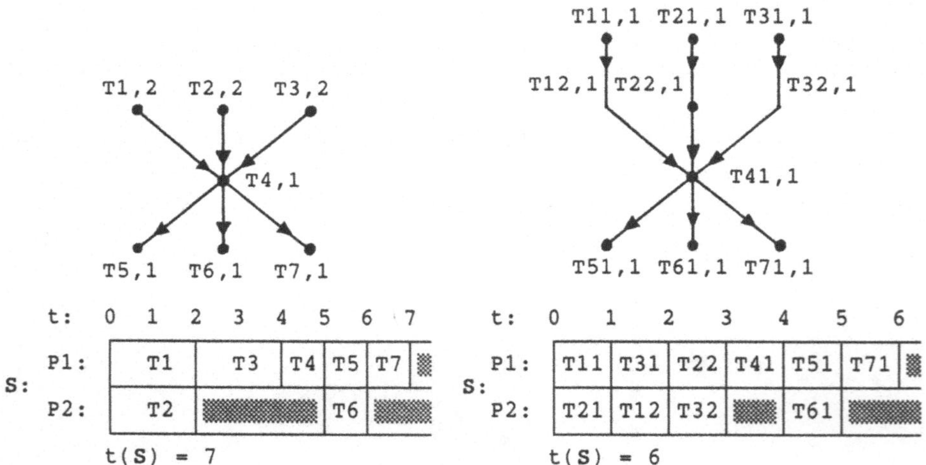

Fig. 4-22 Anwendung von Preemption auf Algorithmus A

Algorithmus C: Weise jedem Prozessor eine Task der höchsten Ebene zu. Falls hier b Tasks auf a Prozessoren mit $a < b$ zu verteilen sind, weise jeder der Tasks a/b eines Prozessors zu. Erneuere die Zuweisungen, wenn

- eine Task beendet wurde

- Weiterarbeit ohne Neuverteilung der Tasks dazu führen würde, daß Tasks auf unteren Ebenen schneller bearbeitet würden als Tasks auf höheren Ebenen.

Die folgende Abbildung zeigt ein Beispiel eines C-Schedule in zwei verschiedenen Realisierungen:

- mit Processor-Sharing

- mit Preemption

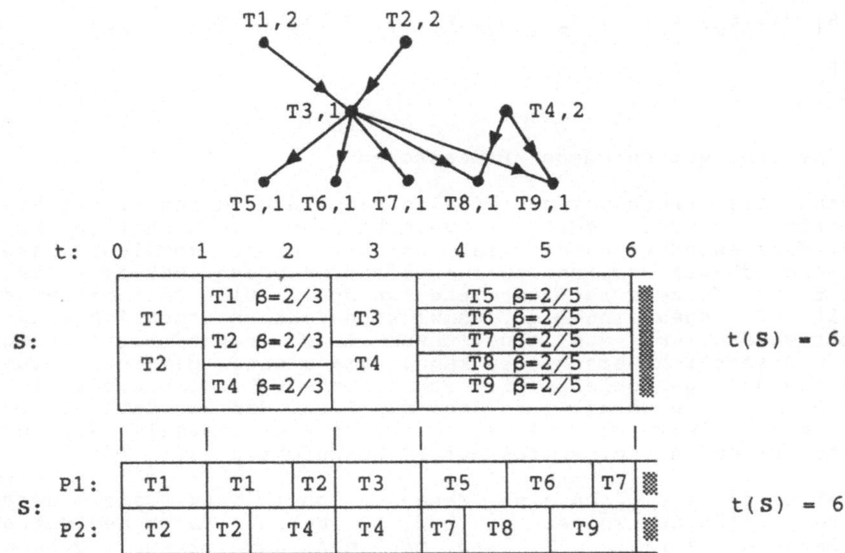

Fig. 4-23 Beispiel für ein C-Schedule

Da auch Algorithmus B bei der Einführung von Zeitscheibenverfahren in Algorithmus C übergeht, gilt der

Satz: Algorithmus C erzeugt Schedules minimaler Länge, wenn m = 2 oder G ein Baum ist.

Falls diese Bedingungen nicht erfüllt sind, muß C keine optimalen Schedules liefern, wie das folgende Beispiel zeigt:

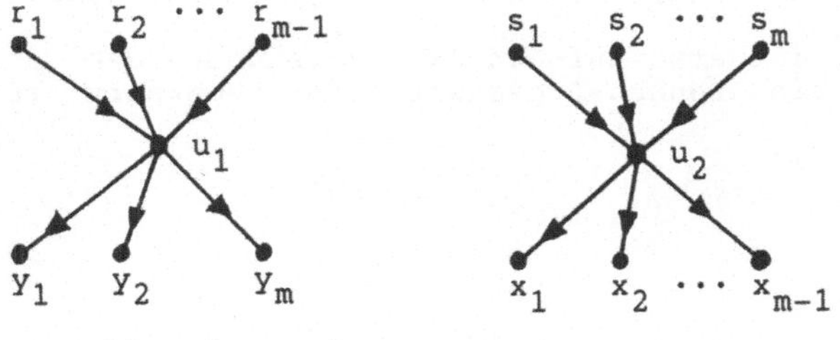

ti = 1, m Prozessoren

Fig. 4-24 Beispiel für ein nicht optimales C-Schedule

Es gilt:

$$t(SC) = \frac{2m-1}{m} + 1 + \frac{2m-1}{m} = 5 - \frac{2}{m}$$

Ein optimales Schedule hat dagen die Länge $t_0 = 4$, wie man leicht sieht, wenn man die Tasks in der Reihenfolge

$$(s_1, \ldots, s_m; \ r_1, \ldots, r_{m-1}, u_2; \ u_1, x_1, \ldots, x_{m-1}; \ y_1, \ldots, y_m)$$

rechnet.

4.2.7 Systeme verschiedener Prozessoren

Wenn die Prozessoren, die einem Scheduling-Algorithmus unterworfen werden sollen, verschiedene Eigenschaften bzw. verschiedene Aufgaben haben, ist es oft nicht möglich, Tasks beliebigen dieser Prozessoren zuzuweisen, sondern bestimmte Tasks müssen festen Prozessoren zugewiesen werden. Die Entscheidungsfreiheit im Scheduling-Algorithmus kann dadurch erheblich eingeschränkt werden, was den Algorithmus (bzw. seine Betrachtung) nicht unwesentlich erschweren kann. Die einzige bekannte Lösung dieses Scheduling-Problems, die noch effizient realisierbar ist, ist auf $m = 2$ beschränkt, und auf den Fall, daß die Tasks Ketten aus je zwei Elementen bilden, deren erstes jeweils auf dem Prozessor P1 und deren zweites auf P2 auszuführen ist:

Sei Ci für $1 \leq i \leq n$ eine Menge solcher Task-Paare, deren Elemente Ausführungszeiten Ai bzw. Bi haben. Durch geeignetes Umsortieren der Tasks auf P1 kann man nun aus einem gegebenen Schedule S ein höchstens gleichlanges Schedule S' mit den folgenden Eigenschaften erzeugen:

- Kein Prozessor, für den eine Task bereitsteht, ist je frei.

- Die Reihenfolge der Tasks auf beiden Prozessoren ist identisch.

Für ein Schedule S, das diese beiden Bedingungen erfüllt, gilt der

Satz: S ist von minimaler Länge, wenn für alle i und j Ci genau dann vor Cj gerechnet wird, wenn $\min\{Ai, Bj\} < \min\{Aj, Bi\}$ gilt.

Dieser Satz ist etwa auf den Fall anwendbar, daß nacheinander ein E/A- und ein Rechen-Prozessor (oder umgekehrt) zu bedienen sind.

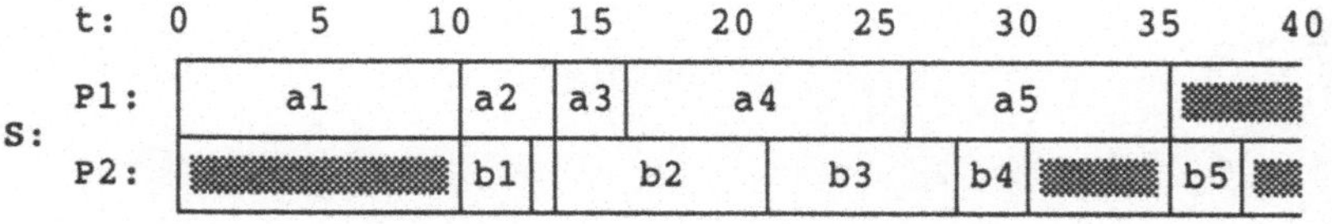
t: 0 5 10 15 20 25 30 35 40
S:
P1:
a1
a2
a3
a4
a5
P2:
b1
b2
b3
b4
b5

t(S) = 37.5

(Ai,Bi): (2.5,7); (10,1.5); (9,2); (10,2); (4,7)

(ai,bi): (A2,B2); (A5,B5); (A1,B1); (A3,B3); (A4,B4)

Fig. 4-25 Beispiel für ein Schedule mit verschiedenen Prozessoren

Eine Erweiterung dieses Satzes auf 3 Prozessoren (was dem in der Praxis wichtigen Fall Eingabe → CPU → Ausgabe entspricht) ist nur unter starken Einschränkungen (daß nämlich die E/A-Zeiten größer als die Rechenzeiten sind) überhaupt noch möglich.

4.2.8 Minimisierung der Verweilzeit

Falls man die Zeiten, zu denen die einzelnen Tasks Ti fertig werden, mit ti bezeichnet, so versteht man unter der mittleren Verweilzeit der Tasks den Wert

$$\hat{t} = \frac{1}{n} * \sum_{i=1}^{n} ti$$

und unter der maximalen Verweilzeit den Wert

$$\tau = \max \{ ti \}$$

Man kann diese beiden Werte in Verbindung setzen zu der mittleren Anzahl $\hat{n}$ noch nicht beendeter Tasks im System. Dazu ordnet man die ti zu einer monoton wachsenden Folge tj_i um und setzt $tj_0 := 0$. Man hat dann

$$\hat{n} = \frac{1}{\tau} * \sum_{i=0}^{n-1} (n-i)*(tj_{i+1}-tj_i)$$

da nach dem Ende der Task Tj_i noch genau n-i Tasks nicht fertig sind. Daraus folgt:

$$\hat{n} = \frac{1}{\tau} * \left\{ \sum_{i=1}^{n} (n-i+1)*tj_i - \sum_{i=1}^{n} (n-i)*tj_i \right\}$$

$$= \frac{1}{\tau} * \sum_{i=1}^{n} tj_i = \frac{1}{\tau} * \sum_{i=1}^{n} ti = n * \frac{\hat{t}}{\tau}$$

oder, als Verhältnis-Gleichung:

$$\frac{\hat{n}}{n} = \frac{\hat{t}}{\tau}$$

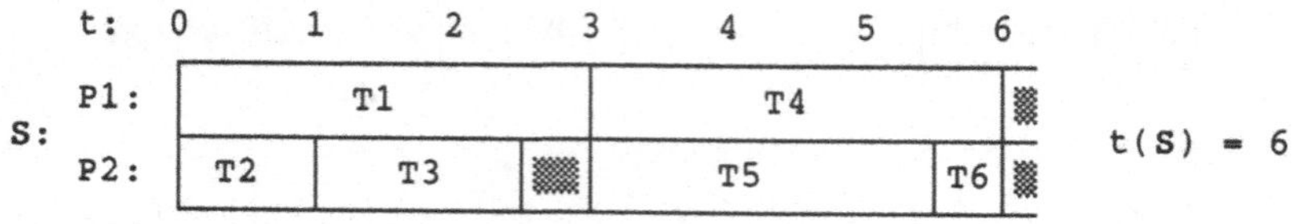

<table>
<tr><td>t:</td><td>0</td><td>1</td><td>2</td><td>3</td><td>4</td><td>5</td><td>6</td></tr>
</table>

S:

P1:	T1		T4	
P2:	T2	T3	T5	T6

$t(S) = 6$

$\tau \quad = \quad t(S) = 6$

$t_i: \qquad 3, \quad 1, \quad 2.5, \ 6, \quad 5.5, \ 6$

$tj_i: \qquad 1, \quad 2.5, \ 3, \quad 5.5, \ 6, \quad 6$

$\hat{t} = \qquad \{ 1 + 2.5 + 3 + 5.5 + 6 + 6 \} / 6 = 4$

$\hat{n} = \qquad \{6*1+5*1.5+4*0.5+3*2.5+2*0.5\} / 6 = 4$

Fig. 4-26 Zusammenhang zwischen $\hat{t}$ und $\hat{n}$

Dieses Ergebnis ist besonders wichtig, da es auch für dynamische Systeme, in denen Tasks hinzukommen und verschwinden, noch gilt; es ist daher auch für die im nächsten Abschnitt betrachteten Wahrscheinlichkeitsmodelle relevant, in denen es eine wichtige Eigenschaft statistischen Gleichgewichts beschreibt.

Falls man Scheduling nur für einen einzigen Prozessor betreibt, sind weder freie Zeiten noch Preemption notwendig oder sinnvoll, und τ ist konstant und gleich der Summe der Ausführungszeiten. Man kann daher durch Minimisierung von $\hat{n}$ die mittlere Verweilzeit $\hat{t}$ auf einen Minimalwert bringen und umgekehrt. Man kann hier nun einen effizienten Algorithmus zur Minimisierung von $\hat{n}$ bzw. $\hat{t}$ angeben:

Algorithmus D: Sei Ci für $1 \leq i \leq r$ eine Menge voneinander unabhängiger Taskketten $Ti(1)...Ti(\bar{p}i)$, wobei $Ti(j)$ die Ausführungszeit $Ai(j)$ habe, und sei

$$n = \sum_{i=1}^{r} pi$$

die Gesamtanzahl der Tasks in allen Ketten.

1. Bestimme für jede Task

$$\hat{n}i(j) = \frac{1}{j} * \sum_{h=1}^{j} Ai(h)$$

und bestimme für jede Kette

$$zi(hi) = \min_{j} \{ \hat{n}i(j) \}$$

wobei hi der Index des Minimums sei.

2. Wähle eine Kette Ck mit zk(hk) $\leq$ zi(hi) für alle i und erweitere die Folge der schon zugeteilten Tasks um Tk(1)...Tk(hk).

3. Entferne die zugeteilten Tasks aus Ck und berechne zk(hk) neu.

4. Iteriere Schritte 2 und 3, bis alle Tasks verplant sind.

Dann gilt der

Satz: Die mittlere Verweilzeit für die vom Algorithmus D erzeugte Taskfolge ist minimal.

Falls die Taskketten aus nur jeweils einer einzigen Task bestehen, ergibt sich der folgende einfache Sonderfall:

Korollar: Für eine Menge unabhängiger Tasks wird die mittlere Verweilzeit minimal, wenn die Tasks in der Reihenfolge wachsender Abarbeitungszeiten angeordnet werden.

Man bezeichnet dieses Verfahren daher als SPT-Scheduling ("shortest processing time"); dieses Optimierungsverfahren ist also dem LPT-Scheduling genau entgegengesetzt, was auf die Unverträglichkeit der verfolgten Optimierungsziele hinweist. Für den Fall unabhängiger Tasks läßt sich SPT-Scheduling in naheliegender Weise auf den Fall mehrerer Prozessoren erweitern.

4.3 WAHRSCHEINLICHKEITS-MODELLE

4.3.1 Warteschlangen

Da die Anforderungen an einen Rechner im allgemeinen in unregelmäßiger und in Einzelheiten nicht vorhersehbarer Weise variieren, geben Wahrscheinlichkeits-Modelle meist realistischere Aussagen als deterministische Modelle des Scheduling-Vorganges. Anforderungen, die nicht sofort bearbeitet werden können, werden üblicherweise in Warteschlangen gehalten; deshalb beschreiben Wahrscheinlichkeits-Modelle von Rechnern im wesentlichen das Verhalten von Einträgen in Mengen von Warteschlangen.

Die Hauptbestandteile eines solchen Warteschlangen-Modells sind:

- eine Quelle ("source"), aus der Anforderungen an das System kommen ("arrivals")

- eine (oder mehrere) Warteschlange(n) zur Zwischenpufferung nicht bearbeiteter Aufträge ("queue(s)")

- eine Instanz, die die Aufträge abarbeitet ("server").

Ein einfaches Warteschlangen-Modell hat daher folgenden Aufbau:

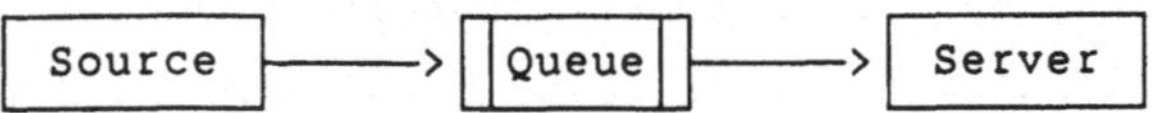

Fig. 4-27 Ein Warteschlangen-Modell

Will man Scheduling mit Preemption beschreiben, so muß vom Server ein Weg zurück in dieselbe (oder eine andere) Eingangs- warteschlange führen:

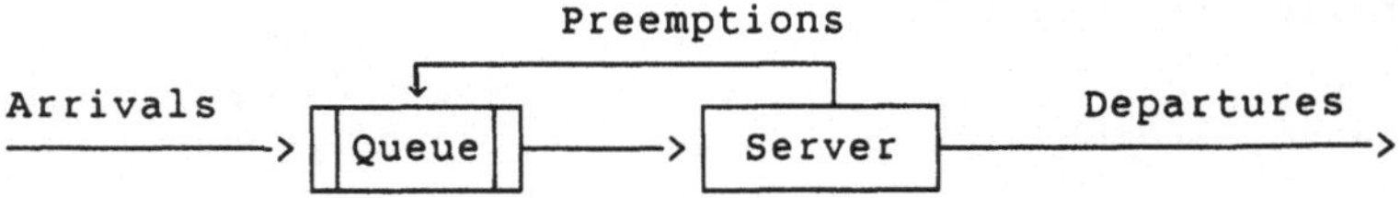

Fig. 4-28 Warteschlangen-Modell mit Preemption

Um Aussagen über das Verhalten solcher Systeme machen zu können, müssen zwei Eigenschaften der Aufträge bekannt sein:

- die Wahrscheinlichkeitsverteilung für das Eintreffen der Aufträge ("arrival process")

- die Wahrscheinlichkeitsverteilung der von den Aufträgen benö- tigten Rechenzeiten ("service times")

Für die Ankunftszeiten kann man statistische Unabhängigkeit voneinander und von der aktuellen Zeit annehmen, das heißt, für ein hinreichend kurzes Zeitintervall Δt gelte – unabhängig von t und allen Ereignissen in anderen Zeitintervallen (wobei $Pr[\ldots]$ die Wahrscheinlichkeit eines Ereignisses "..." bezeichnet):

$$Pr[\text{ ein Auftrag in } (t,t+\Delta t)] = \lambda * \Delta t + o(\Delta t)$$

$$Pr[\text{kein Auftrag in } (t,t+\Delta t)] = 1 - \lambda * \Delta t + o(\Delta t)$$

Sei nun für ein beliebiges t_0 mit $C(t)$ die Wahrscheinlichkeit bezeichnet, daß der nächste Auftrag erst nach der Zeit t_0+t ein- trifft, zu einer Zeit $x > t_0+t$ also. Sei $z := x-t_0$, dann gilt:

$$C(t+\Delta t) = Pr[z > t+\Delta t]$$

$$= Pr[z > t] * Pr[\text{kein Auftrag in } (t,t+\Delta t)]$$

$$= C(t) * [\ 1 - \lambda * \Delta t + o(\Delta t)\ ]$$

Läßt man hier nun Δt gegen 0 gehen, so ergibt sich die Differen- tialgleichung:

$$\frac{dC(t)}{dt} = - \lambda * C(t)$$

Mit der Randbedingung $C(0) = 1$ lautet die Lösung dieser Gleichung:

$$C(t) = e^{-\lambda t}$$

unabhängig von t_0. Die Wahrscheinlichkeit für das Eintreffen des nächsten Auftrags innerhalb der nächsten t Zeiteinheiten ist daher:

$$A(t) = 1 - C(t) = 1 - e^{-\lambda t}$$

mit einer Dichtefunktion

$$a(t) = \lambda * e^{-\lambda t}$$

einem Erwartungwert

$$E(T) = \frac{1}{\lambda}$$

und einer Varianz

$$Var(T) = E(T^2) - E^2(T) = \frac{1}{\lambda^2}$$

Durch Aufteilen eines längeren Intervalls in Teilintervalle und Betrachtung aller möglichen Kombinationen für die Verteilung der Ankunftszeiten auf diese Teilintervalle erhält man [7]:

$$Pr[\text{n Aufträge in einem Intervall der Länge T}] = \lambda T * \frac{e^{-\lambda T}}{n!}$$

Man bezeichnet den Parameter λ als die Ankunftsrate ("arrival rate"), die Verteilung selbst als Poisson-Verteilung. Die wesentlichsten Eigenschaften dieser Verteilung sind:

- die Unabhängigkeit vom Ursprung der Zeitmessung ("kein Gedächtnis")

- die Unabhängigkeit der Aufträge voneinander

- die zeitliche Konstanz der Ankunftsrate

- die Additivität voneinander unabhängiger Poisson-Prozesse ($\lambda = \Sigma\lambda_i$)

- die Möglichkeit der Verteilung eines Poisson-Prozesses gegebener Ankunftsrate λ auf eine Menge von Poisson-Prozessen nach einer Menge $\{p_i\}$ von Wahrscheinlichkeiten; die einzelnen Poisson-Prozesse haben dann die Raten $\lambda_i = \lambda*p_i$.

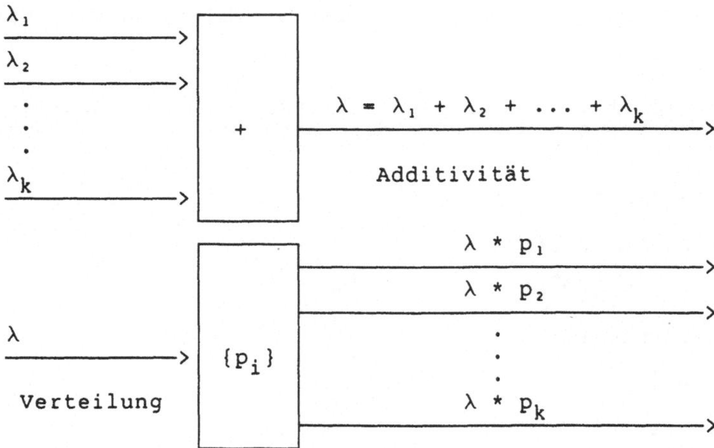

Fig. 4-29 Kombination von Poisson-Prozessen

Additivität und Zerlegbarkeit von Poisson-Prozessen spielen eine besondere Rolle für die Einteilung eintreffender Aufträge in Klassen und die Verteilung parallel bearbeitbarer Aufträge auf mehrere Prozessoren.

Für die Verteilung der Rechenzeit-Anforderungen kann man im Prinzip eine beliebige Verteilungsfunktion B(t) annehmen. In der Praxis spielt auch hier eine Verteilung

$$B(t) = 1 - e^{-\mu t}$$

also eine Poisson-Verteilung mit einer Anforderungsrate ("service rate") μ wegen ihrer Unabhängigkeit vom zeitlichen Ursprung eine besondere Rolle: Die noch zu erwartende Anforderung an Rechenzeit ist hier unabhängig von der bereits erhaltenen Rechenzeit. Diese Eigenschaft macht die Poisson-Verteilung gut geeignet zur Modellierung von Situationen, in denen der echte Rechenzeit-Bedarf im voraus nicht bekannt ist. Erwartungswert und Varianz der Rechenzeit-Anforderung ergeben sich als

$$E(Ts) = \frac{1}{\mu} \quad \text{und} \quad Var(Ts) = \frac{1}{\mu^2}$$

Ziel der folgenden Überlegungen ist es, aus den bekannten (bzw. als bekannt angenommenen) Verteilungsfunktionen A(t) und B(t) Aussagen über

- die Verteilungsfunktion für die Anzahl der Benutzer im System

- die Verteilungsfunktion für die Wartezeiten der einzelnen Anforderungen

- die Verteilungsfunktion für die Längen der Zeiten, die ein Prozessor belegt ist zu finden.

Wahrend eine Beschreibung der Gesamtdynamik solcher Systeme oft sehr schwierig oder sogar undurchführbar ist, lassen sich Aussagen über den Fall statistischen Gleichgewichts mit vertretbarem Aufwand machen.

4.3.2 Das M/M/1-System

Von grundlegender Bedeutung für das Verständnis der Warteschlangenmodelle ist das sogenannte M/M/1-System, bei dem "M" für Markov-Verteilung (= Poisson-Verteilung) für Ankunft und Anforderung und "1" für die Anzahl der Server steht.

Sei für $t > 0$: $X(t)$ die Anzahl der Jobs im System (sowohl wartend als auch in Bedienung). Da die Übergänge $X(t) \to X(t')$ für $t' > t$ von den Verteilungsfunktionen $A(t)$ und $B(t)$ bestimmt werden, bezeichnet man $X(t)$ als stochastischen oder Zufalls-Prozeß. Es soll nun die Verteilung

$$p_n(t) := Pr[X(t)=n] \text{ für } t > 0 \text{ und } n = 0,1,2,\ldots$$

unter den Randbedingungen

$$p_n(0) = 1 \text{ für } X(0) = n, \text{ 0 sonst}$$

bestimmt werden. Dazu bestimmt man die Übergangswahrscheinlichkeiten für $X(t) \to X(t+\Delta t)$ für hinreichend kleines Δt aus den Eigenschaften der Poisson-Verteilungen $A(t)$ und $B(t)$ (unter Vernachlässigung aller Terme kleiner $o(\Delta t)$):

$$Pr[X(t+\Delta t)=X(t)+1] = Pr[1 \text{ eintreffender, 0 beendete Jobs in } \Delta t]$$
$$= [\lambda*\Delta t+o(\Delta t)] * [1-\mu*\Delta t+o(\Delta t)] = \lambda*\Delta t + o(\Delta t)$$

$$Pr[X(t+\Delta t)=X(t)] = Pr[0 \text{ eintreffende, 0 beendete Jobs in } \Delta t]$$
$$= [1-\lambda*\Delta t+o(\Delta t)] * [1-\mu*\Delta t+o(\Delta t)] = 1 - (\lambda+\mu)*\Delta t + o(\Delta t)$$

$$Pr[X(t+\Delta t)=X(t)-1] = Pr[0 \text{ eintreffende, 1 beendeter Job in } \Delta t]$$
$$= [1-\lambda*\Delta t+o(\Delta t)] * [\mu*\Delta t+o(\Delta t)] = \mu*\Delta t + o(\Delta t)$$

$$\Rightarrow p_n(t+\Delta t) = p_n(t) * [1 - (\lambda+\mu)*\Delta t + o(\Delta t)]$$
$$+ p_{n+1}(t) * [\mu*\Delta t + o(\Delta t)]$$
$$+ p_{n-1}(t) * [\lambda*\Delta t + o(\Delta t)]$$

$$\Rightarrow p_n'(t) = \frac{dp_n(t)}{dt} = \lim_{\Delta t \to 0} \frac{p_n(t+\Delta t) - p_n(t)}{\Delta t}$$
$$= \mu*p_{n+1}(t) - (\lambda+\mu)*p_n(t) + \lambda*p_{n-1}(t)$$

Für $n = 0$, also $X(t) = 0$, gibt es keine zu beendenden Jobs, so daß der Term $\mu*p_0(t)$ weggelassen werden kann, was zu folgender Gleichung führt:

$$p_0'(t) = \mu*p_1(t) - \lambda*p_0(t)$$

Zusammen mit der Normierungsbedingung

$$\sum_{n=0}^{\infty} p_n(t) \equiv 1$$

beschreiben diese als "birth-and-death-equations" bekannten Gleichungen das Verhalten des M/M/1-Systems vollständig. Eine Lösung dieses Gleichungssystems ist nur schwierig zu erhalten und dazu noch schwer zu interpretieren.

Daher sollen hier nur die Gleichungen für statistisches Gleichgewicht ($t \rightarrow \infty$) betrachtet werden. Sei

$$p_n := \lim_{t \rightarrow \infty} p_n(t)$$

Wegen

$$\lim_{t \rightarrow \infty} p_n'(t) = 0$$

gilt

$$\mu * p_{n+1} - (\lambda+\mu) * p_n + \lambda * p_{n-1} = 0 \text{ für } n > 0$$

$$\mu * p_1 - \lambda * p_0 = 0$$

Dies sind Gleichgewichts-Gleichungen, die verlangen, daß in einen Zustand n im Mittel ebensoviele Übergänge erfolgen wie aus diesem Zustand heraus. Mit

$$\rho := \frac{\lambda}{\mu}$$

ergibt sich

$$p_n = \rho^n * p_0 \quad \text{für } n \geq 0$$

Die Normierungsbedingung für die p_n ergibt

$$1 = \sum_{n=0}^{\infty} p_n = p_0 * \sum_{n=0}^{\infty} \rho^n = p_0 * \frac{1}{1-\rho}$$

Daraus folgt schließlich:

$$p_n = (1-\rho) * \rho^n$$

Da die geometrische Reihe nur für $\rho < 1$ konvergiert, kann ein Gleichgewicht nur für $\lambda < \mu$ erreicht werden. Dies läßt eine anschauliche Interpretation von ρ zu:

Die mittlere Anzahl der in einem Zeitintervall T ankommenden Jobs ist λT. Da jeder Job im Mittel die Rechenzeit $E(T_s) = 1/\mu$ braucht, ist die gesamte in T benötigte Rechenzeit $\lambda T * 1/\mu = \rho T$, so daß ρ den Auslastungsgrad ("utilistaion factor" oder auch "traffic intensity") des Servers angibt. Für die mittlere Anzahl der Jobs im System und ihre Varianz ergibt sich:

$$\hat{n} = E(n) = \frac{\rho}{1-\rho} \quad \text{bzw.} \quad Var(n) = \frac{\rho}{(1-\rho)^2}$$

Diese Resultate sind auf alle Scheduling-Verfahren anwendbar, die Jobs nicht nach vorher bekannten Ausführungszeiten sortieren.

Verzichtet man auf die Annahme einer Poisson-Verteilung für die Anforderungen, so kommt man zu den allgemeineren M/G/1-Systemen ("G" steht für "general"), bzw. bei mehreren Servern zu M/G/n-Systemen. Die mathematische Behandlung dieser Systeme wird zunehmend schwieriger, ebenso die Interpretation der Ergebnisse einer Analyse. Daher sollen im folgenden nur für spezielle Verfahren die Ergebnisse solcher Analysen betrachtet werden. Hier interessiert insbesondere das Verhalten zweier Größen:

- der mittleren Reaktionszeit U eines Jobs von seinem Eintritt in das System bis zu seiner völligen Beendigung;

- der Varianz V dieser Reaktionszeit.

Dabei ist (unabhängig vom Scheduling-Verfahren) die mittlere Reaktionszeit U mit der mittleren Anzahl $\tilde{n}$ von Jobs im System durch die folgende Gleichung, bekannt als "Little's Resultat" [7], verknüpft:

$$\tilde{n} = \lambda * U$$

Diese Gleichung beschreibt die Tatsache, daß im Gleichgewicht ein neu ankommender Job ebensoviele Jobs im System vorfindet ($\tilde{n}$), wie er bei seiner Beendigung zurückläßt ($\lambda*U$). Angewendet auf die Wartezeit W in der Warteschlange (vor Beginn der Bearbeitung) und die mittlere Länge $\tilde{n}_q$ der Warteschlange lautet Little's Resultat:

$$\tilde{n}_q = \lambda * W$$

Ebenso läßt sich diese Gleichung auf eine Situation anwenden, in der die Jobs auf mehrere Warteschlangen verteilt sind; die Gleichung gilt dann für jede Warteschlange separat.

4.3.3 Scheduling-Verfahren

Die verschiedenen Scheduling-Verfahren lassen sich unterscheiden:

- nach dem Verfahren der Prioritätszuteilung an konkurrierende Bewerber

- in statische/dynamische Prioritätsvergabe

- in Verfahren mit/ohne Preemption

Für die einzelnen Verfahren sollen nun die wesentlichen Ergebnisse statistischer Analysen angegeben werden; diese Ergebnisse sind weitgehend der Übersicht in [29] entnommen:

4.3.3.1 First-Come-First-Serve (FCFS) – In diesem, auch als FIFO
(First-In-First-Out) bezeichneten Verfahren werden die einzelnen
Benutzer in der Reihenfolge ihrer Anforderungen bedient, und zwar
ohne Preemption bis zur Beendigung ihres Jobs. Es gilt:

$$W[FCFS] = \frac{\lambda * E(Ts^2)}{2*(1-\rho)}$$

$$V[FCFS] = \frac{\lambda * E(Ts^3)}{3*(1-\rho)} + \frac{[\lambda * E(Ts^2)]^2}{4*(1-\rho)^2}$$

mit

$$\rho = \lambda * E(Ts)$$

und

$$E(Ts^n) := \int_0^\infty t^n dB(t) \qquad \text{(als Moment n-ter Ordnung).}$$

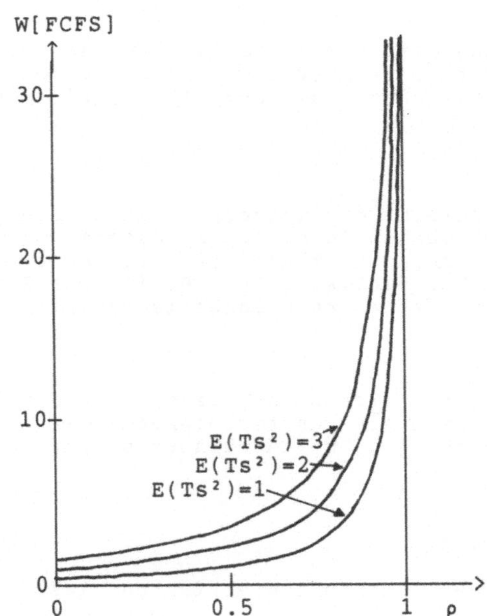

Fig. 4-30 Mittlere Wartezeit für FCFS-Scheduling

Nimmt man für die angeforderten Rechenzeiten eine Poisson-
Verteilung

$$B(t) = 1 - e^{-\mu t}$$

an, so folgt $\rho = \lambda/\mu$ und

$$W[FCFS] = \frac{\lambda}{\mu^2 *(1-\rho)} = \frac{1}{\mu} * \frac{\rho}{1-\rho}$$

$$U[FCFS] = W[FCFS] + \frac{1}{\mu} = \frac{1}{\mu} * \frac{1}{1-\rho}$$

Anmerkungen: Für $\rho \to 1$ gehen W[FCFS] und V[FCFS] gegen unendlich. Wegen Var(Ts) = $E(Ts^2) - E^2(Ts)$ ist bei festem E(Ts) die Wartezeit W[FCFS] proportional zu $E(Ts^2)$; sie wächst also linear mit der Varianz der angeforderten Rechenzeiten. Dies bedeutet, daß die Streuung der Rechenzeiten für die Wartezeiten verantwortlich ist!

4.3.3.2 Shortest-Job-First (SJF) – Hier wird jeweils der Auftrag mit der kürzesten Rechenzeit als nächster gerechnet, und zwar ohne Preemption. Dieses Verfahren setzt also a-priori-Kenntnis der Rechenzeiten voraus. Hier gilt:

$$W[SJF] = \frac{\lambda * E(Ts^2)}{2 * [1 - \rho(t)]^2} \quad \text{mit } \rho(t) = \lambda * \int_0^t x \, dB(x)$$

abhängig von der Rechenzeit t der betrachteten Benutzer. Für kleines t ist $\rho(t) \ll 1$, also

$$W[SJF](t) \approx \lambda * E(Ts^2)/2 < W[FCFS]$$

Für grosses t ist dagegen $\rho(t) \approx \lambda * E(Ts)$ konstant und damit

$$W[SJF](t) \approx \frac{\lambda * E(Ts^2)}{2 * (1 - \rho)^2} > W[FCFS]$$

Hier werden also kurze Jobs schneller behandelt, während lange Jobs, besonders für ρ nahe 1, lange Wartezeiten in Kauf nehmen müssen.

Beispiel: Sei $\lambda = 2$ und

$$B(t) = p * (1 - e^{-a*t}) + (1-p) * (1 - e^{-b*t})$$

eine hyperexponentielle Verteilung mit dem Mittelwert p/a + (1-p)/b. Für p = 0.6, a = 10 und b = 1 hat man dann folgende Wartezeiten:

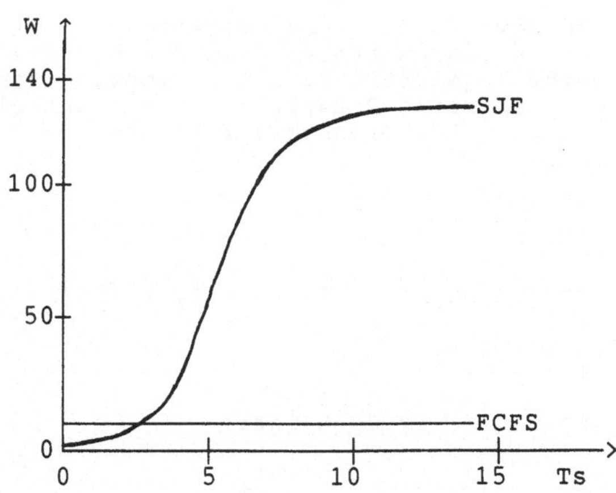

Fig. 4-31 Vergleich der FCFS- und SJF-Wartezeiten

Für die Varianz der Wartezeiten gilt:

$$\lim_{t \to \infty} V[SJF](t) = \frac{[\lambda * E(Ts^2)]^2}{2*(1-\rho)^3} + \frac{V[FCFS]}{(1-\rho)^2}$$

$$> V[FCFS] \ (\ >> V[FCFS] \ \text{für } \rho \to 1 \ ).$$

4.3.3.3 Shortest-Remaining-Time (SRT)

Wendet man beim SJF-Verfahren Preemption an, so muß jederzeit der Job gerechnet werden, der die geringste verbleibende Restrechenzeit hat (SRT-Scheduling), was zu Preemption beim Eintreffen neuer Jobs führen kann, wenn diese eine kürzere (Rest-)Rechenzeit als der gerade bearbeitete Job haben. Mittelwert und Varianz der Wartezeiten verhalten sich hier noch extremer als bei SJF-Scheduling, und die mittlere Wartezeit aller Benutzer ist noch kleiner; es läßt sich sogar zeigen, daß diese Größe beim SRT-Verfahren minimisiert wird.

4.3.3.4 Externe Prioritäten

Hier werden die ankommenden Jobs in Prioritätsklassen $1,...,K$ (mit abnehmender Priorität) eingeteilt, wobei die Ankunftsverteilung für jede Klasse i einer Poisson-Verteilung mit einer eigenen Ankunftsrate λ_i entspricht:

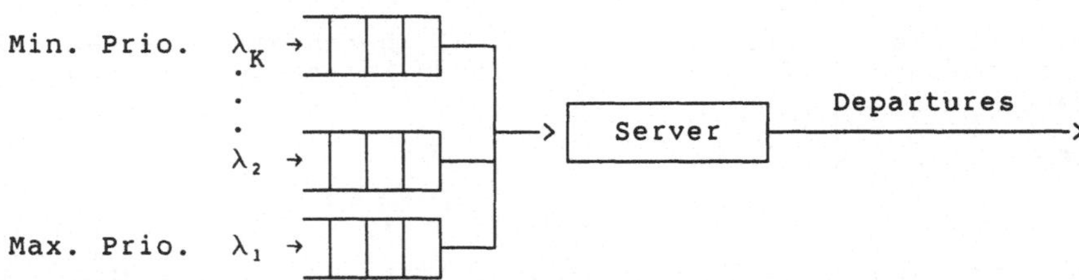

Fig. 4-32 Warteschlangen-Modell mit externen Prioritäten

Ohne Preemption werden jeweils die Jobs derjenigen Warteschlange, die von allen nicht leeren Warteschlangen die höchste Priorität hat, in FCFS-Reihenfolge abgearbeitet; mit Preemption kann ein neu eintreffender Job höherer Priorität den aktuellen Job unterbrechen. Die mittlere Reaktionszeit für Jobs der Klasse k ist (ohne Preemption) [7]:

$$U_k = \frac{\sum_{i=1}^{K} \lambda_i * E(Ts_i^2)}{2*\left[1-\sum_{i=1}^{k-1}\rho_i\right]*\left[1-\sum_{i=1}^{k}\rho_i\right]} \qquad \text{mit } \rho_i = \lambda_i * E(Ts_i)$$

Die mittlere Reaktionszeit aller Jobs ist:

$$U = \sum_{k=1}^{K}\frac{\lambda_k}{\lambda}*U_k \qquad \text{mit } \lambda = \sum_{k=1}^{K}\lambda_k \text{ und } \rho = \sum_{k=1}^{K}\rho_k < 1.$$

Weist man hier die Prioritäten so zu, daß $E(Ts_1) < ... < E(Ts_K)$ gilt, so wird die mittlere Wartezeit aller Benutzer minimisiert.

4.3.3.5 Dynamische Prioritäten - Die Verwendung dynamischer Prioritäten soll zunächst an einem Beispiel demonstriert werden:

<u>Beispiel</u>: Sei Ts = 1 mit einer Wahrscheinlichkeit p[1] = 0.5 und <u>Ts = 10</u> mit p[10] = 0.5. Eine Strategie zur Minimisierung der Wartezeit über ein SJF-Verfahren, bei dem aber die Anforderungen an Rechenzeit im voraus nicht bekannt sind, könnte so aussehen:

- Ein neu eintreffender Job erhält zunächst hohe Priorität und eine Sekunde Rechenzeit.

- Ist der Job nach einer Sekunde noch nicht fertig, so wird er einer Preemption unterworfen und in eine niedrige Priorität eingeordnet.

Charakteristisch für ein solches Scheduling-Verfahren ist, daß die Priorität der einzelnen Jobs sich verändern und damit neuen Betriebsbedingungen anpassen kann. Eine wichtige Anwendung hierfür ist das sogenannte "Deadline-Scheduling", bei dem erreicht werden soll, daß ein gegebener Job zu einer bestimmten Zeit td fertig ist. Eine mögliche Strategie zur Einhaltung dieser Vorgaben ist ein Scheduling nach Prioritäten, die umso höher sind, je näher td ist und je mehr Rechenzeit dieser Job noch aufzunehmen hat, und die sich diesem Kriterium entsprechend dynamisch ändern.

Es sollen nun in den folgenden Abschnitten eine Reihe solcher Verfahren betrachtet und verglichen werden:

4.3.3.6 Round-Robin (RR) und Processor-Sharing (PS) - Bei Round-Robin-Scheduling erhält jeder Job ein bestimmtes Quantum Q an Rechenzeit; wird er während dieser Zeit fertig, so verläßt er das System; andernfalls erfolgt Preemption, und er wird wieder am Anfang der Warteschlange für ein neues Quantum eingereiht.

Nimmt man für die Preemption vernachlässigbaren Overhead an, so kann man $Q \rightarrow 0$ gehen lassen und erhält im Grenzwert PS-Scheduling.

Falls die Wahrscheinlichkeit, daß ein Job k Quanten benötigt, durch eine geometrische Verteilung

$$g_k = \Pr[(k-1)*Q < Ts \leq k*Q] = \sigma^{k-1} * (1-\sigma) \quad \text{für } 0<\sigma<1$$

(das diskrete Gegenstück zur Poisson-Verteilung) gegeben ist, so gilt für die Reaktionszeit der Jobs, die k Quanten brauchen [7]:

$$U_k = U_1 + \frac{(k-1)*Q}{1-\rho} + Q*\left(\lambda*U_1 + \sigma*\hat{n} - \frac{\rho}{1-\rho}\right) * \frac{1-\gamma^{k-1}}{1-\gamma}$$

mit

$$U_1 = \frac{1-\rho}{2}* Q + \hat{n} * Q$$

$$\hat{n} = \rho + \frac{(1-\sigma)*\rho^2}{2*(1-\rho)}$$

$$\gamma = \lambda*Q + \sigma$$

$$\rho = \frac{\lambda * Q}{1-\sigma}$$

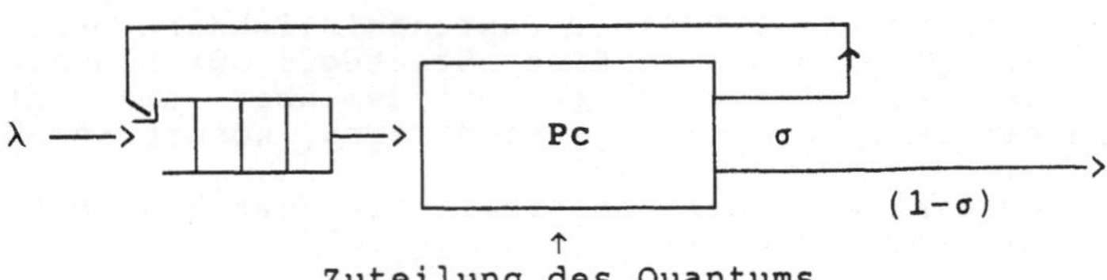

Fig. 4-33 Das Round-Robin-System

Setzt man hier t := k*Q und läßt Q → 0 gehen, so verschwindet nur der zweite Summand von U_k nicht, so daß die reine Wartezeit in der Warteschlange vor der Verarbeitung

$$W[PS](t) = U(t) - t = \frac{t}{1-\rho} - t = \frac{\rho * t}{1-\rho}$$

und ihre Varianz

$$V[PS](t) = \frac{2 * \rho * E(Ts) * t}{(1-\rho)^3} - \frac{2 * \rho * E(Ts^2)}{(1-\rho)^4} * \left(1 - e^{-(1-\rho) * E(Ts)}\right)$$

wird. Die Gesamtverweilzeit U(t) im System ist direkt proportional zu der benötigten Rechenzeit mit dem Faktor 1/(1-ρ), so daß jeder Job einen Server der Kapazität 1-ρ sieht. Als mittlere Wartezeit erhält man

$$W[PS] = \int_0^\infty W[PS](t)dB(t) = \frac{\rho * E(Ts)}{1-\rho}$$

Damit gilt W[PS] < W[FCFS] genau dann, wenn Var(Ts) > E²(Ts) ist. Dies bedeutet, daß PS- und RR-Scheduling nur bei großer Varianz kürzere Wartezeiten als FCFS-Scheduling ergibt, da es kürzere Jobs favorisiert.

Das nächste Diagramm zeigt die mittleren Wartezeiten für die beiden Extremfälle des RR-Scheduling, nämlich PS für Q = 0 und FCFS für Q → ∞:

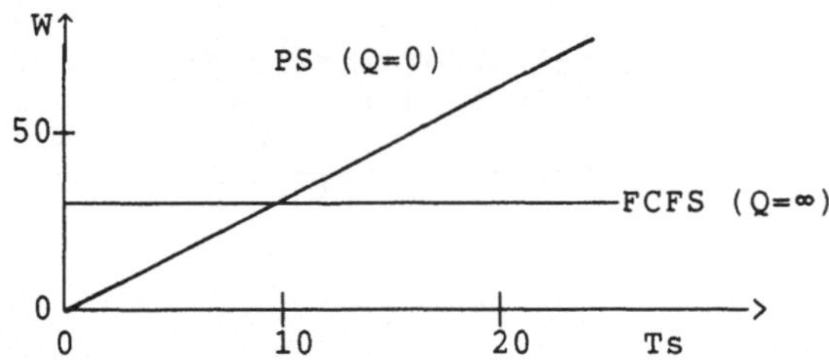

Fig. 4-34 Mittlere Wartezeit für PS- und FCFS-Scheduling

Während auch die Varianz für FCFS konstant ist, wächst sie für PS mit der angeforderten Rechenzeit:

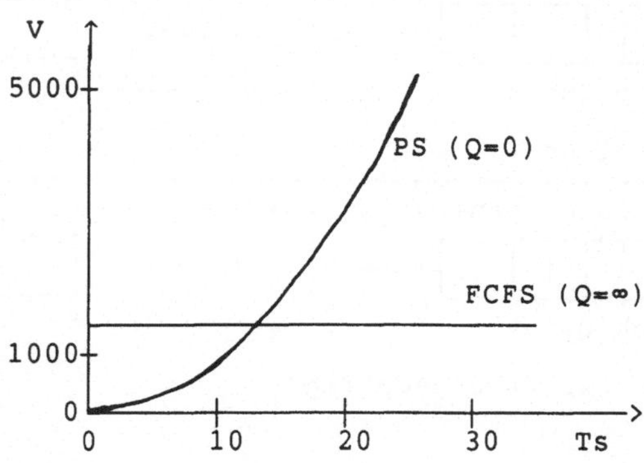

Fig. 4-35 Varianz der Wartezeit für PS- und FCFS-Scheduling

Echtes RR-Scheduling liegt zwischen diesen Extremen: die Wartezeit wächst stufenweise mit der Anzahl der benötigten Quanten:

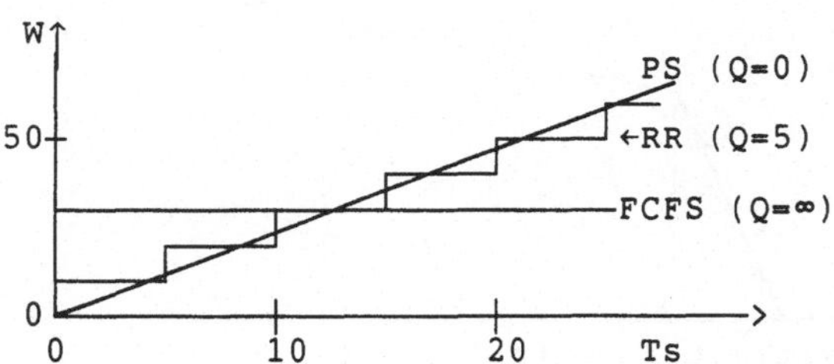

Fig. 4-36 Vergleich der Wartezeit für RR mit PS und FCFS

Wenn man die Anzahl der aufzunehmenden Jobs begrenzen will, kann man beim RR-Scheduling die Warteschlange durch eine Trennlinie in zwei Teile zerteilen [29]; RR-Scheduling erfolgt nur im rechten Teil der Warteschlange, während neue Jobs links eingefügt werden:

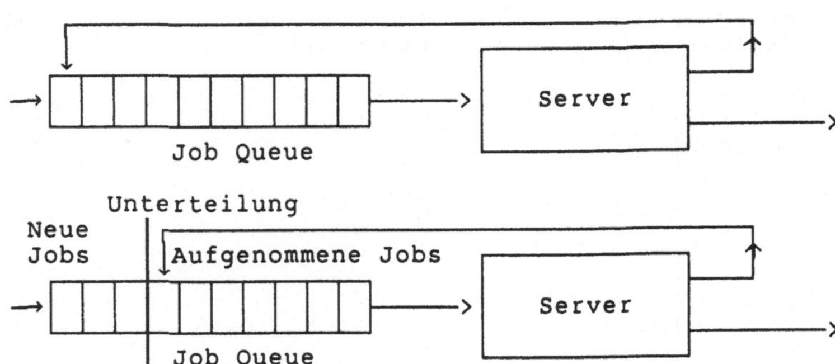

Fig. 4-37 Modifikation des RR-Scheduling

Neue Jobs werden nur aufgenommen, wenn ihre Priorität durch Warten soweit angewachsen ist, daß sie die der schon aufgenommenen Jobs erreicht hat, die alle auf derselben Priorität gehalten werden. Diese neuen Jobs werden durch Verschieben der Trennlinie in die Bearbeitung aufgenommen. Bei linearem Prioritätsanwachsen läßt sich dies folgendermaßen verdeutlichen:

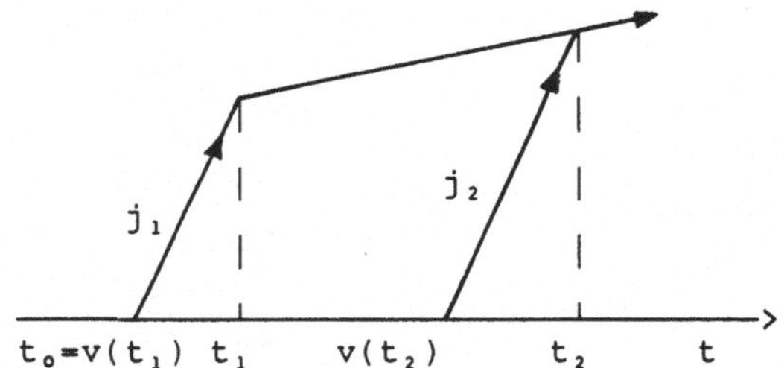

Fig. 4-38 Priorität neuer und aufgenommener Jobs

Durch geeignete Wahl der Prioritätsfunktion läßt sich mit diesem Verfahren sowohl RR- als auch FCFS-Scheduling realisieren [29]. Man bezeichnet das hier beschriebene Verfahren als SRR-Scheduling ("selfish round robin"); es steht zwischen RR- und FCFS-Scheduling in seinem Verhalten.

4.3.3.7 Highest-Response-Ratio-Next (HRN) - Dieses Verfahren versucht, ohne Preemption jedem Job einen Server der Kapazität 1/C in der Weise zu geben, daß versucht wird, das Reaktionsverhältnis

$$C = \frac{W[HRN](t) + t}{t} = \frac{U[HRN](t)}{t}$$

dadurch konstant zu halten, daß jedem Job als Priorität dieses Verhältnis (mit $W(t)$ = aktuelle Wartezeit, t = Ts) zugeordnet wird. Damit haben kurze Jobs hohe Priorität, aber lange Jobs werden nicht so stark verzögert wie bei SJF-Scheduling. Eine echte Analyse dieses Verfahrens wurde noch nicht gemacht, aber eine gute Approximation ist gegeben durch [29]:

$$W[HRN](t) = \frac{\lambda * E(Ts^2)}{2} + \frac{\rho^2}{2*(1-\rho)} * t \quad \text{für } t \leq \frac{\lambda * E(Ts^2)}{\rho}$$

$$W[HRN](t) = \frac{\lambda * E(Ts^2)}{2*(1-\rho)*\left[1-\rho+\frac{\lambda * E(Ts^2)}{t}\right]} \quad \text{für } t > \frac{\lambda * E(Ts^2)}{\rho}$$

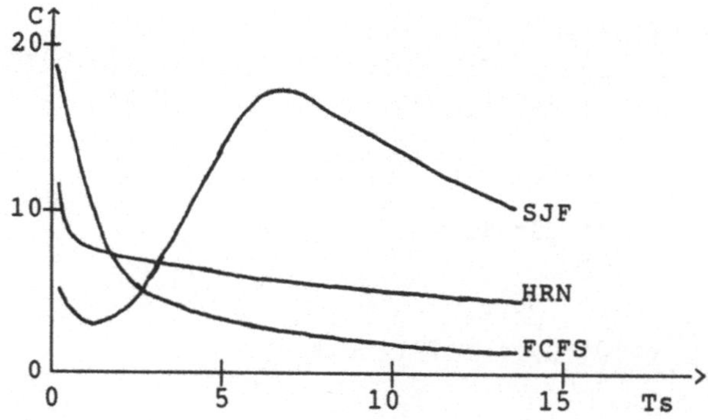

Fig. 4-39 Reaktionsverhältnis bei FCFS-, SJF- und HRN-Scheduling

4.3.3.8 Shortest-Elapsed-Time (SET) - Eine andere Möglichkeit, kurze Jobs bevorzugt zu behandeln, verbindet RR-Scheduling mit Warteschlangen verschiedener Priorität: Ein neuer Job wird in die Warteschlange höchster Priorität eingeordnet und erhält hier ein Quantum; ist er dann noch nicht fertig, so erhält er ein Quantum der nächst niedrigeren Priorität. Die niedrigste Priorität wird im RR-Verfahren abgearbeitet:

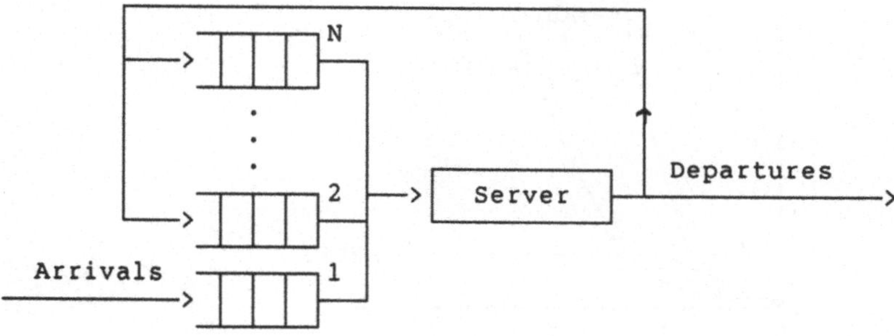

Fig. 4-40 Prioritäts-gesteuertes Warteschlangen-Modell

Der Prozessor wird dabei jeweils der höchsten nicht-leeren Priorität zugewiesen.

Dieses Verfahren begünstigt kurze Jobs stärker als das RR-Verfahren, auf Kosten längerer Jobs. Für die Reaktionszeiten der Jobs, die k Quanten benötigen, ergibt sich, analog zu dem Ergebnis für RR-Scheduling [7]:

$$U_k = \frac{\lambda * \left\{ E[k](S^2) + Q^2 * \sum_{i=k}^{\infty} [1-G(i)] \right\}}{2*[1-\lambda*E[k-1](S)]*[1-\lambda*E[k](S)]} + \frac{(k-1)*Q}{1-\lambda*E[k-1](S)} + Q$$

$$W_k = U_k - k*Q$$

$$= \frac{\lambda * \left\{ E[k](S^2) + Q^2 * \sum_{i=k}^{\infty} [1-G(i)] \right\}}{2*[1-\lambda*E[k-1](S)]*[1-\lambda*E[k](S)]} + \frac{\lambda*E[k-1](S)*(k-1)*Q}{1-\lambda*E[k-1](S)}$$

mit

$$G(i) = \sum_{j=1}^{i} g_j = \sum_{j=1}^{i} [\sigma^{j-1}*(1-\sigma)] = 1-\sigma^i$$

$$E[k](S) = \sum_{i=1}^{k} (i*Q)*g_i + k*Q*[1-G(k)]$$

$$E[k](S^2) = \sum_{i=1}^{k} (i*Q)^2*g_i + (k*Q)^2*[1-G(k)]$$

4.3.3.9 Shortest-Attained-Service-First (SASF) – Läßt man im SET-Verfahren $Q \to 0$ gehen, so erhält man als Analogon zum PS-Scheduling das SASF-Verfahren, das ein ähnliches Verhalten wie das SET-Verfahren zeigt:

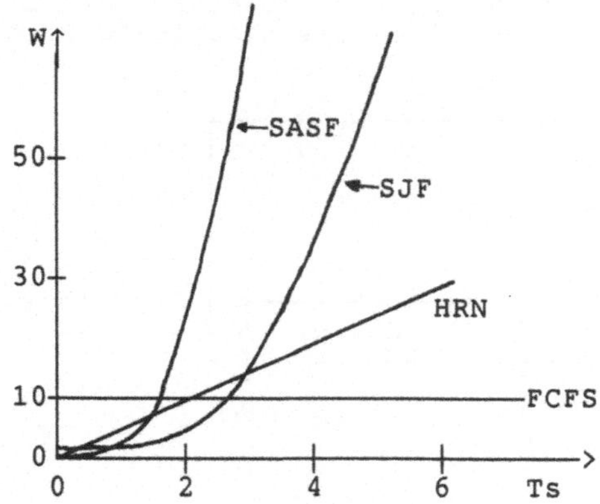

Fig. 4-41 Wartezeiten für FCFS-, SJF-, SASF- und HRN-Scheduling

Die Reakionszeit ergibt sich hier als:

$$U(t) = \frac{\frac{\lambda}{2}*\int_0^\infty x^2 dB(x)}{\left[1-\lambda*\int_0^t xdB(x)-\lambda*t*[1-B(t)]\right]^2} + \frac{t}{1-\lambda*\int_0^t xdB(x)-\lambda*t*[1-B(t)]}$$

4.3.3.10 Strategie-Kurven – Scheduling-Strategien lassen sich direkt in Scheduling-Verfahren übersetzen, wenn man eine Funktion f(t) vorgibt, die bestimmt, wieviel Rechenzeit ein Job, der t Zeiteinheiten im System ist, erhalten haben sollte. Durch Vergleich der tatsächlich erhaltenen Rechenzeit R(t) mit der Vorgabe f(t) kann der Scheduler entscheiden, welche Jobs "kritisch" sind, also weniger erhalten haben, als ihnen zusteht, und diesen dann weitere Rechenzeit zuweisen. Die Priorität der einzelnen Jobs hängt daher davon ab, wie weit sie vor oder hinter der Vorgabe liegen:

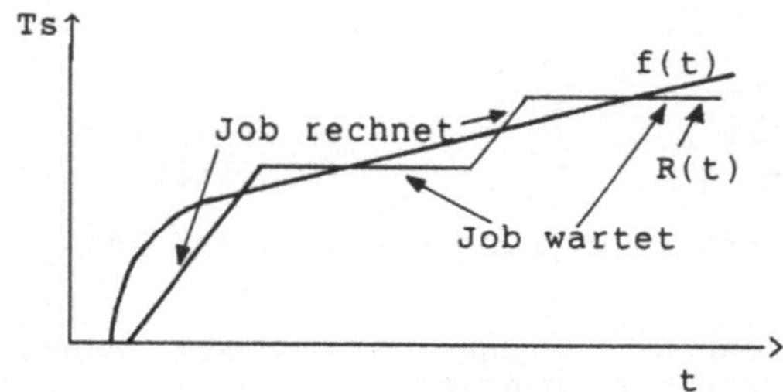

Fig. 4-42 Strategie-Kurve und Fortschritt eines Jobs

Ein einfacher Ansatz für die Priorität wäre

f(t) - R(t),

doch würde dies dauernde Neuberechnung der Prioritäten erfordern und damit zu hohen Aufwand verursachen. Ein effizienteres Verfahren geht davon aus, daß ein Job, der t Zeiteinheiten im System ist und in dieser Zeit r Zeiteinheiten Rechenzeit aufgenommen hat, diese Rechenzeit in F(r) Zeiteinheiten erhalten haben sollte, wobei F die Umkehrfunktion von f ist. Daher kann man als seine Priorität

t - F(r)

ansetzen, ein Ausdruck, der genau dann > 0 ist, wenn der Job kritisch ist. Man assoziiert daher mit jedem Job drei Größen:

- die Ankunftszeit a des Jobs

- die schon erhaltene Rechenzeit r

- die Zeit CT, zu der der Job die Rechenzeit r erhalten haben sollte ("kritische Zeit")

Es gilt

    CT = a + F(r);

und nur für Jobs, die Rechenzeit erhalten haben, ändern sich r und
CT, während a konstant ist; nach Erhalt eines Quantums Q gilt:

    $a' \leftarrow a$

    $r' \leftarrow r + Q$

    $CT' \leftarrow a + F(r')$

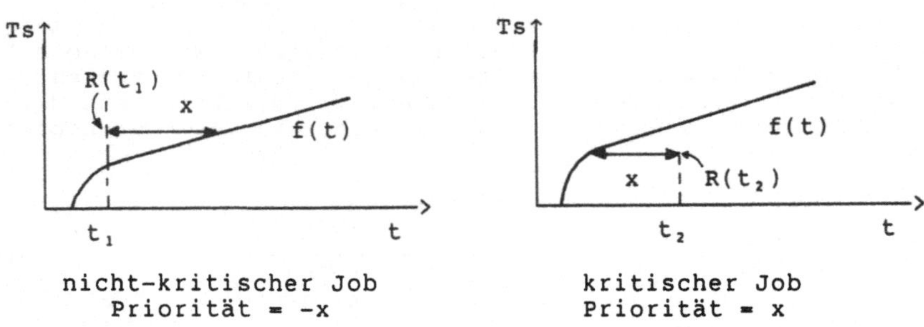

Fig. 4-43 Prioritäten kritischer und unkritischer Jobs

    Um zu vermeiden, daß bei geringer Systemlast Jobs, die vor
ihrer Vorgabe liegen, Preemption erleiden, ohne daß ein kritischer
Job dies nötig machte, und daß bei hoher Systemlast Jobs, die
hinter ihrer Vorgabe liegen, schon vor Verlassen des kritischen
Gebietes Preemption erleiden, empfiehlt sich die folgende Regel
für das Vorgehen beim Scheduling:

    o Falls der Job, der gerade ein Quantum erhalten hat,
       hinter seiner Vorgabe liegt, oder

    o falls der Job höchster Priorität vor seiner Vorgabe
       liegt, dann

  - weise dem zuletzt bearbeiteten Job ein weiteres Quantum zu.

  - Weise in allen anderen Fällen das nächste Quantum dem Job mit
    der höchsten Priorität zu.

    Dieses Scheduling-Verfahren läßt sich auf verschiedene Weise
verfeinern und verallgemeinern:

  - durch Einbezug weiterer Betriebsmittel in die Entscheidung;
    hier ist statt der Rechenzeit ein gewichtetes Mittel der
    betrachteten Betriebsmittel als Grundlage für die Strategie-
    Kurve einzusetzen;

  - durch Verwendung verschiedener Strategie-Kurven für verschie-
    dene Klassen von Jobs, etwa Batch/Timesharing:

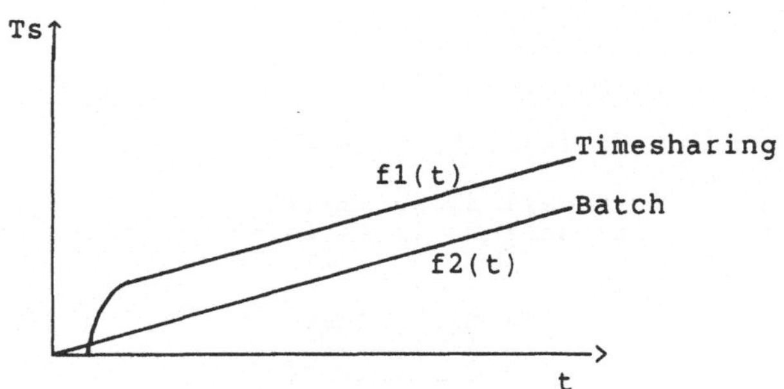

Fig. 4-44 Strategie-Kurven für Batch und Timesharing

- durch Einbeziehung des Unterschieds zwischen residenten und ausgelagerten Jobs, etwa in folgender Weise:

  o Ein Job, der auf Terminal-Eingabe wartet, erhält generell minimale Priorität.

  o Ein kritischer Job kann nicht ausgelagert werden.

  o Ein ausgelagerter, nicht-kritischer Job kann keinen residenten Job verdrängen.

  o Ein ausgelagerter kritischer Job verdrängt einen residenten nicht-kritischen Job.

Vergleiche strategiegesteuerten Schedulings mit RR-Scheduling zeigten eine Reduktion der mittleren Wartezeiten gegenüber dem RR-Verfahren [29].

Strategiegesteuertes Scheduling wird vor allem in den sogenannten "class based schedulers" im Großrechner-Bereich eingesetzt. Hier werden für einzelne Job-Klassen, beispielsweise Timesharing, Batch und Hintergrund-Jobs, Vorgaben gemacht, wieviel Prozent der Rechenleistung des Systems jeder einzelnen Klasse zu garantieren ist. Durch permanenten Vergleich der aktuellen Situation mit diesen Vorgaben läßt sich erreichen, daß diese garantierte Rechenleistung den einzelnen Job-Klassen auch bei wechselnder Systemlast zur Verfügung gestellt wird. "Class based" Scheduling wird im allgemeinen als übergeordnete Steuerung eingesetzt; innerhalb der einzelnen Klassen werden typischerweise Verfahren wie Round-Robin oder prioritätsgesteuertes Scheduling eingesetzt.

4.3.4 Scheduling von Timesharing-Systemen

Bei Timesharing-Systemen bilden sich durch die oft sehr langen Wartezeiten für Terminal-Eingaben verschiedene Klassen, zwischen denen die Jobs dynamisch wechseln:

- rechnend

- wartend auf Betriebsmittel

- wartend auf Terminal-Eingabe

In ein Scheduling-Modell dieser Systeme sollte daher zweckmäßigerweise dieser Unterschied im Aktivitätsgrad der Jobs aufgenommen
werden:

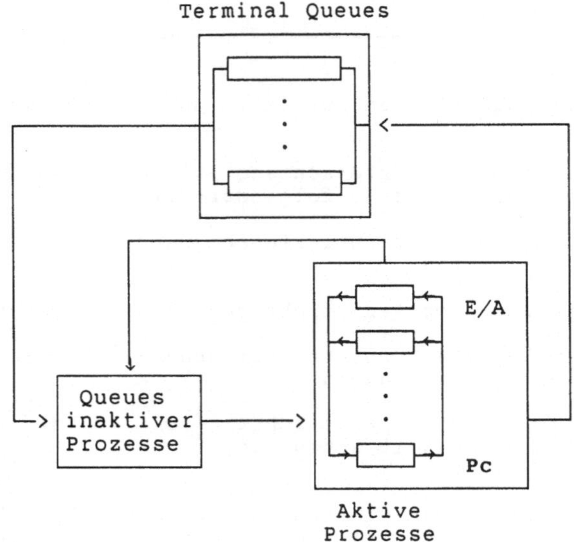

Fig. 4-45 Modell eines Timesharing-Systems

     Man kann für solche Systeme relativ einfach die Reaktionszeit
U auf eine Eingabe bestimmen, wenn man annimmt, daß das System N
Benutzer bedient, von denen jeder im Mittel E(Tw) Zeiteinheiten
bis zu seiner nächsten Anforderung einer Rechenzeit E(Ts) wartet.
Unter einer (relativ hohen) Auslastung ρ des Rechners werden
Anforderungen in einer Rate

$$\mu = \frac{\rho}{E(Ts)}$$

erfüllt, während N Benutzer zusammen zu einer Ankunftsrate

$$\lambda = \frac{N}{U + E(Tw)}$$

führen. Da bei hoher Systemlast $\lambda \approx \mu$ angenommen werden kann, gilt
für die Reaktionszeit bei hoher Last als asymptotisches Verhalten:

$$U = \frac{N*E(Ts)}{\rho} - E(Tw)$$

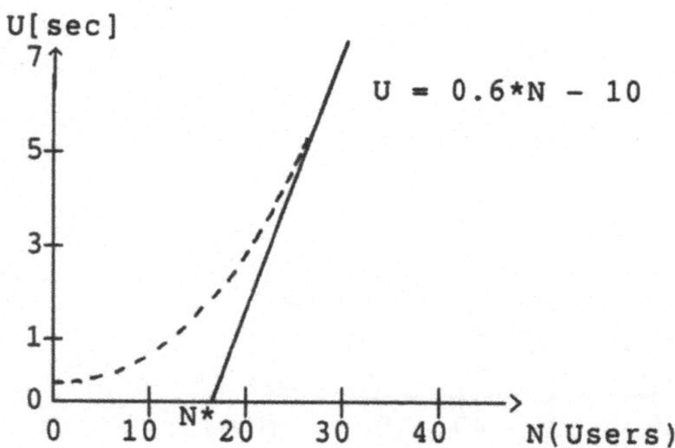

Fig. 4-46 Asymptotische mittlere Reaktionszeit

Für

$$N > N^* := \rho * \frac{E(Tw)}{E(Ts)}$$

wächst U etwa linear mit dem Faktor E(Ts)/ρ, so daß N* als "Sätti-gungspunkt" des Systems bezeichnet werden kann. Geht man von einem RR-Scheduling-Verfahren aus, dessen Quantum Q so gewählt wurde, daß kurze Anforderungen innerhalb eines Quantums abgear-beitet werden können, so gilt für die mittlere Reaktionszeit auf solche interaktiven Anforderungen

$$U_i = \frac{\hat{n} * \hat{q}}{\rho}$$

wobei $\hat{q} < Q$ die mittere von diesen Anforderungen benötigte Rechen-zeit bezeichnet. Nach Little's Resultat gilt für die Anzahl $\hat{n}$ unbearbeiteter Anforderungen

$$\lambda * U = \hat{n} \rightarrow \mu * U = \hat{n}$$

Daraus folgt

$$\hat{n} = N - \rho * \frac{E(Tw)}{E(Ts)}$$

und damit

$$U_i = \frac{\hat{q}*N}{\rho} - \frac{\hat{q}*E(Tw)}{E(Ts)}$$

als asymtotisches Verhalten für interaktive Anforderungen. Der Sättigungspunkt ist derselbe wie für alle Anforderungen zusammen, doch ist die Steigung der Asymptoten um $\hat{q}/E(Ts)$ niedriger. Es geht also hier nur der Mittelwert der interaktiven Anforderungen ein, der leicht unter einem Zehntel des Gesamtmittelwertes liegen kann:

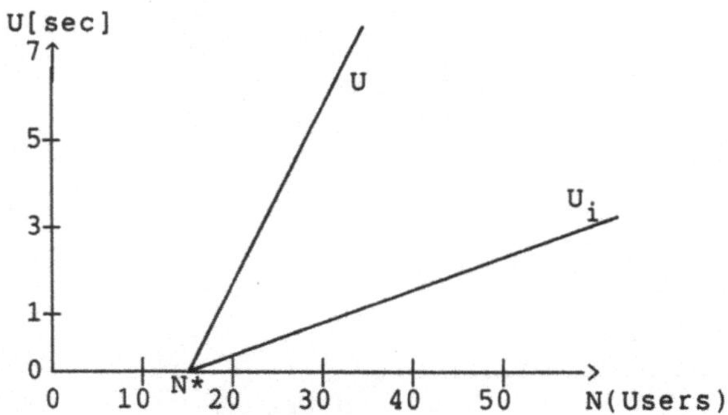

Fig. 4-47 Asymptotische mittlere Reaktionszeit bei RR-Scheduling

Dieses Ergebnis hängt in kritischer Weise von der Wahl der richtigen Größe für das Quantum Q ab; in der Praxis haben sich Werte in der Größenordnung von 30 msec bewährt. Eine Aufteilung der Anforderungen in interaktive und langdauernde ist von Vorteil, weil die tatsächliche Verteilung der Anforderungslängen sehr stark von einer exponentiellen oder einer gleichmäßigen Verteilung abweicht; üblicherweise ist nur ein kleiner Prozentsatz der Anforderungen für den größten Teil der angeforderten Rechenzeit verantwortlich [2]:

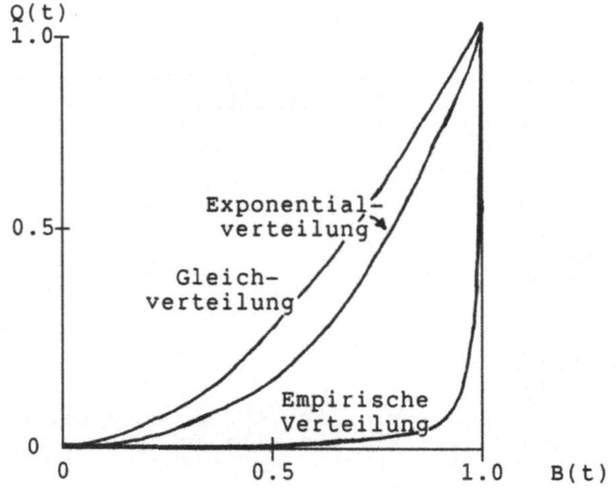

Fig. 4-48 Verteilungskurven

Um zu verhindern, daß die Abarbeitung weiterer Quanten längerer Anforderungen neu eintreffende interaktive Anforderungen behindert oder verzögert, kann man SET- statt RR-Scheduling verwenden, doch liegen über dessen Verhalten noch keine analytischen Ergebnisse vor.

4.4 SCHEDULING VON PERIPHERIE-SPEICHER-ZUGRIFFEN

4.4.1 Latenz durch Rotation

Die Abspeicherungsform der Daten auf einem Platten- oder Trommelspeicher (siehe Abschnitt 6.1.2) hat zur Folge, daß entlang eines Umfanges des Speichermediums N Datenblöcke gleicher Größe gespeichert sind. Zugriff auf einen bestimmten dieser Blöcke kann nur erfolgen, wenn sich dessen Anfang unter dem Lese-/Schreibkopf des Speichergeräts befindet.

Geht man davon aus, daß die Anforderungen für E/A-Vorgänge einer Poisson-Verteilung mit einer Ankunftsrate λ unterliegen und Zugriffe auf Blöcke mit einer Winkelposition ω_i und Datenübertragungszeiten t_i - als unabhängige stochastische Variable, ω_i mit Gleichverteilung über alle möglichen Werte - genügen, so ist der Erwartungswert für die Bedienung einer Anforderung i, also die Reaktionszeit für diese Anforderung:

$$U_i = \frac{T}{2} + t_i$$

wobei T die Periode der Umdrehung des Speichermediums ist. Nimmt man für die Verteilung der t_i Momente $E(t)$ und $E(t^2)$ an, so folgt für den Erwartungswert der Reaktionszeit, falls die Anforderungen in der Reihenfolge ihres Eintreffens bearbeitet werden (FCFS-Verfahren) [7]:

$$U[FCFS] = E(t) + \frac{T}{2} + \frac{\lambda*[E(t^2)+T*E(t)+T^2/3]}{2*\lambda*[1-\lambda*(E(t)+T/2)]}$$

Die maximale Transferrate ergibt sich zu:

$$C = \frac{1}{E(t)+T/2}$$

Dieser Wert läßt sich erheblich verbessern, wenn man die Anforderungen nicht in der Reihenfolge ihres Eintreffens, sondern in der Reihenfolge wachsender Winkelpositionen ω_i (modulo 360 Grad) abarbeitet. Man bezeichnet dieses Verfahren als SATF-Scheduling ("shortest access time first"). Das mathematische Modell [7] spaltet den Strom ankommender Anforderungen in N Ströme für je einen der möglichen Sektoren auf und ergibt als mittlere Reaktionszeit

$$U[SATF] = T*\frac{N+2}{2*N} + \frac{\lambda*T^2}{2*(n-\lambda*T)}$$

$$[= T * \left[\frac{\hat{n}}{N} + \frac{N+2}{2*N}\right] \quad \text{für ein festes } \hat{n}]$$

Nimmt man dagegen für das FCFS-Verfahren eine konstante Übertragungszeit T/N, also Einzel-Block-Übertragung, an, so gilt:

$$U[FCFS] = T*\frac{N+1}{2*N} + \frac{\lambda*T^2}{2*N-\lambda*(N+1)*T} * \frac{(N+1)*(2*N+1)}{3*N}$$

$$[= T * (\hat{n}+1) * \frac{N+2}{2*N} \quad \text{für ein festes } \hat{n}]$$

Für gegebenes N folgt daraus, daß das SATF-Verfahren eine Kapazität hat, die um den Faktor (N+1)/2 höher ist als die des FCFS-Verfahrens.

Um die Effekte irgendwelcher Verzögerungen, die eine direkte Implementierung in Einzelfällen ausschließen können, zu umgehen, kann man bei jeder Umdrehung des Mediums nur jeden m-ten Sektor (für ein geeignetes m > 1) bedienen. Man bezeichnet solche Verfahren als "Präzessions-Verfahren"; sie werden zum Beispiel bei Disketten-Speichern (Floppy-Disc) angewendet.

Während in älteren Betriebssystemen diese Rotations-Optimierung noch durch Software vorgenommen wurde, ist man heute weitgehend dazu übergegangen, die E/A-Aufträge direkt vom Plattencontroller in der Reihenfolge ihrer Winkelpositionen abarbeiten zu lassen; dem Controller wird lediglich noch mitgeteilt, in welchen Fällen er diese Optimierung aus Konsistenzgründen **nicht** durchführen darf.

Oft werden auch ganze Plattenspuren vom Controller ab ihrer aktuellen Position in einen lokalen Speicher des Controller, ein sogenanntes "Cache", gelesen, und der Inhalt dieses Speichers wird vom Controller in der gewünschten Reihenfolge ausgegeben; hierdurch läßt sich bei langen Transfers die Latenz durch Rotation fast ganz vermeiden.

4.4.2 Latenz durch Positionierung

Bei Plattenspeichersystemen muß (fast) jeder Datenübertragung eine Positionierung des Lese-/Schreibmechanismus auf diejenige Spur der Platte, die vom E/A-Vorgang adressiert wurde, vorausgehen. Mathematische Analysen dieses Adressierungsvorganges deuten darauf hin, daß von einer gemeinsamen Optimierung der Wartezeiten bezüglich Positionierung und Rotation wenig Vorteile zu erwarten sind, so daß beide Vorgänge getrennt untersucht werden können. Dies gilt umso mehr, da in vielen Systemen die Positionierungszeit so hoch ist, daß eine Optimierung der Latenzzeit bezüglich der Rotation nur noch wenig Beschleunigung bringt; ansonsten hat sich hierfür das SATF-Verfahren in der Praxis bewährt.

Das einfachste Verfahren zur Bedienung der Suchaufträge ist wieder das FCFS- (oder FIFO-) Verfahren, das die Aufträge in der Reihenfolge ihrer Ankunft abarbeitet. Die Analyse ergibt, daß für jeden Auftrag bei statistisch gleichverteilten Zugriffen auf N Spuren im Mittel N/3 Spuren überquert werden müssen [7].

Auch hier kann die Durchsatzrate des Plattenspeichers durch Umsortieren der Aufträge erheblich erhöht werden. Ein Analogon zum SATF-Verfahren ist hier das SSTF-Verfahren ("shortest seek time first"), bei dem als nächster Auftrag jeweils der Zugriff bedient wird, dessen Spur am nächsten bei der aktuellen Position des Lese-/Schreibkopfes liegt. Eine Analyse dieses Verfahrens ergibt jedoch sehr schlechtes Zugriffsverhalten für die Spuren am äußeren und inneren Rand der Platte, da sie im allgemeinen weite Zugriffsbewegungen erfordern. Dennoch ist - zumindest bei niedriger Systembelastung - das SSTF-Verfahren dem FCFS-Verfahren deutlich überlegen. Um die Benachteiligung der äußeren und inneren Spuren zu vermeiden, kann man die Aufträge nach der folgenden, als SCAN-Regel ("Fahrstuhl-Algorithmus") bezeichneten Weise abarbeiten:

- Wenn der Kopf sich in einer bestimmten Richtung bewegt, so bediene als nächsten Zugriff den, der sich aus dem SSTF-Verfahren für diese Richtung ergibt.

- Ändere die Richtung der Kopf-Bewegung, wenn:

  o die letzte Spur in der alten Richtung erreicht wurde, oder

  o in der alten Richtung keine weiteren Aufträge mehr vor dem Kopf liegen.

Eine Abänderung des SCAN-Verfahrens, bezeichnet als FSCAN-Regel, arbeitet nach jedem Entscheidungspunkt alle Aufträge in einem SCAN in einer Richtung ab; diese Richtung ergibt sich daraus, welche der extremen Spuren, für die Aufträge vorliegen, zum Zeitpunkt der Entscheidung näher an der aktuellen Position liegt. Aufträge, die während dieses SCAN neu eintreffen, werden erst am nächsten Entscheidungspunkt berücksichtigt. Der Kopf wird jeweils zu der näheren dieser Extremspuren bewegt und läuft von da aus zu der entfernteren; hat er dann eine Position nahe einem der Ränder der Platte erreicht, so ist die Wahrscheinlichkeit hoch, daß der neue Extremwert für den Start in der Nähe desselben Randes liegt und daß der folgende SCAN in umgekehrter Richtung erfolgt.

Für die SCAN-Regel erhält man als mittlere Wartezeit für einen Zugriff auf die Spur n (mit $0 \leq n \leq N$):

$$\hat{w}[SCAN](n) = \frac{P}{2} * \frac{1 + (1-2*n/N)^2}{1-\lambda*T} \leq \frac{P}{1-\lambda*T}$$

und für die FSCAN-Regel

$$\hat{w}[FSCAN](n) = \frac{P + (\lambda*T^2/2)}{1-\lambda*T} > \frac{P}{1-\lambda*T}$$

wobei T die mittlere Zeit zur Bedienung eines Auftrages, also Rotations-Latenzzeit + Übertragungszeit + sonstige Wartezeiten nach der Spur-Auswahl ist (hier als konstant angenommen), λ die Ankunftsrate der Aufträge und P die Zeit für eine Überquerung der Platte ohne Bedienung von Aufträgen.

Es gilt daher:

$$\hat{w}[SCAN](n) < \hat{w}[FSCAN](n)$$

für alle n, doch ist $\hat{w}[FSCAN](n)$ unabhängig von n, während $\hat{w}[SCAN](n)$ für n = 0 und n = N maximal wird, also die extremen Spuren gegenüber den mitteren benachteiligt.

Auch die Such-Optimierung wird in modernen Systemen vom Controller und nicht mehr vom Betriebssystem durchgeführt. Falls beide Arten von Optimierung vom Controller durchgeführt werden, so wirkt die Rotations-Optimierung nur auf E/A-Aufträge, die sich auf die gleiche Plattenspur beziehen [28].

4.5 BEISPIEL EINES SCHEDULERS

Zum Abschluß der Scheduling-Betrachtungen soll als Beispiel eines implementierten Schedulers das Scheduling-Verfahren im Betriebssystem VMS beschrieben werden. Dieser Scheduler hat das Ziel, einen effizienten Parallelbetrieb von Realzeit- und Timesharing-Anwendungen zu unterstützen. Dazu werden die zu verwaltenden Prozesse unterteilt in:

- zeitkritische (Realzeit-)Prozesse

- unkritische (Timesharing-)Prozesse

Dabei erhalten zeitkritische Prozesse eine feste, hohe Priorität, werden also einem Scheduling nach externen Prioritäten unterworfen, während Timesharing-Prozesse eine variable, niedrige Priorität erhalten und einem Scheduling mit dynamischen Prioritäten unterworfen werden:

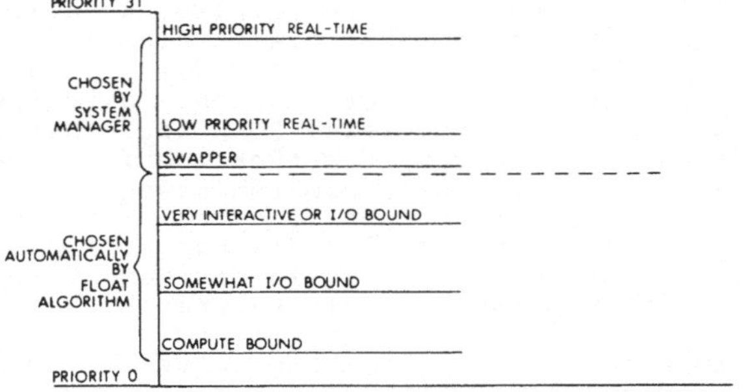

• Digital Equipment Corporation

Fig. 4-49 Prozeß-Prioritäten unter VMS

Die Entscheidungen des Schedulers sind abhängig von:

- der Prozeß-Priorität

- dem Vorkommen von Ereignissen ("system events") und daraus folgendem Zustandswechsel von Prozessen

- dem Verbrauch an Rechenzeit für Timesharing-Prozesse ("quantum overflow"); dabei wird für Scheduling-Entscheidungen strenggenommen nicht die echte Rechenzeit, sondern die Zeit der Belegung des Hauptspeichers berücksichtigt.

Die Scheduling-Regel lautet hier: "Der auszuwählende Prozeß ist immer der nächste Prozeß in der Warteschlange, die von allen nicht-leeren Warteschlangen die höchste Priorität hat." Scheduling erfolgt in jedem Fall durch einfachen Aufruf des Dispatchers, wenn ein System-Ereignis erfolgt; der Dispatcher startet dann gemäß der Scheduling-Regel den nächsten Prozeß, ohne weitere Kriterien zu berücksichtigen.

Die eigentlichen Scheduling-Entscheidungen wurden schon vorher implizit bei der Zuordnung der Prozeß-Prioritäten getroffen. Die Entscheidung zum Aufruf des Dispatchers, die ebenfalls durch eine Reihe von Regeln festgelegt ist, stellt in diesem Sinn ebenfalls eine Scheduling-Entscheidung dar. Der Dispatcher wird aufgerufen, wenn eine der folgenden Bedingungen eintritt:

- Der gerade laufende Prozeß geht in einen nicht-ausführbaren Zustand über oder beendet sich.

- Ein Prozeß höherer Priorität als der gerade laufende Prozeß geht in den Zustand "ausführbar" (COM, s. Abschnitt 2.3.1) über.

- Ein Timer stellt fest, daß das Zeitquantum für den gerade laufenden Prozeß abgelaufen ist; hiervon sind jedoch nur Timesharing-Prozesse betroffen.

- Einem Prozeß wird ein Software-Interrupt (AST) zugestellt.

Die Priorität eines vom Dispatcher einer Preemption unterworfenen Prozesses wird nach folgenden Regeln neu festgesetzt:

- Die Priorität zeitkritischer Prozesse bleibt unverändert.

- Jedes System-Ereignis, das einen Timesharing-Prozeß in den Zustand "ausführbar" bringt, erhöht dessen Priorität um einen für dieses Ereignis festgelegten Wert, nie jedoch auf einen der Werte, die Realzeit-Prozessen vorbehalten sind.

- Jeder Ablauf eines Zeitquantums erniedrigt die Priorität des laufenden Timesharing-Prozesses um 1, sofern diese Priorität höher als die bei Prozeß-Beginn zugeordnete ist:

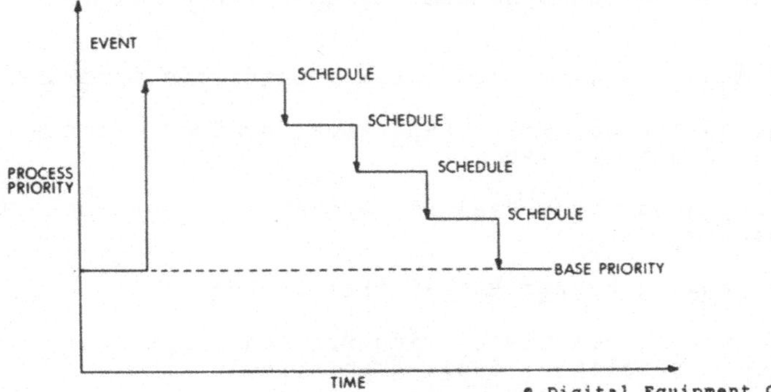

Fig. 4-50 Modifikation der Priorität

Die Regeln für die Abrechnung des Zeitquantums sind schließlich die folgenden:

- Prozesse können während ihres Quantums beliebig oft einer Preemption unterworfen werden.

- Wenn ein Prozeß in einen nicht-ausführbaren Zustand übergeht, weil er auf ein Betriebsmittel wartet, so wird ihm diese Wartezeit auf sein Quantum angerechnet, als wäre es Rechenzeit.

- Ein Prozeß, der aus einem "ausgelagerten" in den Zustand "ausführbar" übergeht, erhält ein erstes Quantum; er wird frühestens dann wieder ausgelagert, wenn er dieses erste Quantum verbraucht hat oder wenn ein nicht-residenter zeit-kritischer Prozeß bedient werden muß.

Man bezeichnet dabei die Menge der residenten Prozesse als den aktuellen "balance set" und betrachtet das Ein- und Auslagern von Prozesses als Hinzufügen in bzw. Wegnehmen aus diesem balance set.

Bei Bedarf lassen sich die Eigenschaften dieses Schedulers in weiten Grenzen variieren, indem etwa automatisch für einzelne Prozesse, in Abhängigkeit von ihrer Vorgeschichte, Veränderungen ihrer Priorität oder der Länge des auf sie anwendbaren Zeit-quantums vorgenommen werden. Über die Auswirkungen derartiger Modifikationen liegen allerdings noch keine Ergebnisse vor.

Dieser Scheduler läßt sich etwa folgendermaßen charakteri-sieren:

- striktes Prioritäts-Scheduling ohne Preemption für zeit-kritische Prozesse

- modifiziertes SET-Scheduling für Timesharing-Prozesse

- Trennung zwischen Scheduling und Dispatching.

Die damit angestrebten Optimierungsziele sind die folgenden:

- Möglichkeit der Prioritätssteuerung über externe Prioritäten im Realzeit-Betrieb

- Bevorzugung von Realzeit-Prozessen gegenüber Timesharing-Prozessen

- Bevorzugung kurzer Prozeß-Aktivitäten

- Bevorzugung von Timesharing-Prozessen mit hoher E/A-Aktivität gegenüber solchen, die rechenintensiv sind

- schnelle Reaktion auf externe Ereignisse durch Abspalten der Scheduling-Entscheidung aus dem Dispatcher

- Garantierung wenigstens eines Zeitquantums für neu resident gemachte Timesharing-Prozesse

Untersuchungen des Reaktionsverhältnisses in Abhängigkeit von der Systembelastung zeigten folgendes Verhalten des Schedulers [43]:

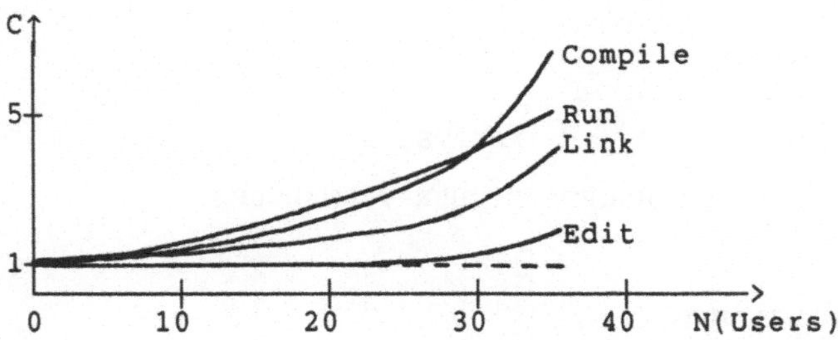

Fig. 4-51 Reaktionsverhältnis unter VMS

Eine vollständige analytische Beschreibung dieses Schedulers dürfte sehr schwierig bis unmöglich sein, vor allem wenn man auch die Einflüsse der Auslagerung von Prozessen und der Speicherverwaltung mit berücksichtigen wollte.

KAPITEL 5

HAUPTSPEICHER-VERWALTUNG

5.1 PROBLEMSTELLUNG

Eine effiziente Verwaltung des Hauptspeichers heutiger Rechner ist notwendig, um in einem Speicher vorgegebener Größe möglichst viel bzw. alle im Augenblick relevante Information zu halten; dies ist aus den folgenden Gründen wünschenswert:

- Größe der zu bearbeitenden Programme

- Gleichgewicht zwischen Prozessor-Geschwindigkeit und verfügbarer Information

- Unterstützung von Multi-Programmierung und Timesharing

Um ihre Aufgaben zu erfüllen, muß die Speicherverwaltung folgende Probleme lösen:

- Zuordnung der logischen Namen in den Programmen zu den ihnen entsprechenden physikalischen Speicheradressen ("mapping"); dies geschieht üblicherweise in mehreren Stufen, von denen jedoch nicht alle immer vorhanden sein müssen:

    o Compiler/Assembler erzeugen üblicherweise aus den Namen der Datenobjekte einzelner Programm-Moduln relative Adressen; Bezüge auf andere Moduln werden vorerst offen gelassen. Diese Vorgehensweise ermöglicht ein Zusammenfügen mehrerer Moduln zu einem Programm durch den

    o Linker (auch Binder oder Montierer genannt); dieser fügt die einzelnen Moduln dadurch zusammen, daß er

        + die einzelnen Teil-Adreßräume gegeneinander verschiebt, so daß sie sich nicht mehr überdecken,

        + Querbezüge zwischen den Moduln "absättigt", d.h. aufeinander bezieht.

    Es entsteht ein einziger Adreßraum, dessen Adressen aber noch nicht den physikalischen Adressen entsprechen müssen.

    o Die Adressen dieses Adreßraumes werden entweder statisch durch den Lader oder dynamisch während der Ausführung des Programms (oder gemischt) auf die echten physikalischen Adressen abgebildet. Man spricht hier von statischer

bzw. dynamischer "Relokation". Der Vorgang der
Relokation ermöglicht Unabhängigkeit der Programme von
ihrer physikalischen Plazierung im Hauptspeicher; dies
ist für effiziente Multi-Programmierung erforderlich.

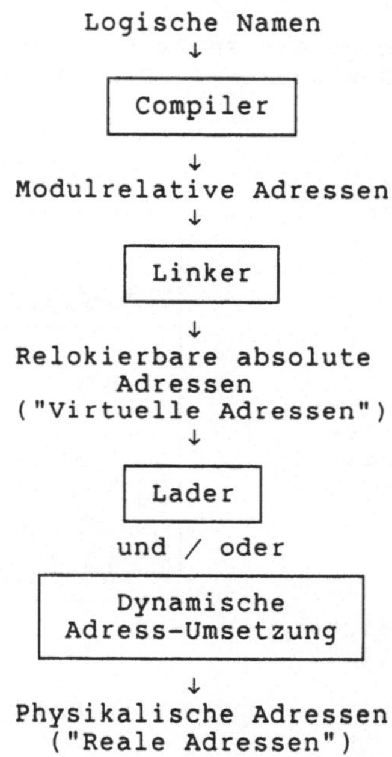

Fig. 5-1 Adreß-Mapping einer Speicherverwaltung

- Ermöglichung und Koordinierung gemeinsamen Zugriffs auf
  Speicherbereiche ("sharing"); dies ist für Interprozeß-
  kommunikation erforderlich.

- Bereitstellung und Zuweisung benötigten Speicherplatzes an
  die einzelnen Prozesse ("Allokation"); hierin ist die Haupt-
  aufgabe der Speicherverwaltung zu sehen.

- Schutz der Information im Hauptspeicher vor fehlerhaftem/
  unbefugtem Zugriff ("protection"); dies kann dadurch geschehen, daß aller Zugriff auf den Hauptspeicher der Kontrolle
  der Speicherverwaltung unterworfen wird, was jedoch entsprechende Hardware-Unterstützung voraussetzt.

Zur Unterstützung dynamischer Relokation werden im wesentlichen die folgenden Verfahren verwendet:

- automatische Addition von Basis-Registern zu allen Adressen
  (verwendet zum Beispiel bei der UNIVAC 1108 und dem KA10-
  Prozessor der PDP-10); ein relativ altes Verfahren, das
  jedoch automatische Durchführung der Relokation gestattet;

- explizite Bedienung von Basis-Registern (verwendet in der
  IBM/360 und als Folge in der IBM/370 und Siemens 7.xxx); ein
  ebenfalls altes Verfahren, das zum Teil die Adressierung
  nicht gerade erleichtert; bei gleichzeitiger Verwendung
  virtueller Adressierungstechniken (siehe unten) in den neuen
  Maschinen im Prinzip überflüssig.

Bei beiden Verfahren erfolgt die Relokation durch Verändern der
Basis-Register; eine Änderung der Programm-Adressen kann entfallen:

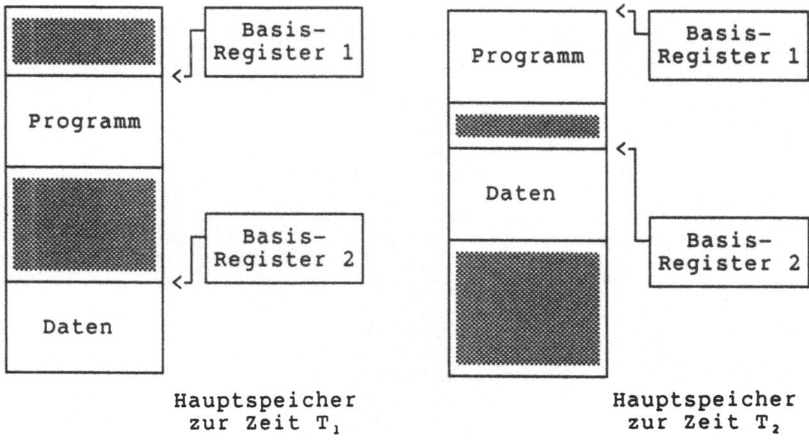

Fig. 5-2 Dynamische Relokation über Basis-Register

    Man kann die Technik dynamischer Relokation in einfacher
Weise zur Verwaltung des Hauptspeichers für Multi-Programmierung
verwenden. Dazu hält man zu jedem Zeitpunkt ein oder mehrere
Programme in jeweils zusammenhängenden Bereichen des Haupt-
speichers und tauscht nach Bedarf jeweils ganze Programme mit dem
Hintergrund-Speicher (z.B. Platten- oder Trommelspeicher) aus
("swapping"). Man kann auf diese Weise eine größere Anzahl von
Programmen quasi-parallel bearbeiten, als es bei einer konstanten
Zuordnung des Hauptspeichers möglich wäre, die den von einem
Programm belegten Speicher erst bei Beendigung dieses Programmes
für andere Programme ausnutzen könnte. Dieses Verfahren wurde bei
den ersten UNIX-Implementierungen verwendet; es wird in UNIX heute
noch zum Teil eingesetzt.

    Modernere Relokationstechniken teilen den verfügbaren
Speicher in Blöcke fester ("Seiten") oder variabler ("Segmente")
Größe (oder in Kombinationen davon) auf und bilden die Programm-
Adressen seiten- bzw. segmentweise auf den physikalischen Speicher
ab, ohne daß dazu vom Programm her Vorsorge getroffen werden
müßte. Man bezeichnet dieses Verfahren als "virtuelle Adressierung"; es wird von fast allen modernen Rechnern (außer manchen
Kleinrechnern und Mikroprozessoren) zur Relokation verwendet.
Daher werden in den folgenden Abschnitten hauptsächlich die
virtuelle Speicherverwaltung und Möglichkeiten zu ihrer Implementierung besprochen.

5.2 GRUNDLAGEN DER SPEICHERVERWALTUNG

5.2.1 Speicher-Hierarchie

Da Speicher umso teurer sind, je schneller und je größer sie
sind, ist es üblich, den Speicher eines Rechners hierarchisch aus
mehreren Teilen aufzubauen, die zum Prozessor hin immer kleiner
und schneller werden:

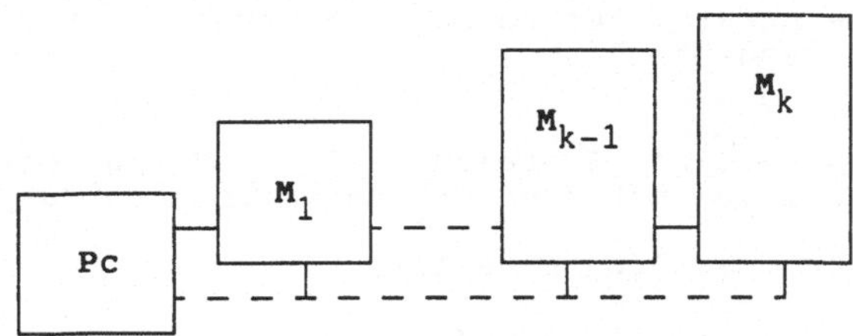

Fig. 5-3 Speicher-Hierarchie

Maximal unterscheidet man (in der Reihenfolge wachsender
Kapazität/abnehmender Geschwindigkeit) folgende Speicher-Ebenen:

- Cache (eventuell mehrstufig)
- Hauptspeicher
- Massenkernspeicher bzw. RAM-Disk
- Trommel bzw. Festkopfplatte
- Platte
- Optische Speicher
- Magnetband

Normalerweise sind wenigstens zwei dieser Ebenen vorhanden (Hauptspeicher und Platte), doch sind auch vier Ebenen durchaus nicht
ungewöhnlich. Das Problem der Speicherverwaltung besteht nun
darin, zu jedem Zeitpunkt eine optimale Verteilung der Information
auf die einzelnen Ebenen zu bestimmen und durchzuführen. Dabei
sind vor allem zwei Schnittstellen für die Verteilung von Bedeutung:

- zwischen Cache und Hauptspeicher

- zwischen Primärspeicher (Cache + Hauptspeicher) und Sekundärspeicher (Peripherie)

Da die erste dieser beiden Verteilungen normalerweise
automatisch von der Hardware durchgeführt wird und daher für die
Programmierung transparent ist, gehört ihre Behandlung zum
Problemkreis der Rechner-Architektur, und hier ist im wesentlichen
nur die zweite dieser Verteilungen zu behandeln.

Es gibt zwei Ansätze zur Entscheidung, welche Speicher-Ebene
welche Informationen enthalten sollte:

- der statische Ansatz, der davon ausgeht, daß

  o die Verfügbarkeit des Speichers vorgegeben oder zu bestimmen ist

  o die Folge der Zugriffe auf den Speicher (der "Referenz-String") eines Programms bekannt ist (durch Preprocessing oder Analyse durch den Compiler)

- der dynamische Ansatz, der von der Nichtverfügbarkeit dieser Informationen ausgeht.

In den meisten heutigen Systemen sind die Voraussetzungen für den statischen Ansatz aus mehreren Gründen nicht mehr gegeben:

- von der Struktur der Programme her:

  o Trennung zwischen logischem und physikalischem Adreßraum durch die Relokations-Mechanismen

  o maschinenunabhängige Programmierung

  o modulare Programmierung

  o Verwendung dynamischer Datenstrukturen (z.B. Listen)

- vom Betriebssystem her, das oft folgende Leistungen erbringen soll:

  o Laden von Programmen in Speicher beliebiger Größe

  o Starten von nur zum Teil geladenen Programmen

  o Veränderung der Ausdehnung eines Programms im Speicher

  o Verschieben von Programmen im Speicher

  o Erzwingen von Programmstarts innerhalb vorgebener Zeiten (zu denen etwa gerade der benötigte Speicher nicht verfügbar ist)

  o Austausch von Hardware und/oder System-Software ohne Neu-Compilation der Benutzerprogramme oder gar deren Neu-Schreiben

Der dynamische Ansatz kann auf zwei Arten realisiert werden:

- unter expliziter Kontrolle des Programmierers (z.B. ALGOL-Stack, PL/I-Allocate, Overlay-Techniken)

- automatisch durch Verteilung des logischen Adreßraums auf die beiden Speicherebenen nach geeigneten Kriterien; dieses Verfahren wird als "one-level-store" oder "virtueller Speicher" bezeichnet und soll im Folgenden hauptsächlich betrachtet werden.

Dabei sind vor allem zwei Gesichtspunkte zu unterscheiden:

- die **Mechanismen** zur Speicherverwaltung, unterteilt im wesentlichen in:

  o Segmentierung: Aufteilung des Speichers in logische Ein-
    heiten verschiedener Größe

  o Paging: Aufteilung des Speichers in gleichgroße Blöcke
    ohne Beachtung ihres Inhalts

- die **Strategien** zur optimalen Verwaltung dieser Speicherein-
  heiten.

Ein Einsatz virtuellen Speichers ist aus mehreren Gründen
nicht ganz unproblematisch:

- Ineffizienz von Programmen, die in ungünstiger Reihenfolge
  auf große virtuelle Speicherbereiche zugreifen

- Entstehen nicht benutzbarer Speicherbereiche durch sogenannte
  "Fragmentierung"

- Ineffizienz stückweisen Programm-Ladens ausgelagerter Programme (speziell bei Multi-Programmierung und im Timesharing-
  Betrieb)

- System-Quasi-Stillstand bei Überplanung des realen Speichers ("Thrashing")

Diese Schwierigkeiten sind üblicherweise Folgen schlechter
Speicherverwaltungsstrategien; sie können durch einen guten
System-Entwurf weitgehend verhindert bzw. in kontrollierbaren
Grenzen gehalten werden.

5.2.2 Virtueller Speicher

Der physikalische Aufbau des virtuellen Speichers besteht
normalerweise aus einer zweistufigen Hierarchie aus Primär- und
Sekundärspeicher:

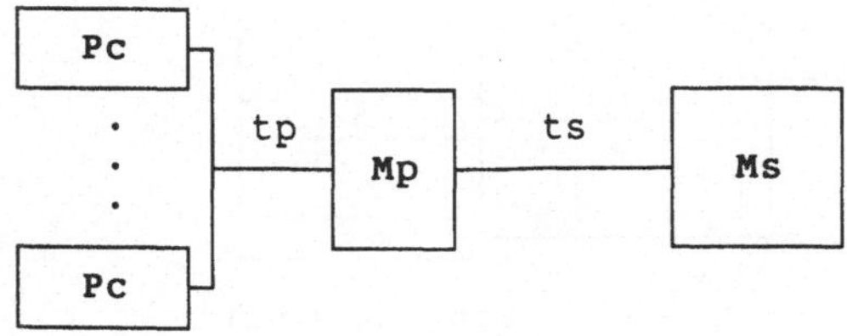

Fig. 5-4 Prinzipieller Aufbau eines Rechners

Ein wesentlicher Aspekt dieses Systems ist der große Unterschied in den Zugriffszeiten auf die beiden Speicherebenen:

- Primärspeicher: ca. 100 ns =: tp

- Sekundärspeicher: $\geq$ 10 ms =: ts

was zu Geschwindigkeitsverhältnissen ts/tp von 10^5 und mehr führt. (Diese Werte sind einem laufenden Wandel unterworfen und unterscheiden sich auch sehr stark von Rechner zu Rechner; für die folgende Diskussion ist dies jedoch unerheblich, da es hier nur darauf ankommt, daß der Wert des Verhältnisses ts/tp sehr groß ist, was allgemein gilt.) Falls nun der Primärspeicher m Elemente hat, so werden diese durch einen "Speicherraum" (= physikalischen Adreßraum)

$$M = \{0,1,\ldots,m-1\}$$

beschrieben. Geht man davon aus, daß zur Spezifikation einer Programm-Adresse maximal k Bits vorgesehen sind, so kann ein Programm

$$n = 2^k$$

Speicherzellen spezifizieren, die zusammen den (logischen) "Adreßraum" (oder auch "Namensraum")

$$N = \{0,1,\ldots,n-1\}$$

dieses Programms bilden. Hebt man die Identität zwischen M und N auf, so muß bei jedem Speicherzugriff eines Programms eine Abbildung

$$f : N \rightarrow M \cup \{\emptyset\}$$

der angesprochenen logischen Adresse die zugehörige physikalische Adresse zuordnen, was den Adressierungsvorgang nicht unerheblich verkompliziert:

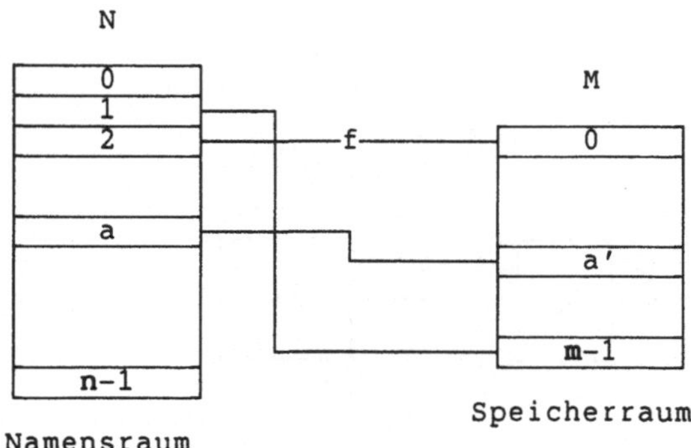

Fig. 5-5 Abbildung des Adreßraums auf den Speicherraum

Die Funktion f ist dabei folgendermaßen definiert:

$f(a)$ = a'   falls das Datenelement a in M auf Adresse a' steht
      = ∅   falls das Datenelement a nicht in M enthalten ist

Man bezeichnet f als "Adreß-Abbildung" ("address map") bzw. "Adreß-Übersetzungs-Funktion", die man sich zunächst über eine Umsetzungstabelle vorstellen könnte:

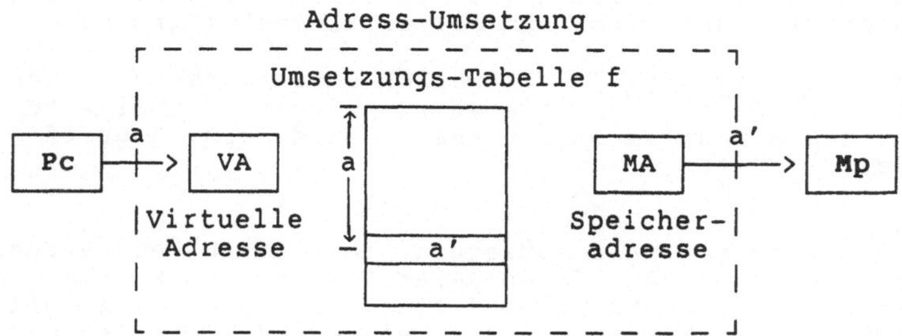

Fig. 5-6 Adreß-Umsetzungs-Tabelle

Man bezeichnet a als "virtuelle Adresse", a' als zugeordnete "reale Adresse". Falls ein Zugriff auf eine virtuelle Adresse a mit

$f(a)$ = ∅

erfolgt, so führt eine automatische Speicherverwaltung folgende Operationen aus:

- Es wird ein Interrupt ("page fault", "missing item fault") erzeugt, der das laufende Programm unterbricht.

- Falls M voll ist, schafft die Speicherverwaltung Platz, indem sie ein Datenelement b aus M entfernt, indem sie es auf den Sekundärspeicher überträgt. Man bezeichnet das dazu nötige Auswahlverfahren als "Ersetzungs-Strategie" ("replacement policy"). Es wird

$f(b)$:= ∅

gesetzt.

- Die Speicherverwaltung überträgt das Datenelement a vom Sekundärspeicher in eine freie Stelle a' des Primärspeichers und setzt

$f(a)$:= a'

Man bezeichnet das dazu nötige Auswahlverfahren als "Positionierungs-Strategie" ("placement policy").

- Der unterbrochene Zugriff kann jetzt zu Ende geführt werden.

Noch eine weitere Strategie ist für den Ablauf dieses Verfahrens von Bedeutung: die sogenannte "Lade-Strategie" ("fetch policy"), die entscheidet, wann Datenelemente aus dem Sekundärspeicher zu laden sind. Man unterscheidet hier:

- "demand fetch": Es wird prinzipiell nur dann geladen, wenn ein Zugriff auf ein nicht-residentes Datenelement erfolgte, und es wird dann auch nur dieses Element geladen.

- "anticipatory fetch": Es werden Datenelemente geladen, auch ehe ein Zugriff auf sie versucht wurde; dabei wird angenommen, daß auf diese Datenelemente bald ein Zugriff erfolgen wird.

Eine einfache Implementierung der Adreß-Übersetzung würde eine Tabelle enthalten, deren a-tes Element den Wert a' enthielte oder leer wäre, je nachdem, ob $f(a) = a'$ oder $= \emptyset$ gilt. Für $n \gg m$ wäre jedoch der größte Teil dieser Tabelle leer, so daß hier relativ viel Speicherplatz verschwendet würde. Abhilfe kann hier ein Assoziativspeicher bringen, dessen Elemente die Paare (a,a') nur für die im Primärspeicher vorhandenen Datenelemente enthalten; ein Assoziativspeicher ist hier nötig, damit die Adreß-Übersetzung mit einem einzigen Tabellenzugriff erfolgen kann und damit schnell genug ist.

Anmerkung: Während Assoziativspeicher bei der Adreß-Umsetzung virtuellen Speichers im allgemeinen nur zur Beschleunigung tabellengesteuerter Umsetzung verwendet werden, wird diese Form der Adreß-Umsetzung mit verschiedenen Abwandlungen zur Implementierung der Adreß-Logik von Cache-Speichern verwendet.

Beachtung verdienen schließlich noch die Werte m und n selbst und die Bedeutung des Begriffs "Datenelement": Würde man als Datenelemente die einzelnen Maschinenworte oder Bytes ansprechen, so hätte die Übersetzungs-Tabelle einen Umfang in der Größenordnung des gesamten Hauptspeichers oder sogar noch erheblich darüber. Es ist daher erforderlich, von der Speicherverwaltung aus nur größere zusammenhängende Datenmengen als verwaltbare Datenelemente zu behandeln; über die optimale Größe dieser Datenelemente werden im Folgenden noch eingehendere Betrachtungen angestellt. Man hat bei vielen neueren Maschinen $n > m$, doch sind auch die Relationen $n = m$ (Siemens 7.xxx ohne erweiterte Adressierung) und $n < m$ (viele kleinere Prozeßrechner, z.B. PDP-11, ATM 80-30, und vor allem PCs mit 8088-, 8086- bzw. 80286-Prozessor) vorhanden.

5.2.3 Segmentierung

Eine Möglichkeit, die Größe der von der Speicherverwaltung zu bearbeitenden Datenelemente festzulegen, geht davon aus, daß Programme im allgemeinen schon aus logisch zusammenhängenden Teilen bestehen. Diese Unterteilung wird normalerweise vom Programmierer verwendet, um folgende Ziele zu erreichen:

- Modularität der Programme

- Unterstützung von Datenstrukturen variablen Umfangs

- Zugriffsschutz einzelner Datenstrukturen/Programm-Teile

- Zugriffskoordination für Parallelzugriff auf bestimmte Daten/
  Programm-Teile

Diese Ziele können von der Verwaltung des virtuellen Speichers dadurch unterstützt werden, daß der Gesamt-Adreßraum in eine Menge voneinander unabhängiger Teil-Adreßräume, genannt "Segmente", zerlegt wird. Die Adresse des w-ten Maschinenwortes bzw. Bytes im Segment s ist dann gegeben durch das Paar (s,w). Die einzelnen Segmente werden jeweils in zusammenhängende Speicherbereiche geladen, deren Anfangsadresse a jeweils über eine sogenannte "Segment-Tabelle" aus dem Segmentnamen bestimmt wird. Diese Segment-Tabelle enthält üblicherweise auch noch die Längen b der Segmente, die also die erlaubten Maximalwerte für w bestimmen, sowie Schutzbits, die die erlaubten Zugriffsarten spezifizieren:

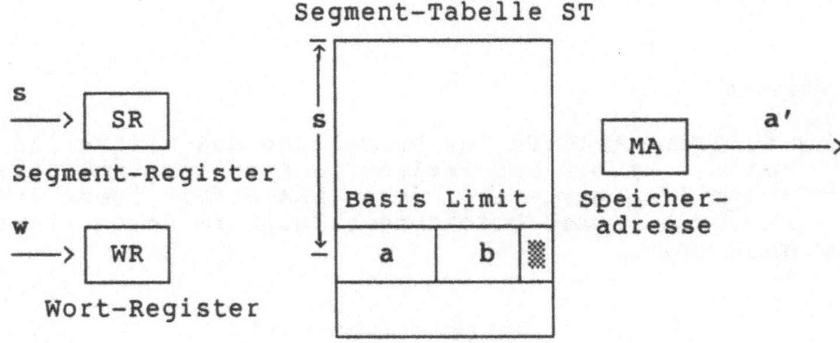


```
Ablauf: SR := s; WR:= w;
        if <ST[s]> empty then
              < missing segment fault >
        endif;
        if w > b then < overflow fault > endif;
        MA := a + w;
```

Fig. 5-7 Adreß-Umsetzung bei Segmentierung

Üblicherweise wird die Segment-Tabelle im Hauptspeicher gehalten und nur ihre Anfangsadresse in einem speziellen Register, dem "Deskriptor-Basis-Register" abgespeichert. Die Tabelle selbst stellt in diesem Kontext selbst ein Segment dar, das "Deskriptor-Segment". Um den zusätzlichen Speicherzugriff für die Adreß-Umsetzung einzusparen, kann man einen kleinen Assoziativspeicher vorsehen, der die zuletzt benutzten Zellen der Segment-Tabelle enthält; in der Praxis hat es sich gezeigt, daß ein Speicher mit 8 bis 16 Einträgen hierzu ausreicht.

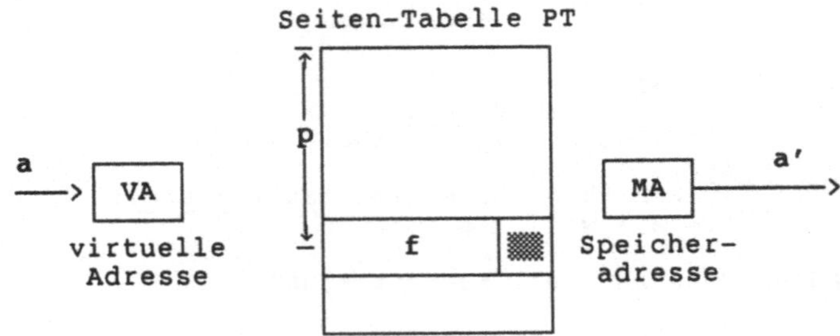

Ablauf: SR := s; WR := w; MA := A+s; MR := <A+s>;
        if <MR> empty then < missing segment fault > endif;
        a := MR<Basis>; b := MR<Limit>;
        if w > b then < overflow fault > endif;
        MA := a + w;

Fig. 5-8 Segmentierung mit Tabelle im Hauptspeicher

Ein virtueller Speicher dieses Typs wurde zum Beispiel bei der Burroughs B5000 implementiert. Eine (bei Multics [9] implementierte) Erweiterung dieses Konzepts sieht vor, auch Dateien als Segmente des virtuellen Speichers zu behandeln.

5.2.4 Paging

Eine einfache Methode zur Verwaltung des virtuellen Speichers besteht darin, Haupt- und Peripherie-Speicher in Blöcke gleicher Größe ("Seiten") zu zerteilen, deren Länge fast immer eine Zweierpotenz ist; die Adreß-Umsetzung erfolgt im wesentlichen wie bei der Segmentierung:

Ablauf: VA := a;   ! Seitenlänge 2^z, Adreßraum 2^k
        p := a<k-1:z>; w := a<z-1:0>;
        if <PT[p]> empty then < missing page fault > endif;
        f := <PT[p]>; MA := f|w;

Fig. 5-9 Adreß-Umsetzung bei Paging

Die Verwendung einer Zweierpotenz als Seitenlänge hat den Vorteil, daß die Adresse eines Maschinenwortes bzw. eines Wortes im Programm-Adreßraum als bitweise Konkatenation der Seitennummer p im Adreßraum bzw. f im Speicherraum und der Adresse w des Wortes innerhalb der Seite aufgebaut werden kann:

Fig. 5-10 Zerlegung einer Adresse bei Paging

In diesem Fall besteht die Adreß-Umsetzung einfach aus einem Austausch der höchstwertigen Bits in der vom Programm spezifizierten
Adresse p|w, die dadurch zur realen Adresse f|w wird; dabei muß
die Aufteilung der Adresse in die Teile p und w nicht einmal im
Programm spezifiziert sein. Paging ist die wohl häufigste Form
der Implementierung virtuellen Speichers.

5.2.5 Kombinierte Verfahren

Um die Vorteile der Segmentierung (Unterstützung der
Programmstruktur) mit denen des Pagings (einfache und effiziente
Speicheraufteilung und Adreß-Umsetzung) miteinander zu verbinden,
kann man beide Verfahren kombinieren. Dazu wird jedes Segment
separat dem Paging unterworfen und besitzt eine eigene Seiten-
Tabelle; die Segment-Tabelle enthält dabei die Verweise auf diese
Seiten-Tabellen:

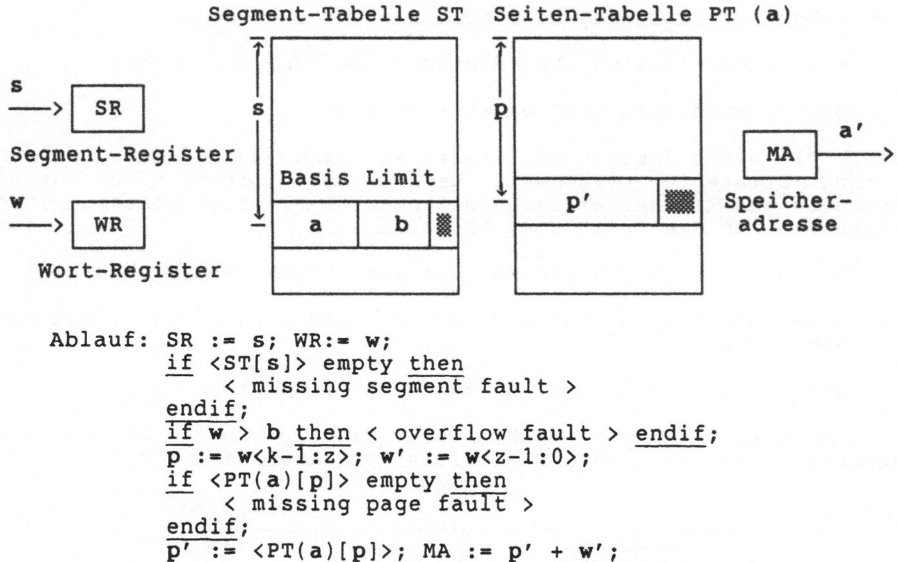


```
Ablauf: SR := s; WR:= w;
        if <ST[s]> empty then
             < missing segment fault >
        endif;
        if w > b then < overflow fault > endif;
        p := w<k-1:z>; w' := w<z-1:0>;
        if <PT(a)[p]> empty then
             < missing page fault >
        endif;
        p' := <PT(a)[p]>; MA := p' + w';
```

Fig. 5-11 Adreß-Umsetzung bei Segmentierung mit Paging

Eine andere Form der Kombination von Segmentierung und Paging unterteilt den Hauptspeicher gleichförmig in Seiten, assoziiert aber zu jeder dieser Seiten bestimmte Zugriffsrechte, um so die Probleme des Zugriffsschutzes und des Parallelzugriffs zu lösen. Segmentierung erfolgt durch Aufteilung des Programm-Adreßraums auf Seiten mit geeigneten Zugriffscharakteristika, was durch Ausrichten ("alignment") bestimmter Daten auf Seitengrenze geschieht. Dieses Verfahren wird unter anderem in den Betriebssystemen BS3, TENEX und VMS verwendet.

5.3 STRATEGIEN ZUR SPEICHERVERWALTUNG

5.3.1 Speicherbelegung

Während Ersetzungs- und Lade-Strategie bei Paging und Segmentierung im wesentlichen identisch ablaufen und vergleichbare Wirkungen haben, spielt die Positionierungs-Strategie nur bei Segmentierung eine Rolle, da beim Paging wegen der gleichen Seitengröße alle freien Hauptspeicher-Seiten äquivalent sind.

Sei in einem System mit Segmentierung ein Hauptspeicher von m Worten verfügbar. Zu bestimmten Zeiten werden durch die Ersetzungs-Strategie Segmente aus dem Hauptspeicher entfernt, was zur Bildung von "Löchern" führt; zu anderen Zeiten werden durch die Lade-Strategie Segmente in irgendwelche Löcher geladen, was die Anzahl der Löcher

- erhöhen (bei Einfügung in die Mitte des Lochs)

- unverändert lassen (bei Einfügung am Rand des Lochs)

- oder erniedrigen (bei exakter Einfügung)

kann. Die erste dieser Möglichkeiten kann durch die Positionierungs-Strategie verhindert werden, die letzte tritt nur mit verschwindend kleiner Wahrscheinlichkeit auf. Auch Löschen eines Segmentes kann die Anzahl der Löcher

- erhöhen (falls das Segment von zwei Segmenten umgeben war)

- unverändert lassen (falls es von einem Segment und einem Loch umgeben war)

- erniedrigen (falls es von zwei Löchern umgeben war).

Im Gleichgewicht enthält der Hauptspeicher Löcher und Segmente in statistischer Verteilung ("checkerboarding"):

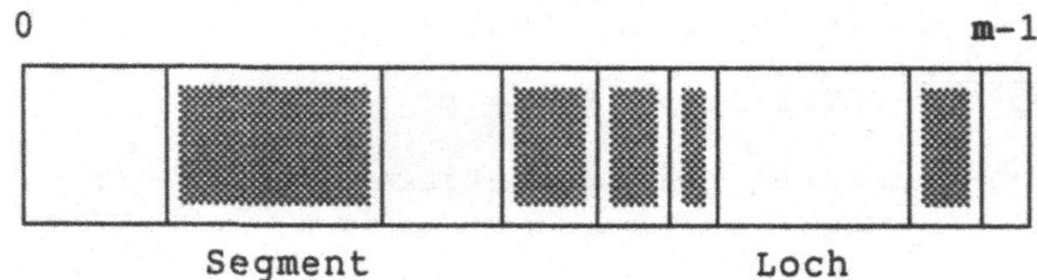

Fig. 5-12 Checkerboarding des Hauptspeichers

Dabei liegt im Gleichgewicht eine Verteilung vor, die folgenden Regeln genügt [10]:

o **50%-Regel** (Knuth): Falls im Gleichgewicht für großes n und h die Anzahl der Segmente n und die der Löcher h ist, so gilt:

$$h \approx n/2$$

Beweis: Die Wahrscheinlichkeit, daß ein Segment ein Loch als rechten Nachbarn hat, ist p = 0.5, da im Mittel die Hälfte der Operationen rechts neben diesem Segment Einfügungen und die Hälfte Löschungen sind. Die Anzahl der Segmente mit Löchern als rechten Nachbarn und damit die Anzahl der Löcher ist also n/2.

o **Regel über unbenutzten Speicher:** Falls die mittlere Größe der Segmente im Gleichgewicht s und die mittlere Größe der Löcher $\geq$ k*s für ein k > 0 ist, so ergibt sich für den Bruchteil f des Speichers, der von den Löchern eingenommen wird:

$$f \geq \frac{k}{k+2}$$

Beweis: Die Löcher belegen zusammen den Platz m - n*s, so daß die durchschnittliche Lochgröße x = (m-n*s) / h = 2/n * (m-n*s) ist. Aus x $\geq$ k*s folgt:

$$s * \frac{n}{m} \leq \frac{2}{k+2}$$

und damit

$$f = \frac{m - n*s}{m} = 1 - s * \frac{n}{m} \geq 1 - \frac{2}{k+2} = \frac{k}{k+2}$$

Dies hat zur Konsequenz, daß der Speicher umso schlechter ausgenutzt wird, je größere Löcher vorhanden sind, also je einfacher die Verwaltung des Speichers ist. Da jedoch meist die Varianz der Lochgrößen nicht unerheblich ist, kann in der Praxis oft k $\approx$ 1/4 und damit f $\approx$ 1/10 gehalten werden.

Die Funktion der Positionierungs-Strategie besteht in diesem Zusammenhang in der Auswahl eines Loches geeigneter Größe für die Abspeicherung eines neuen Segments. Hier sind vier Verfahren gebräuchlich:

- **"best fit":** Auswahl des kleinsten Loches, das das Segment aufnehmen kann [d.h. höchste Besteuerung für die Armen]; diese Strategie läßt einerseits große Löcher lange bestehen, während sie andererseits eine Vielzahl kleiner und nutzloser Überreste erzeugt.

- **"worst fit":** Auswahl des jeweils größten Loches [d.h. Besteuerung der Reichen, bis sie arm werden]; dieses Verfahren tendiert dazu, alle Löcher auf etwa die gleiche Länge zu bringen, die dann eventuell aber zu klein zur Aufnahme eines bestimmten Segmentes sein kann.

- **"first fit":** Auswahl des nächsten hinreichend großen Loches; dieses Verfahren liegt in seinem Verhalten zwischen den beiden anderen und ist eines der effizientesten überhaupt -

trotz seiner Einfachheit. Um zu verhindern, daß sich Löcher
bestimmter Größe an einer Stelle des Speichers häufen,
empfiehlt es sich hier, den Speicher als ringförmig aufgebaut
zu betrachten und jede neue Suche beim Ziel der vorherigen zu
beginnen.

- **"buddy system"**: Die Löcher werden in k Listen so einsor-
  tiert, daß die i-te Liste jeweils Löcher der Länge $> 2^i$ für
  i = 1,...,k enthält; dabei können zwei nebeneinanderliegende
  Löcher der i-ten Liste zu einem Loch der i+1-ten Liste
  zusammengefügt werden, und umgekehrt kann ein Loch der i-ten
  Liste in zwei gleichgroße Löcher der i-1-ten Liste aufgeteilt
  werden. Ein Loch der Länge $\geq 2^i$ kann mit folgendem Programm
  aufgefunden werden [10]:

```
procedure gethole(i)
        if i = k + 1 then < report failure > endif;
        if i-list empty then
            hole := gethole(i+1);
            < split hole into buddies >;
            < place buddies in i-list >;
        endif;
        gethole := first hole in i-list;
endprocedure;
```

5.3.2 Kompaktifizierung

Durch das Phänomen des "checkerboarding" kann es geschehen,
daß kein Platz für ein Segment bestimmter Größe verfügbar ist,
obwohl viele kleine Löcher vorhanden sind, deren Platz zusammen
durchaus hinreichend wäre. Durch Verschieben aller Segmente im
Speicher ließen sich alle Löcher zu einem großen Loch vereinigen,
das den benötigten Platz liefern könnte:

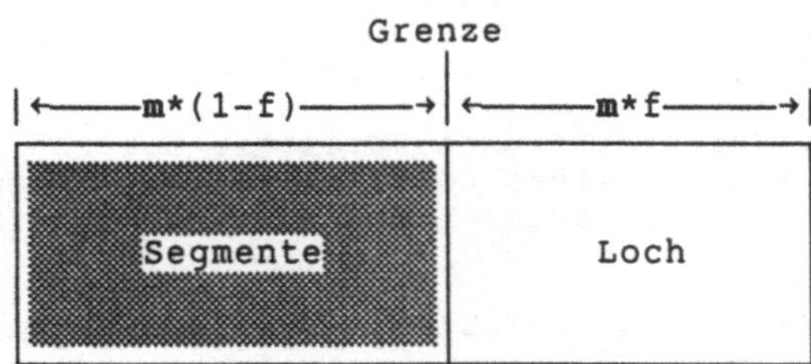

Fig. 5-13 Speicherbelegung nach einer Kompaktifizierung

Nach Simulationsergebnissen von Knuth tritt dieser Speicher-
überlauf bei Verwendung einer guten Positionierungs-Strategie
jedoch erst dann auf, wenn der Speicher sowieso schon fast voll
ist, also durch das Verschieben der Segmente, die sogenannte
"Kompaktifizierung" ("compaction") nur noch wenig gewonnen werden
kann [10]. Eine alternative Strategie zur Speicherverwaltung be-
stünde darin, Speicher linear in Folge wachsender Adressen an neue
Segmente zu vergeben und jedesmal dann eine Kompaktifizierung vorzunehmen, wenn das Ende des Hauptspeichers bei einer Zuweisung an

ein neues Segment erreicht oder überschritten würde. Man kann für dieses Verfahren eine Aufwandsabschätzung für die Kompaktifizierung durchführen:

o **Regel für Kompaktifizierung:** Wenn im Gleichgewicht ein Bruchteil f des Gesamtspeichers unbenutzt ist, die durchschnittliche Segmentgröße wieder s ist und wenn auf jedes Segment während seiner Existenz im Schnitt r mal zugegriffen wird, so gilt für den Bruchteil F der Zeit, die das System für Kompaktifizierung benötigt:

$$F \geq \frac{1 - f}{1 - f + \frac{f}{2} * \frac{r}{s}}$$

Der Beweis ergibt sich aus der durchschnittlichen Geschwindigkeit, mit der der Speicher gefüllt wird, und der Anzahl der Speicherzugriffe für das Verschieben der Segmente.

Falls also Kompaktifizierung einigermaßen effizient sein soll, impliziert sie eine nicht unbeträchtliche Speicherverschwendung, weshalb dieses Verfahren relativ selten angewendet wird.

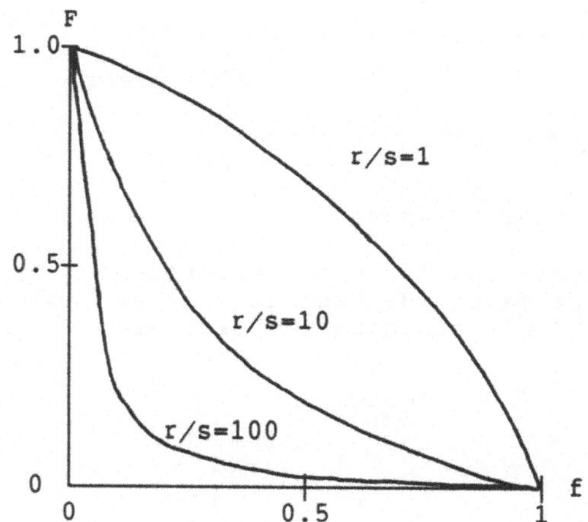

Fig. 5-14 Uneffizienz der Kompaktifizierung

5.3.3 Fragmentierung

Alle Systeme mit virtuellem Speicher lassen einen Teil des Hauptspeichers ungenutzt, der - aus verschiedenen Gründen - keinen virtuellen Adressen zugewiesen werden kann. Man bezeichnet dieses Phänomen als "Fragmentierung" und unterscheidet hier drei verschiedene Formen:

- **externe Fragmentierung** in Systemen mit Segmentierung: Segmenten, deren Länge die des größten Loches übersteigt, kann kein Speicher zugewiesen werden; die Wahrscheinlichkeit hierfür wächst mit der Segment-Länge:

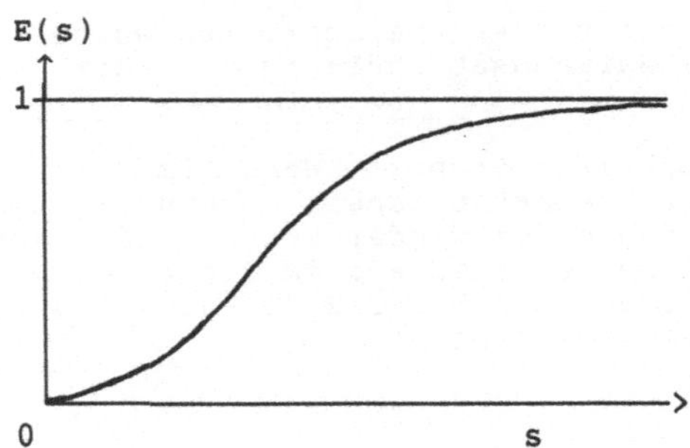

Fig. 5-15 Wahrscheinlichkeit externer Fragmentierung

- **interne Fragmentierung** in Paging-Systemen: Alle Speicheranforderungen müssen auf die nächste ganze Anzahl von Seiten aufgerundet werden; der Rest der letzten Seite, die nur zum Teil belegt ist, geht verloren:

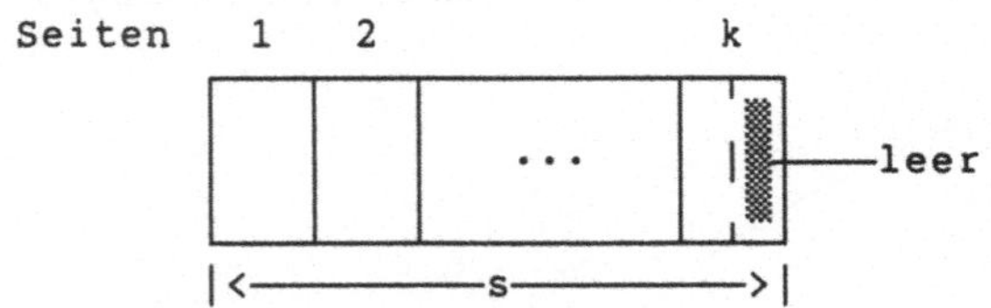

Fig. 5-16 Interne Fragmentierung

Die interne Fragmentierung ist ein wesentlicher Faktor zur Bestimmung der optimalen Blockgröße für das Paging, da sie mit dieser Größe und mit abnehmender mittlerer Segmentgröße anwächst:

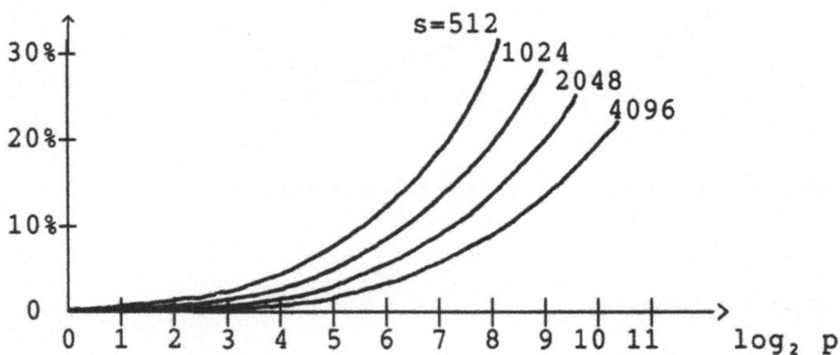

Fig. 5-17 Interne Fragmentierung und Seitenlänge

- **Tabellen-Fragmentierung** in allen Systemen: Hierunter ist der durch die Verwaltung des virtuellen Speichers bedingte Verlust an nutzbarem Speicher zu verstehen, der durch die Segment- bzw. Seiten-Tabellen verursacht wird; dieser Verlust wächst mit abnehmender Segment-/Loch- bzw. Seiten-Größe.

Simulationsergebnisse zeigen, daß externe Fragmentierung in einem reinen Segmentierungs-System gravierender ist als interne Fragmentierung in einem Paging-System [10], doch lassen sich diese Ergebnisse nicht ohne weiteres auf kombinierte Systeme übertragen. Durch geeignete Wahl der Seiten-Größe läßt sich der Einfluß der Fragmentierung in Paging-Systemen in Grenzen halten.

5.3.4 Einfluß der Seitenlänge

Der durch interne Fragmentierung verlorene Speicherplatz wächst mit der Seiten-Größe, so daß vom Standpunkt der Speicherausnutzung eine möglichst kleine Seitenlänge optimal wäre. Dem steht entgegen, daß für jeden Seitentransport ein bestimmter Overhead nötig ist, der auch bei kleinen Seiten nicht unterschritten werden kann, so daß die Effizienz des Seitentransports mit der Seiten-Größe wächst und daher eine möglichst große Seitenlänge optimal wäre. In dieselbe Richtung geht auch der Einfluß der Tabellen-Fragmentierung, der also ebenfalls große Seitenlängen zweckmäßig sein läßt. Es ist daher sehr wichtig, eine solche Seitenlänge zu wählen, daß insgesamt ein vernünftiger Kompromiß zustandekommt.

Nimmt man an, daß der Overhead zum Transport einer Seite so groß ist, daß er dem reinen Informationstransport (ohne Overhead) einer Seite von 512 Worten entspricht, so ergeben sich die folgenden Werte für die Speicherausnutzung und Transport-Effizienz in Abhängigkeit von Segment-Größe s und Seitenlänge p:

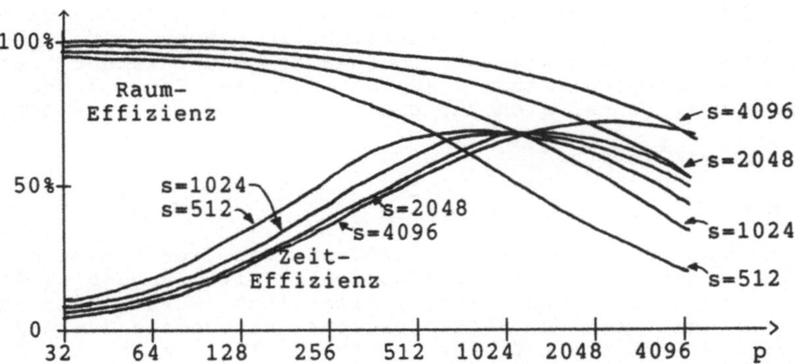

Fig. 5-18 Raum- und Zeit-Effizienz als Funktion der Seiten-Größe

In der folgenden Tabelle [19] bezeichnet k die durchschnittliche Anzahl Seiten pro Segment und q das Verhältnis der durchschnittlichen Segmentlänge s zum Transport-Overhead:

k	p	Int. Frag.	Raum-Eff.	Zeit-Effizienz				
				$q=1$	2	4	8	16
2	.50s	<20%	>80%	>53%	>60%	>67%	>72%	>76%
3	.33s	16	84	43	51	61	70	78
4	.25s	11	89	36	44	55	67	76
5	.20s	9	91	30	39	50	63	71
10	.10s	5	95	17	18	34	48	62

Fig. 5-19 Interne Fragmentierung und Effizienz

o **Resultat für optimale Seiten-Größe:** Sei p die Seitenlänge
und s die durchschnittliche Segmentlänge, c_1 die Kosten pro
Wort für Tabellen-Fragmentierung, c_2 die für interne Fragmentierung und $c := c_1/c_2$. Falls p << s, so gilt für die optimale Seitenlänge p*:

$$p* = \sqrt{2*c*s}$$

Beweis: Ein Segment belegt im Schnitt s/p Seiten, von denen
die letzte im Mittel nur halb gefüllt ist. Daraus ergibt
sich für den Erwartungswert der Gesamtkosten bei der Seiten-
Größe p:

$$E(C|p) = c_1 * \frac{s}{p} + c_2 * \frac{p}{2}$$

Aus Differentiation nach p und Auflösen nach p folgt das
gesuchte Ergebnis.

Falls es möglich ist, jeweils mehrere Segmente gemeinsam
- ohne auf Seitengrenzen Rücksicht zu nehmen - zu laden, und
falls im Mittel k Segmente so zusammengefaßt werden, erfolgt
interne Fragmentierung jeweils nur am Ende jedes k-ten
Segmentes, so daß sich für die optimale Seitenlänge der Wert

$$p* = \sqrt{2*c*k*s}$$

ergibt.

Nimmt man c = 1 und [k*]s $\leq$ 1000 an, was realistische Werte
sind, so ergibt sich für die optimale Seitenlänge p* $\leq$ 45, was
einigermaßen überraschend ist. Allerdings wurde bei dieser
Betrachtung der mit dem Seitentransport verbundene Overhead noch
nicht berücksichtigt. Dieser Overhead läßt sich durch die
Funktionen für die Übertragungszeit t_u für eine Seite ausdrücken:

- **Trommel/Festkopfplatte:** $\quad t_u = T * \left(\frac{1}{2} + \frac{p}{w}\right)$
  [T: Umdrehungszeit, w: Anzahl Worte pro Spur]

- **Platte:** $\quad t_u = t_a + T * \left(\frac{1}{2} + \frac{p}{w}\right)$
  [t_a: Arm-Positionierungs-Zeit]

- **Massenkernspeicher/(langsame) RAM-Disk:** $\quad t_u = t_c * p$
  [t_c: Zykluszeit des Massenkernspeichers/der RAM-Disk]

- **Extended core storage (ECS):** $\quad t_u = t_i + t_p * \frac{p}{v}$
  [t_i: Initialisierungszeit, v: Anzahl je Hauptspeicher-Zyklus
  t_p übertragbarer Worte]

Für typische Werte dieser Größen, nämlich:

T = 16 ms für Trommel, 30 ms für Platte
w = 4000, ta = 100 ms, tc = 10 μs, tp = 1 μs
ti = 3 μs und v = 10

ergeben sich folgende Untergrenzen für die Zugriffszeit t_u:

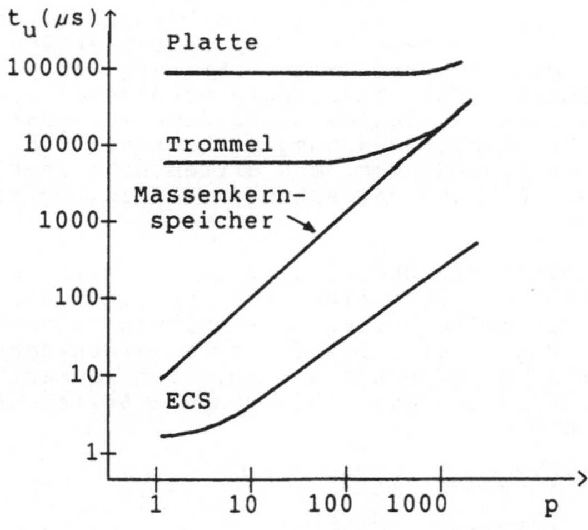

Fig. 5-20 Untergrenzen für Transportzeiten

Daraus ergeben sich die folgenden Obergrenzen für die Transport-Effizienz

$$e := \frac{t}{t_u} \quad [\text{t: echte Übertragungszeit}]$$

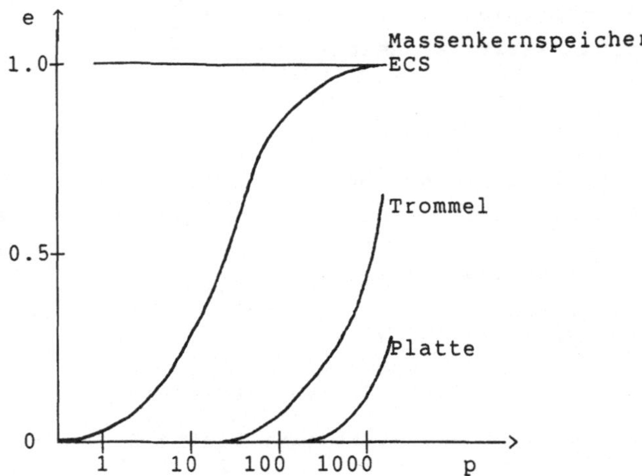

Fig. 5-21 Obergrenzen für die Transport-Effizienz

Diese Ergebnisse zeigen, daß Platten generell ineffizient arbeiten und daß auch Trommeln erst bei Seiten-Größen effizient werden, bei denen die interne Fragmentierung zu schlechter Speicherauslastung führt. Massenkernspeicher dagegen sind für die Abspeicherung sehr großer virtueller Adreßräume zu teuer und heute auch nur mehr für Sonderanwendungen gebräuchlich. Dagegen beginnen RAM-Disks für Anwendungen, die extrem hohe zeitliche Anforderungen an eine Speicherverwaltung stellen, interessant zu werden.

Eine mögliche Lösung zur Überwindung der Diskrepanz zwischen der für Fragmentierung optimalen kleinen und der für die Transport-Effizienz optimalen großen Seitenlänge könnte "partitionierte Segmentierung" sein, bei der zwei verschiedene Seitenlängen P und p mit P >> p verwendet werden. Ein Segment der Länge s würde dann aus K Seiten der Länge P und k Seiten der Länge p zusammengesetzt, so daß

$$K*P \leq s < (K+1)*P$$

$$k*p < s - K*P \leq (k+1)*p$$

mit $K+k \geq 1$ gilt. Interne Fragmentierung erfolgt dann nur in einer Seite der Länge p, während die Seitenlänge P die Charakteristika des Hintergrundspeichers berücksichtigen könnte. Eine Implementierung dieses Verfahrens hätte etwa folgenden Aufbau:

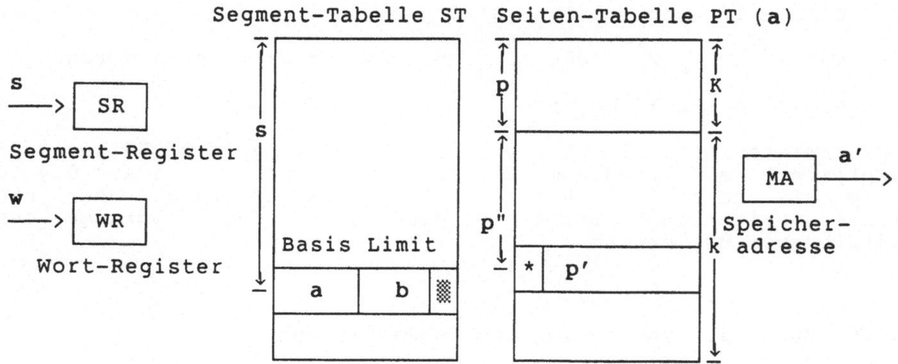


```
Ablauf: SR := s; WR:= w;     ! Seitenlängen 2^Z bzw. 2^Z
        if <ST[s]> empty then < missing segment fault > endif;
        if w > b then < overflow fault > endif;
        p := w<k-1:Z>; p" := 0; w' := w<Z-1:0>;
        if <PT(a)[p]> marked by * then
            p" := w<Z-1:z>; w' := w<z-1:0>;
        endif;
        if <PT(a)[p+p"]> empty then
            < missing page fault >
        endif;
        p' := <PT(a)[p+p"]>; MA := p' + w';
```

Fig. 5-22 Partitionierte Segmentierung

Damit dieses Verfahren effizient sein könnte, müßte jedoch allgemein $s \gg P$ sein, was meist nicht der Fall ist, so daß wohl nur das Warten auf neuere Speicher-Technologien zur Lösung des Problems der effizienten Implementierung virtuellen Speichers übrigbleibt. Dem steht jedoch entgegen, daß die Geschwindigkeit des Hauptspeichers in den letzten Jahren schneller gewachsen ist als die der Sekundärspeicher.

5.3.5 Der Kompressionsfaktor

Während eines Programmlaufes wird im allgemeinen nicht auf alle Worte eines Programms zugegriffen, da zum Beispiel bestimmte Programmstücke nicht angesprungen und daher nicht ausgeführt werden. Besteht ein Programm aus n Worten, so wird normalerweise nur auf n' dieser Worte (mit n' < n) zugegriffen, während n - n' Worte für diesen Programmlauf eigentlich überflüssig sind. Bei Paging-Systemen mit kleiner Seitenlänge besteht einige Wahrscheinlichkeit, daß ein Teil dieser überflüssigen Worte isoliert auf Seiten steht, auf die nie zugegriffen wird, so daß diese Seiten nie in den Hauptspeicher geladen werden müssen. Man kann daher für einen bestimmten Programmlauf und eine gegebene Seiten-Größe p einen Kompressionsfaktor c(p) als Verhältnis der tatsächlich benutzten Seiten zur Gesamtzahl aller Seiten definieren. Dabei gilt:

$$c(n) = 1 \quad \text{und} \quad c(1) = n'/n$$

Für $2^5 \leq p \leq 2^{11}$ läßt der Kompressionsfaktor sich durch

$$c(p) = a + b * \log_2 p$$

approximieren mit $0.1 \leq b \leq 0.15$ ($\rightarrow$ Halbierung der Seiten-Größe komprimiert ein Programm um 10 - 15 %) und $0.1 < a < 0.4$ für $1 < p < 32$ und $c(p) > 0.8$ für $p \geq 512$. Daraus folgt, daß eine kleine Seitenlänge starke Kompression vieler Programme ohne Effizienzverlust erlaubt.

5.3.6 Vergleich von Paging und Segmentierung

Ein Vergleich aller Aspekte eines virtuellen Speichers für Systeme mit Paging und solche mit Segmentierung ergibt klare Überlegenheit des Paging außer bei der internen Fragmentierung, die jedoch durch geeignete Wahl der Seitengröße kontrolliert werden kann:

Faktor	Paging	Segmentierung
Segmentierter Namensraum	möglich	möglich
Speicherzugriffe je Referenzierung:		
1. mit Paging	2	–
2. mit Segmentierg.	–	2
3. mit beiden	3	–
4. mit Assoziativspeicher	≈ 1	≈ 1
Ersetzungs-Strategie	erforderlich	erforderlich
Lade-Strategie	üblicherweise demand	üblicherweise demand
Positionierungs-Str.	erforderlich, einfach	erforderl., kompliz.
Kompaktifizierung	nicht erforderlich	optional, von geringer Bedeutung
ext. Fragmentierung	keine	ja; kontr. durch Position.-Strateg. und $m > s$
int. Fragmentierung	ja; kontr. durch Seitenlänge	keine
Tabellen-Fragment.	ja	ja
Kompressionsfaktor	<< 1 für kleine Seitenlänge	normalerweise 1

Fig. 5-23 Vergleich von Paging und Segmentierung

Da gleichzeitig Paging von der Hardware einfacher und effizienter unterstützt werden kann als Segmentierung, stellt dieses Verfahren die am meisten verwendete Implementierungsform für virtuellen Speicher dar.

5.3.7 Einfluß der Lade-Strategie

Um Lade- und Ersetzungs-Strategie genauer beschreiben zu
können, empfiehlt sich die Einführung einer etwas formaleren
Schreibweise [7] für den Vorgang des Seiten- (oder Segment-)
Wechsels. Dazu wird jedem Programm ein sogenannter "Referenz-
String" ("reference string")

$$\omega = r[1]r[2]...r[t]...$$

zugeordnet; hierbei bezeichnet $r[t] \in N$ den Zugriff auf die Seite
r des Adreßraums N zur Zeit $t \geq 1$. Die echte Zeit, die zwischen
zwei Zugriffen $r[t]$ und $r[t+1]$ vergeht, ergibt sich als tp, falls
die betreffende Seite im Hauptspeicher steht, und als $\geq$ ts + tp
$\approx$ ts sonst. Erzeugt ein gegebener Referenz-String ω insgesamt f
Zugriffe auf Seiten, die nicht im Hauptspeicher stehen ("Seitenfehler", "page faults"), so ergibt sich eine "Fehlerrate" ("fault
rate") von:

$$F(\omega) = f \ / \ L(\omega)$$

wobei $L(\omega)$ die Länge von ω, d.h. die Gesamtzahl der Zugriffe in ω
bezeichnet. Für den Erwartungswert $E(tv)$ der Zeit für einen
Zugriff auf den virtuellen Speicher ergibt sich dann:

$$E(tv) = tp * (1-F(\omega)) + (ts+tp) * F(\omega)$$

$$= tp * (1 + d*F(\omega)),$$

wobei d das Verhältnis der Zugriffszeiten $ts/tp \geq 10^4$ ist. Um ein
effizientes System zu erhalten, muß daher $F(\tilde{\omega})$ möglichst klein
sein.

Jedem Referenz-String $\omega = r[1]r[2]...r[t]...$ entspricht eine
Folge von Speicherzuständen $S[0]S[1]S[2]...S[t]...$, ausgehend von
einem Anfangszustand $S[0]$. Dabei ist jeder Zustand $S[t]$ bestimmt
durch die Menge der Seiten aus N, die sich zur Zeit t im Hauptspeicher M befinden; es gilt für alle $t \geq 0$:

$$S[t] \subseteq N \ ; \ |S[t]| \leq \min(m,n) \ ; \ r[t] \in S[t]$$

Im allgemeinen nimmt man $S[0] = \emptyset$ an. Der Übergang von einem
Speicherzustand zum nächsten wird bestimmt durch:

$$S[t] = S[t-1] + X[t] - Y[t]$$

Dabei ist

$$X[t] \subseteq N \setminus S[t-1]$$

die Menge der geladenen Seiten und

$$Y[t] \subseteq S[t-1]$$

die Menge der ersetzten alten Seiten. Ein Paging-Algorithmus kann
(in vereinfachter Form) beschrieben werden durch eine Übergangs-
funktion

$$\gamma(S,x) = S' \quad \text{mit } x \in S',$$

die aus einem Zustand S bei Vorliegen eines Zugriffs x einen neuen Zustand S' erzeugt. Dadurch kann über

$$\gamma(S[t-1],r[t]) = S[t] \quad \text{für } t \geq 1$$

die Folge der Speicherzustände erzeugt werden.

Man bezeichnet einen Algorithmus als "Demand-Paging", wenn für alle $m > 0$ aus $\gamma(S,x) = S'$ folgt:

$$S' = \begin{cases} S & \text{falls} \quad x \in S \\ S + x & \text{falls} \quad x \notin S \quad \text{und} \quad |S| < m \\ S + x - y & \text{falls} \quad x \notin S \quad \text{und} \quad |S| = m \end{cases}$$

Damit gilt insbesondere:

$$0 \leq |Y[t]| \leq |X[t]| \leq 1 \quad \text{für alle } t.$$

Durch die Eigenschaft eines Algorithmus, Demand Paging zu verwenden, ist die Lade-Strategie dieses Algorithmus völlig festgelegt; offen ist lediglich noch die Ersetzungs-Strategie, die die Auswahl der zu ersetzenden Seite

$$y = R(S,x)$$

bestimmt.

Um die Effizienz von Demand-Paging-Algorithmen abschätzen zu können, muß man die Kosten $h(k)$ für den Hintergrundtransport von k Seiten kennen. Dabei sei angenommen, daß gilt:

$$h(0) = 0 \quad \text{und} \quad h(k) \geq h(1) = 1$$

In der Praxis kann man außerdem noch annehmen, daß $h(k)$ mit k (schwach) monoton wächst. Die Gesamtkosten für die Abarbeitung eines Referenz-Strings nach einem beliebigen Paging-Algorithmus A ergeben sich dann als:

$$C(A,m,\omega) = \sum_{t=1}^{T} h(|X[t]|)$$

Für einen Demand-Paging-Algorithmus D gilt wegen $|X[t]| \leq 1$:

$$C(D,m,\omega) = \sum_{t=1}^{T} |X[t]|$$

Ein Algorithmus A ist dann als optimal zu bezeichnen, wenn er $C(A,m,\omega)$ für alle m und ω minimiert, was in der Praxis bedeutet, daß er den Erwartungswert $C(A,m)$ über eine gegebene Verteilung der ω minimieren muß.

Satz: Für $h(k) \geq k$ gibt es zu jedem Algorithmus A einen Demand-Paging-Algorithmus D, so daß für alle m und ω gilt:

$$C(D,m,\omega) \leq C(A,m,\omega).$$

Der Beweis beruht darauf, daß jede von D geladene Seite auch von A
geladen werden muß.

Die Voraussetzung zu diesem Satz, daß nämlich $h(k) \geq k$ ist,
wird von Massenkernspeichern, RAM-Disks und vom Hauptspeicher
selbst (in Bezug auf Cache-Speicher) erfüllt, so daß hier der
Einsatz von Demand-Paging-Algorithmen zweckmäßig ist.

Für Platten oder Trommeln als Hintergrundspeicher gilt
dagegen im allgemeinen wegen der Latenzzeiten für Positionierung
und Rotation $h(k) < k$. In diesem Fall existiert keine einfache
Bedingung dafür, wann es einen optimalen Demand-Paging-Algorithmus
gibt, so daß hier andere Lade-Strategien zweckmäßig sein können.
Gebräuchlich sind hier folgende Verfahren:

- <u>Prepaging</u>: Laden von Seiten, von denen für die Zukunft ein
  <u>Zugriff</u> vermutet wird

- <u>Swapping</u>: Übertragung eines ganzen Adreßraumes/Segments mit
  <u>einem</u> einzigen Hintergrundzugriff; bei Ablage in nicht
  konsekutive Seiten des Hauptspeichers spricht man hier von
  "Scatter-Gather-Technik"

- <u>Page-Clustering</u>: Übertragen jeweils mehrerer Seiten zusammen

Analytische Ergebnisse über das Verhalten dieser Verfahren liegen
nicht vor.

5.3.8 Einfluß der Ersetzungs-Strategie

Zur formalen Beschreibung [7] der Auswahl einer Seite durch
die Ersetzungs-Strategie ist es zweckmäßig, die beiden folgenden
Größen einzuführen:

- Der "<u>Vorwärts-Abstand</u>" ("forward distance") $d[t](x)$ einer
  Seite x zur Zeit t ist der zeitliche Abstand zum nächsten
  Zugriff auf x nach dieser Zeit t:

$$d[t](x) = k, \text{ falls } r[t+k] \text{ das erste Vorkommen von } x \text{ in}$$
$$r[t+1]r[t+2]\ldots \text{ ist}$$

$$= \infty, \text{ falls } x \notin r[t+1]r[t+2]\ldots$$

- Analog bezeichnet der "<u>Rückwärts-Abstand</u>" ("backward
  distance") $b[t](x)$ den zeitlichen Abstand zum letzten Zugriff
  auf x:

$$b[t](x) = k, \text{ falls } r[t-k] \text{ das letzte Vorkommen von } x \text{ in}$$
$$r[1]\ldots r[t] \text{ ist}$$

$$= \infty, \text{ falls } x \notin r[1]\ldots r[t]$$

Damit lassen sich die folgenden Ersetzungs-Strategien formulieren:

- LRU ("least recently used"): y ist die Seite mit dem größten
  $\overline{\text{R}}$ückwärts-Abstand:

$$R(S,x) = y \;\leftrightarrow\; b[t](y) = \max_{z \in S} \{ b[t](z) \}$$

- B_0 ("Belady's optimaler Algorithmus"): y ist die Seite mit
  $\overline{\text{d}}$em größten Vorwärts-Abstand:

$$R(S,x) = y \;\leftrightarrow\; y = \min_{z \in S*} \{ z \}$$

$$\text{mit } S* := \left\{ z \in S \mid d[t](z) = \max_{u \in S} \{ d[t](u) \} \right\}$$

(Die Auswahlregel für z stellt keine Einschränkung dar, weil
gilt:

$$d[t](z) = d[t](z') \wedge z \neq z' \rightarrow d[t](z) = \infty)$$

- LFU ("least frequently used"): y ist die Seite, auf die am
  $\overline{\text{w}}$enigsten zugegriffen wurde; falls mehrere Seiten diese
  Eigenschaft haben, wird unter diesen nach dem LRU-Verfahren
  ausgewählt:

$$R(S,x) = y \;\leftrightarrow\; b[t](y) = \max_{z \in S*} \{ b[t](z) \}$$

$$\text{mit } S* := \left\{ z \in S \mid f[t](z) = \min_{u \in S} \{ f[t](u) \} \right\}$$

wobei f[t](x) die Anzahl der Zugriffe auf x in r[1]...r[t]
bezeichnet.

- FIFO ("first in - first out"): y ist die Seite, die die
  $\overline{\text{l}}$ängste Zeit im Hauptspeicher war:

$$R(S,x) = y \;\leftrightarrow\; g[t](y) = \min_{z \in S} \{ g[t](z) \}$$

mit

$$g[t](z) = i \;\leftrightarrow\; i = \max_{j \leq t} \{ S[j]-S[j-1] = r[j] = z \}$$

- LIFO ("last in - first out"): y ist die Seite, die die kür-
  $\overline{\text{z}}$este Zeit im Hauptspeicher war:

$$R(S,x) = y \;\leftrightarrow\; g[t](y) = \max_{z \in S} \{ g[t](z) \}$$

Während die Algorithmen LRU, LFU, FIFO und LIFO ihre Auswahl
ohne Berücksichtigung von r[t+1]r[t+2]... treffen ("non-look-
ahead"), erfordert der Algorithmus B_0 die Kenntnis der zukünftigen
Referenzen ("lookahead") und wird daher als "nicht realisierbar"
bezeichnet. Dieser Algorithmus stellt jedoch ein wichtiges Maß
für die Güte aller Ersetzungs-Strategien dar, weil gilt:

Satz: Der Algorithmus B_0 minimisiert $C(A,m,\omega)$ für alle m und ω.

Um vom nicht realisierbaren Algorithmus B_0 zu einem realisierbaren Algorithmus zu kommen, ersetzt man üblicherweise die echten Vorwärts-Abstände der einzelnen Seiten durch die Erwartungswerte dieser Abstände. Eine Reihe der wichtigsten Paging-Algorithmen unterscheidet sich nur in den Annahmen, die zur Bestimmung dieser Erwartungswerte gemacht werden. Nimmt man etwa

$$E(d[t](x)) = b[t](x)$$

an, so ergibt sich genau der LRU-Algorithmus. Algorithmen, die auf diese Art versuchen, den optimalen Algorithmus B_0 zu approximieren, zeigen in der Praxis - abgesehen von Spezialfällen wie etwa vorherrschendem Datenbank-Betrieb - nahezu optimales Verhalten.

Man kann die Fehlerwahrscheinlichkeit $f(A,m)$ eines Algorithmus A aus den Fehlerraten $F(A,m,\omega)$ für die einzelnen, mit einer Wahrscheinlichkeit $Pr[\omega]$ vorkommenden Referenz-Strings ω bestimmen:

$$f(A,m) = \sum_{\omega} \frac{Pr[\omega]}{L(\omega)} * F(A,m,\omega)$$

Dabei zeigt sich, daß für einigermaßen "sinnvolle" Alogorithmen die Funktionen $f(A,m)$ in der Nähe der optimalen Funktion $f(B_0,m)$ liegen:

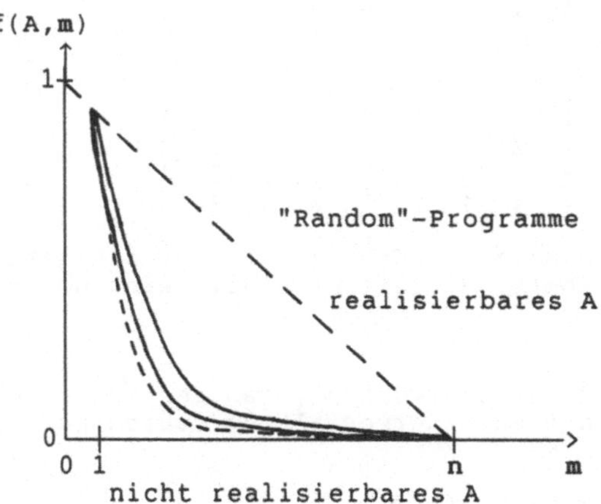

Fig. 5-24 Fehlerwahrscheinlichkeit

Speziell zeigt sich hier, daß diese Funktionen wesentlich stärker von m als von A abhhängen, so daß die Auswahl der richtigen Hauptspeichergröße m auf das Verhalten eines virtuellen Systems einen erheblich größeren Einfluß hat als die Auswahl des Ersetzungs-Algorithmus A; eine sinnvolle Auswahl von m ergibt Werte in der Größenordnung von $n/2$, wobei n die Größe des von einem relativ großen Programm tatsächlich belegten Speichers bezeichnet. Insbesondere fällt auf, daß sich die beobachteten

Fehlerwahrscheinlichkeiten sehr stark von der Wahrscheinlichkeit

$$f(R,m) = \frac{n - m}{n}$$

einer Gleichverteilung der Zugriffe auf alle Seiten des Adreßraums unterscheiden; diese Eigenschaft existierender Programme wird im Abschnitt 5.4.1 noch besonders betrachtet werden.

5.3.9 Das Erweiterungs-Problem

Von einem gutartigen Paging-Algorithmus erwartet man, daß er die mittlere Anzahl von Seitenfehlern verringert, wenn man den Hauptspeicher vergrößert:

$$\bigwedge_{\omega} \bigwedge_{m} F(A,m+1,\omega) \leq F(A,m,\omega)$$

Diese Bedingung braucht nicht in jedem Fall zu gelten, wie das folgende Beispiel für den FIFO-Algorithmus zeigt:

Für $N = \{1,2,3,4,5\}$ und $\omega = 123412512345$ ergibt FIFO folgende Speicherzustände für $m = 3$:

```
1  1  1  2  3  4  1  1* 1* 2  5  5*
2  2  3  4  1  2  2  2  5  3  3
3  4  1  2  5  5  5  3  4  4
```

und für $m = 4$:

```
1  1  1  1  1* 1* 2  3  4  5  1  2
2  2  2  2  2  3  4  5  1  2  3
3  3  3  3  4  5  1  2  3  4
4  4  4  5  1  2  3  4  5
```

Dabei sind Zustände ohne Seitenfehler durch * gekennzeichnet; $m = 3$ ergibt somit 9 Seitenfehler, während $m = 4$ zu 10 Fehlern führt.

Dieses Verhalten ist unerwünscht, da es zu einem unzuverlässigen Arbeiten der Speicherverwaltung führen kann. Setzt man jedoch voraus, daß

$$\bigwedge_{1\leq m<n} \bigwedge_{\omega} S(A,m,\omega) \subseteq S(A,m+1,\omega)$$

für die Speicherzustände $S(A,m,\omega)$ gilt, so kann ein Zugriff auf eine Seite x nur dann für m+1 zu einem Seitenfehler führen, wenn

$$x \notin S(A,m+1,\omega)$$

gilt. Daraus folgt aber auch:

$$x \notin S(A,m,\omega) \,,$$

also ein Seitenfehler für m, so daß die Kosten und die Fehlerrate

monoton mit **m** fallen. Man bezeichnet Algorithmen, die die obige
Einschließungseigenschaft haben, als "Stack-Algorithmen"; Hierzu
gehören B_0, LRU, LFU und LIFO, nicht jedoch FIFO, wie das folgende
Beispiel zeigt:

ω :	1	2	3	4	1	2	5
m = 3	1	2	3	4	1	2	5
		1	2	3	4	1	2
			1	2 ·	3	4	1
m = 4	1	2	3	4	4	4	5
		1	2	3	3	3	4
			1	2	2	2	3
				1	1	1	2

Fig. 5-25 Beispiel von Speicherzuständen bei FIFO-Strategie

Bezeichnet man den Stack als s(w), wobei die einzelnen Komponenten $s_i(\omega)$ definiert sind durch

$$\{s_i(\omega)\} = S(i,\omega) - S(i-1,\omega)$$

mit

$$S(0,\omega) = \varnothing \ ,$$

so läßt sich zu jedem Referenz-String r[1]...r[t] eine Folge von
Stacks konstruieren, so daß die Speicherzustände durch die jeweils
m ersten Elemente der Stacks gegeben sind. Man kann dann den
"Stack-Abstand" $D_x(\omega)$ einer Seite x als Position von x im Stack
s(w) definieren:

$$D_x(\omega) = k, \text{ falls } s_k(\omega) = x$$

$$= \infty, \text{ falls } x \notin s(\omega)$$

Stack-Algorithmen sind durch folgende Eigenschaften zu
charakterisieren:

- Die Seite, auf die zuletzt zugegriffen wurde, ist ganz oben
  im Stack:

$$D_x(\omega x) = 1$$

Fig. 5-26 Beispiel für $D_x(\omega x) = 1$

- Seiten, auf die nicht zugegriffen wird, bewegen sich nie im Stack nach oben:

$$y \neq x \;\Rightarrow\; D_y(\omega) \leq D_y(\omega x)$$

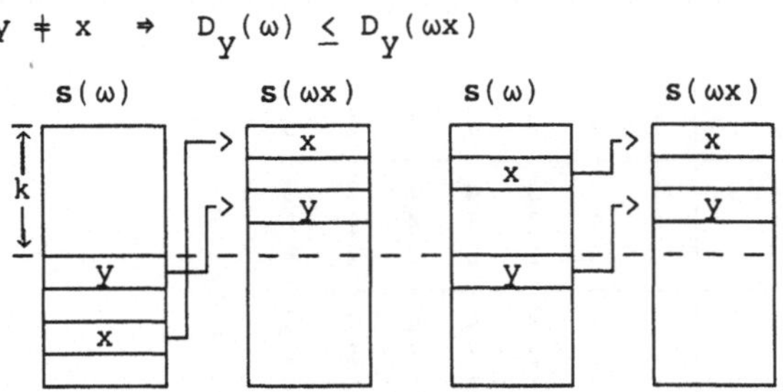

Fig. 5-27 Beispiel für $D_y(\omega) \leq D_y(\omega x)$

Begründung: Beide hier gezeigten Übergänge sind unter Demand-Paging nicht möglich (man nehme als Speichergröße gerade **m** = k)!

- Seiten unterhalb der Seite, auf die zugegriffen wurde, verändern ihre Position im Stack nicht:

$$D_x(\omega) < k \;\Rightarrow\; s_k(\omega x) = s_k(\omega)$$

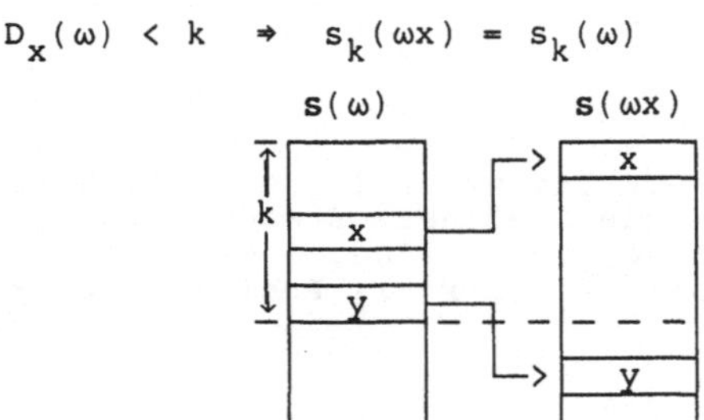

Fig. 5-28 Beispiel für $s_k(\omega x) = s_k(\omega)$

Begründung: Da die Seite y nicht nach oben kommen kann, müßte sie tiefer in den Stack wandern, wenn sie ihre Position verändern sollte; dies hätte aber die - bei Demand-Paging verbotene - Konsequenz, daß eine andere Seite z hochwandern müßte.

Damit ergibt sich folgendes Gesamtbild für das Verhalten der Seiten im Stack:

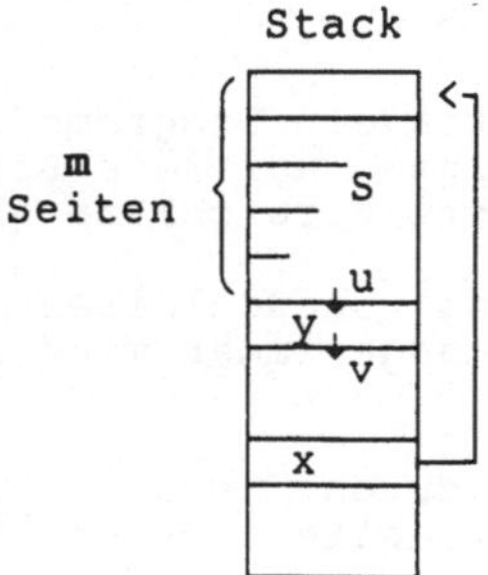

Fig. 5-29 Bewegung der Seiten im Stack

Somit gilt der

Satz: Ein Algorithmus ist genau dann ein Stack-Algorithmus, wenn gilt:

$$x \notin S + y \Rightarrow R(S+y,x) = R(s,x) \text{ oder } = y.$$

Dabei gilt die zweite Alternative genau dann, wenn die Seite y auf Position **m** im Stack steht, d.h. $D_y(\omega x) = m$. Wählt man

$$R(S,x) = \min_{s} \{ S \},$$

so läßt sich folgendermaßen für $D_x(\omega) = m$ der neue Zustand $s_i(\omega x)$ des Stacks bestimmen:

$$
\begin{aligned}
s_i(\omega x) &= x && \text{für } i = 1 \\
&= \max \left\{ s_i(\omega), \min_{s}\{S(i-1,\omega)\} \right\} && \text{für } 1 < i < m \\
&= \min_{s} \{ S(i-1,\omega) \} && \text{für } i = m \\
&= s_i(\omega) && \text{für } i > m
\end{aligned}
$$

5.4 DAS WORKING-SET-MODELL

5.4.1 Lokalität

Der große Unterschied, der sich zwischen der Fehlerwahrscheinlichkeit realistischer Programme und der für gleichverteilten Zugriff ergibt, weist auf eine sehr wesentliche Eigenschaft der meisten Programme hin: die "<u>Lokalität</u>" ("locality"). Man versteht darunter das Verhalten eines Programms, innerhalb einer bestimmten Zeit seine Zugriffe auf eine Teilmenge aller Seiten des Adreßraums zu konzentrieren. Diese Teilmenge verändert sich zwar während der Ausführung des Programms, doch erfolgt die Änderung nur langsam. Für dieses Verhalten sind hauptsächlich zwei Ursachen verantwortlich:

- **Kontext:** Zu jeder Zeit arbeitet ein Programm in einem seiner
  Moduln; alle Zugriffe erfolgen auf die Befehle und Daten
  dieses Moduls sowie auf von dort erreichbare globale Daten.

- **Schleifen:** Bei der Abarbeitung von Schleifen wird oft lange
  Zeit auf eine bestimmte Datenmenge immer wieder zugegriffen.

Man kann dieses Verhalten durch eine "Referenzdichte"
("reference density") a[i](t) jeder Seite i beschreiben:

$$a[i](t) = Pr[\ r[t] = i\ ] \quad \text{für } i \in N$$

mit

$$0 \leq a[i](t) \leq 1 \ ; \quad \sum_{i=1}^{n} a[i](t) = 1$$

Die Seiten eines Programms lassen sich nun zu jeder Zeit t so
anordnen (in Form einer Permutation $R(t) = (j_1, j_2, \ldots, j_n)$), daß
gilt:

$$a[j_1](t) \geq a[j_2](t) \geq \ldots \geq a[j_n](t)$$

Diese "Rang-Permutationen" ("rankings") werden als "strikt" bezeichnet, wenn gilt:

$$a[j_1](t) > a[j_2](t) > \ldots > a[j_n](t)$$

Eine "Rang-Änderung" erfolgt, wenn

$$R(t) \neq R(t-1)$$

ist, und die "Lebensdauer" einer Rang-Permutation ("ranking
lifetime") ist die Zeit zwischen zwei Rang-Änderungen. Diese
Lebensdauer ist lang, wenn sich die a[i](t) nur langsam mit t
ändern. Daher gilt nach dem oben Gesagten im allgemeinen das

Lokalitäts-Prinzip: Die Rang-Permutationen sind strikt, und die
Erwartungswerte ihrer Lebensdauer sind hoch.

Dieses Prinzip gilt für Referenzstrings, die die folgenden
Eigenschaften besitzen:

- Zu jeder Zeit verteilt ein Programm seine Zugriffe in nicht
  gleichförmiger Weise über seine Seiten.

- Die Korrelation zwischen den Zugriffsmustern für unmittelbare
  Vergangenheit und unmittelbare Zukunft ist im Mittel hoch,
  und die Korrelation zwischen nicht überlappenden Referenz-
  Substrings geht mit wachsendem Abstand zwischen ihnen gegen
  0.

- Die Referenzdichten der einzelnen Seiten ändern sich nur
  langsam, d.h. sie sind quasi stationär.

Es muß hier betont werden, daß Programme zwar im allgemeinen diese Eigenschaften besitzen, daß aber ohne weiteres einzelne Programme das Lokalitäts-Prinzip verletzen können, so daß die folgenden Betrachtungen nicht oder nur mit Einschränkungen auf sie anwendbar sind.

5.4.2 Das Working-Set-Prinzip

Aus dem Lokalitäts-Prinzip ergibt sich der Begriff des "Working Set" $W(t,T)$ eines Programms:

Definition: Der <u>Working Set</u> eines Programms zur Zeit t ist die Menge

$$W(t,T) = \{ i \in N \mid i \in r[t-T+1]...r[t] \}$$

der Seiten, auf die im Zeitintervall $(t-T,t]$ zugegriffen wurde. Man bezeichnet T als "Working-Set-Parameter".

Eine Seite befindet sich im Working Set, falls einer der letzten T Zugriffe auf sie erfolgte, d.h.

$$\sum_{j=t-T+1}^{t} a[i](j) \geq 1$$

Daraus läßt sich ein Wert für T bestimmen, wenn man etwa verlangt, daß Seiten mit $a[i](t) < a_0$ für gegebenes a_0 nicht mehr im Working Set enthalten sein sollten; man kann dann etwa $T = 1/a_0$ wählen. Der Working Set enthält somit die für den Augenblick jeweils "wesentlichsten" Seiten; für dem Lokalitäts-Prinzip genügende Programme ändert er sich nur langsam. Da einerseits Seiten mit hoher Referenzdichte einen kleinen Erwartungswert $E(d[t](x))$ für den Vorwärts-Abstand haben und da andererseits genau diese Seiten mit hoher Wahrscheinlichkeit dem Working Set angehören, gilt das

Working-Set-Prinzip: Wenn eine Speicherverwaltung so aufgebaut ist, daß

- ein Programm genau dann lauffähig gesetzt wird, wenn sein ganzer Working Set im Hauptspeicher liegt, und

- keine Seite aus dem Working Set eines laufenden Programms aus dem Hauptspeicher entfernt werden darf,

dann approximiert diese Speicherverwaltung für die dem Lokalitäts-Prinzip genügenden Programme den optimalen Ersetzungs-Algorithmus [10,11].

Dieses Prinzip stellt keine reine Speicherverwaltung mehr dar; es impliziert eine starke Korrelation zwischen Prozessor-Zuteilung und Speicherverwaltung und stellt daher eine umfassende Scheduling-Strategie dar.

5.4.3 Eigenschaften von Working Sets

Sei w(T) der Erwartungswert der Größe des Working-Set:

w(T) := E(|W(t,T)|)

Dann gilt für T $\geq$ 1:

- trivialerweise: 1 $\leq$ w(T) $\leq$ min { n,T }

- w(T) ist schwach monoton wachsend: w(T) $\leq$ w(T+1)

- w(T) ist konkav: w(T-1) + w(T+1) $\leq$ 2 * w(T)

  [**Beweis:** Diese Aussage ist äquivalent mit:

  w(2*T) $\leq$ 2*w(T)

  Wegen: W(t,2*T) = W(t,T) $\cup$ W(t-T,T)

  gilt: E(|W(t,2*T)|) $\leq$ E(|W(t,T)|) + E(|W(t-T,T)|)

  = 2 * E(|W(t,T)|)

  letzteres, weil die Erwartungswerte zeitunabhängig sind.]

Damit hat die Funktion w(T) etwa die folgende Form:

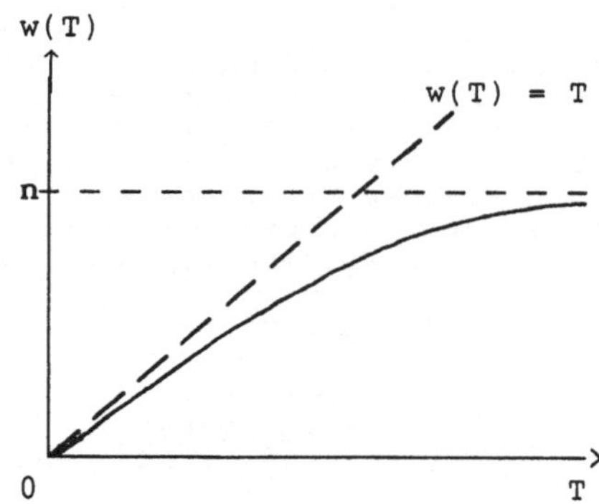

Fig. 5-30 Erwartungswert der Working-Set-Größe

Die Wahrscheinlichkeit g(T) für einen Seitenfehler läßt sich sehr einfach aus der Funktion w(T) bestimmen. Erhöht man nämlich zur Zeit t den Working-Set-Parameter T um 1, so wird ein weiterer Zugriff r[t-T] in den Working Set einbezogen. Die Größe des Working Set ändert sich dabei um:

$$\Delta W = \begin{cases} 1 & \text{falls } r[t-T] \notin W(t,T) \\ 0 & \text{sonst} \end{cases}$$

Damit gilt jedoch

$$E(\Delta W) = g(T)$$

und

$$g(T) = w(T+1) - w(T)$$

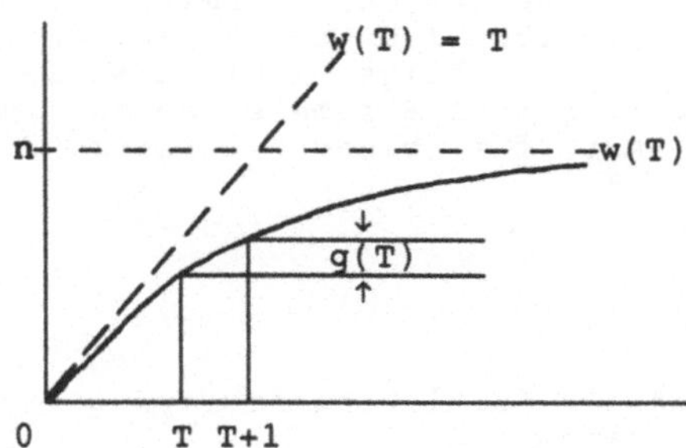

Fig. 5-31 Working-Set-Größe und Working-Set-Parameter

In analoger Weise ergibt sich der Erwartungswert f(T) für den zeitlichen Abstand zwischen zwei Seitenfehlern aus der zugehörigen Verteilungsfunktion

$$f(T) = g(T-1) - g(T)$$

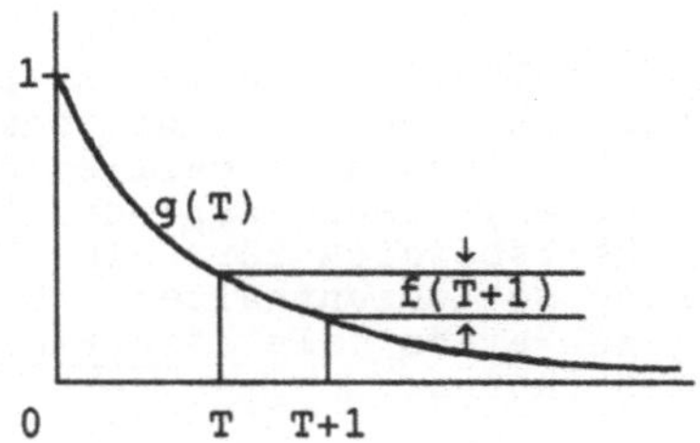

Fig. 5-32 Seitenfehler-Wahrscheinlichkeit

Man kann daher aus der Funktion w(T) Abschätzungen für die Fehlerrate und die Fehlerwahrscheinlichkeit der Working-Set-Strategie ableiten.

Aus den Ergebnissen für den Kompressionsfaktor eines Programms folgt außerdem noch, daß für die Working-Set-Größe w(T,p) in Abhängigkeit von der Seitenlänge p im allgemeinen gilt:

$$p_1 < p_2 \rightarrow p_1 * w(T,p_1) \leq p_2 * w(T,p_2)$$

d.h. Verringerung der Seitenlänge führt zu Verkleinerung der Working Sets [10].

Wesentlich für diese ganzen Betrachtungen ist das Lokalitäts-Prinzip, das aus der unmittelbaren Vergangenheit eines Programms Schlüsse auf seine unmittelbare Zukunft zieht. Wie sich kontext-bezogene Programmierung und Schleifen im Einzelnen auf den Working

Set auswirken, ist zur Zeit noch unbekannt, ebenso die Frage, wie man feststellen kann, ob eine Seite in naher Zukunft zum Working Set gehören wird, noch ehe auf sie zugegriffen wurde.

Eine praktische Realisierung des Working-Set-Prinzips kann in der Implementierung eines LRU-Verfahrens bestehen, bei dem jeweils die letzten $w(T)$ Stack-Einträge als Working Set betrachtet werden. Wesentlich ist hier die richtige Wahl des Zeitparameters T; Denning [12] schlägt vor, diesen Parameter so zu wählen, daß er etwa der doppelten Zeit für einen Hintergrund-Transport entspricht.

5.4.4 Thrashing

Paging-Algorithmen für Multi-Programmierung liegen üblicherweise zwischen zwei Extremen:

- **Lokale Strategien**, die den Gesamtspeicher in feste Arbeitsbereiche (Mengen einem Programm zugewiesener Seiten) partitionieren, die je einem Prozeß zugeordnet sind und deren Größe normalerweise konstant gehalten wird.

- **Globale Strategien**, die den Gesamtspeicher dynamisch auf die einzelnen Prozesse verteilen, so daß deren Arbeitsbereiche statistisch ihre Ausdehnung verändern.

Das Working-Set-Prinzip stellt in diesem Zusammenhang eine lokale Strategie dar. Globale Strategien zeigen demgegenüber suboptimales Verhalten [7], zum Teil deshalb, weil es bei ihnen keine Möglichkeit gibt, festzustellen, wann der Hauptspeicher überverplant ist und wann der Arbeitsbereich für ein Programm nicht ausreicht, um seinen Working Set zu enthalten. Dieses Verhalten globaler Strategien kann zu einem als "Thrashing" ("Seitenflattern") bekannten Phänomen führen:

Nimmt man an, daß das i-te Programm einen Arbeitsbereich der Länge m_i und eine Fehlerwahrscheinlichkeit $f_i(m_i)$ hat, die über einen gewissen Zeitraum konstant ist, so kann man für jedes Programm die Effizienz $h(m)$ des Paging-Verfahrens ("duty factor") bestimmen:

$$h(m) = \frac{tp}{tp + ts * f(m)} = \frac{1}{1 + d * f(m)}$$

Da normalerweise die Fehlerwahrscheinlichkeit ansteigt, wenn der verfügbare Arbeitsbereich kleiner wird:

$$m' \leq m \Rightarrow f(m') \geq f(m)$$

kann man folgende Abschätzung für die Änderung der Paging-Effizienz als Folge einer Änderung des Umfangs eines Arbeitsbereiches ableiten:

$$0 \leq h(m) - h(m') \leq d * [f(m') - f(m)]$$

Da $d = ts/tp$ im allgemeinen einen sehr großen Wert (10^4 und mehr) hat, kann eine kleine Änderung von m eine sehr große Änderung von

h(m) bewirken. Hat man nun in einem Speicher von **m** Seiten $k-1$
Programme, die durch eine globale Strategie ihre Arbeitsbereiche
zugewiesen bekommen, so gilt etwa:

$$\mathbf{m} = \sum_{i=1}^{k-1} m_i$$

Hinzufügen eines weiteren Programms ändert die Längen der Arbeitsbereiche von m_i auf $m_i' \leq m_i$, und die Gesamt-Effizienz

$$H[k-1] = \sum_{i=1}^{k-1} h_i(m_i)$$

ändert sich auf

$$H[k] = \sum_{i=1}^{k} h_i(m_i')$$

Diese Änderung kann abgeschätzt werden durch:

$$H[k-1] - H[k] \leq d * \sum_{i=1}^{k-1} [f_i(m_i') - f_i(m_i)] - h_k(m_k')$$

$$=: \quad d * F0 - h_k(m_k')$$

Falls der Ausdruck $H[k-1] - H[k]$ in der Nähe seiner oberen
Schranke liegt und gleichzeitig $d * F0$ nicht klein ist, folgt

$$H[k] << H[k-1] \ ,$$

d.h. das Hinzufügen eines einzigen weiteren Programms führt zu
einem schlagartigen Zusammenbruch der Effizienz des Gesamtsystems
- bedingt durch ein rapides Ansteigen der Seitenfehler, weil jedes
Programm, das zusätzliche Seiten benötigt, diese auf Kosten
anderer, ebenfalls noch benötigter Seiten anderer Programme
erhält, die dann ihrerseits wieder Seitenfehler produzieren.

Verwaltet man dagegen den Hauptspeicher nach dem Working-Set-
Prinzip, so läßt sich die Effizienz über die Wahrscheinlichkeit
$g(T)$, daß eine Seite nicht dem Working Set angehört, nach unten
abschätzen:

$$h_i(T_i) \geq \frac{1}{1 + d*g_i(T_i)}$$

wegen

$$g_i(T_i) \geq f_i(m_i) \ ,$$

da eine Seite, die nicht mehr dem Working Set angehört, dennoch im
Hauptspeicher verbleiben kann, während eine ausgelagerte Seite
keinesfalls einem aktiven Working Set angehört. Da $g_i(T_i)$ eine
monoton fallende Funktion ist, kann man T_i immer so groß wählen,
daß $g_i(T_i) \leq g_o$ für ein vorgegebenes $g_o \in [0,1]$ gilt, und damit:

$$h_0 := \frac{1}{1 + d*g_0} \leq h_i(T_i) \leq 1$$

Man kann also T_i jeweils so wählen, daß für das Programm i ein vorgegebener Effizienzwert h_0 nicht unterschritten wird; dabei wird man jedenfalls h_0 so wählen, daß $h_0 \ll 1$ nicht gilt. Hat man für alle Programme T_i entsprechend gewählt, so gilt:

$$k * h_0 \leq H[k] \leq k$$

Das k-te Programm darf nur dann zu den restlichen k-1 Programmen hinzugeladen werden, wenn

$$w_k(T_k) \leq m - \sum_{i=1}^{k-1} w_i(T_i)$$

gilt. Dieses Programm kann dann keinen Effizienzzusammenbruch verursachen, da ein solcher

$$k * h_0 \leq H[k] \ll H[k-1] \leq k-1 < k \ ,$$

also $h_0 \ll 1$ implizieren würde, im Widerspruch zur Wahl von h_0.

Verwendet man eine dynamische Aufteilung des Hautpspeichers zusammen mit einer Working-Set-Strategie für die Speicherverwaltung, so erhält man einen sehr flexiblen und leistungsfähigen Multi-Programm-Betrieb - für die Programme, die gute Lokalitätseigenschften besitzen. Es besteht hier jedoch die Gefahr, daß einzelne Programme, die ein erratisches Adressierungsverhalten zeigen, dem Gesamtsystem zu viel Speicher entziehen. Man kann diesen Effekt durch die Einführung einer Obergrenze für die Ausdehnung der Working Sets verhindern, doch benachteiligt man dadurch alle die Programme, deren Working Set diese Grenze überschreitet. Eine mögliche Lösung dieses Problems sind einstellbare Obergrenzen, doch würde eine völlig automatische Einstellung zu denselben Problemen führen wie eine dynamische Aufteilung des Arbeitsspeichers, während eine nicht automatische Einstellung der Grenzen sowohl unbefriedigend als auch Fehlbedienungen unterworfen ist.

Solange hinreichend viel freier Hauptspeicher vorhanden ist, kann man auch die Obergrenzen der Working Sets großzügiger bemessen, um so den verfügbaren Speicher zu Verringerung der Seitenfehlerwahrscheinlichkeit einzusetzen. Wenn der verfügbare Speicher knapp wird, kann man umgekehrt die Working Sets wieder verkleinern; dabei läuft man allerdings Gefahr, Thrashing zu provozieren, wenn man nicht gleichzeitig die Anzahl der geladenen Prozesse geeignet einstellt.

Zur Zeit ist das Problem der Speicherverwaltung unter Multi-Programmierung nicht als vollständig gelöst zu betrachten. Existierende Speicherverwaltungen sind meist auf ein bestimmtes Betriebsverhalten hin entworfen, können jedoch immer unter ungünstigen Umständen unbefriedigendes Verhalten zeigen, das sich, je nach den verfolgten Strategien, auf verschiedene Weise bemerkbar macht.

5.5 BEISPIEL EINER SPEICHERVERWALTUNG

5.5.1 Mechanismen

Als Beispiel einer in der Praxis realisierten Speicherverwaltung soll zum Abschluß die Speicherverwaltung im Betriebssystem VMS [23] kurz dargestellt werden. Es handelt sich hier um
ein virtuelles System, das mit Paging und einer Working-Set-
Strategie arbeitet, wobei der Adreßraum der einzelnen Prozesse in
Segmente unterteilt ist, die zwar eigene Eigenschaften haben, aber
dem Paging gemeinsam unterworfen sind.

Jedem Programm steht ein in zwei Teile unterteilter
virtueller Adreßraum zur Verfügung:

- P0: <u>Programm-Bereich</u>; enthält Programme und Daten

- P1: <u>Control-Bereich</u>; enthält Stacks und andere temporäre
  <u>Verwaltungsinformation</u>

Nicht prozeß-spezifische Informationen (also im wesentlichen
das Betriebssystem) liegen in einem weiteren Bereich des
virtuellen Adreßraums, dem sogenannten <u>System-Bereich</u>, der nur
einmal auf den realen Speicher abgebildet wird, während die
prozeß-spezifischen Teile des Adreßraums separat für jeden Prozeß
abgebildet werden:

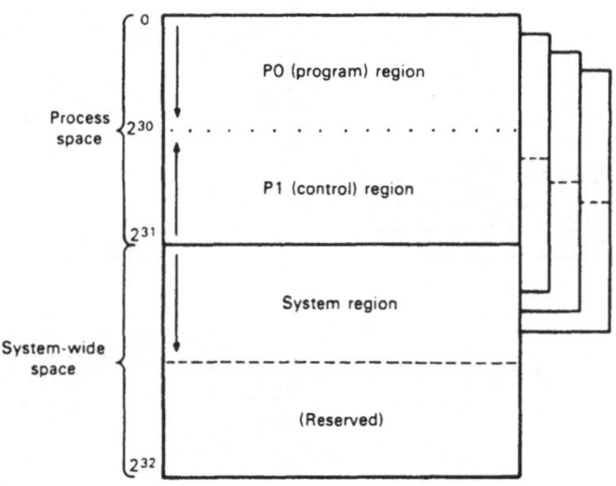

Fig. 5-33 Adreßräume von System und Prozessen

Bei dieser Abbildung wird innerhalb der Adresse die Nummer
der virtuellen Seite durch die der zugeordneten realen Seite
ersetzt; die Nummer des angesprochenen Bytes innerhalb der Seite
wird ungeändert übernommen:

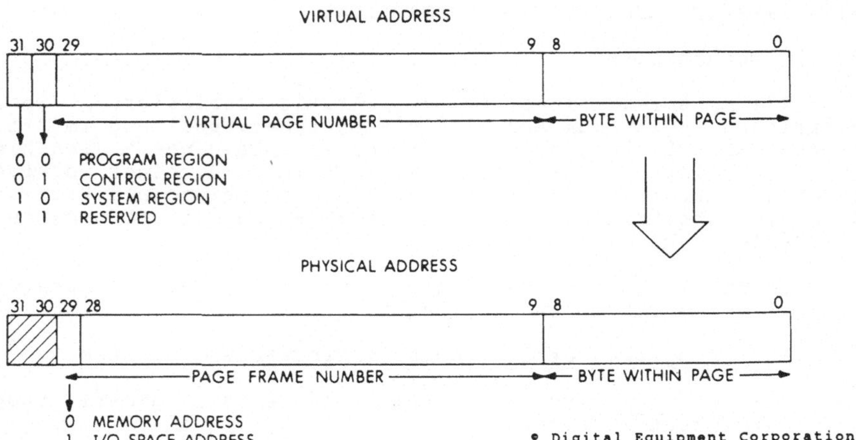

Fig. 5-34 Virtuelle und reale Adressen

Die Umsetzung wird über Seiten-Tabellen vorgenommen; dabei wird für den System-Adreßraum eine Tabelle verwendet, und für jeden Prozeß-Adreßraum wird eine eigene Tabelle, die in zwei Regionen P0 und P1 unterteilt ist, verwendet:

PER-PROCESS PAGE TABLES

PROGRAM REGION PAGE TABLE

Page Table Entry for Virtual Page 0 (first entry)
PTE for VPN 1
PTE for VPN 2
PTE for VPN 3
.
.
.
PTE for Virtual Page N-1 (last entry)

CONTROL REGION PAGE TABLE

Page Table Entry for Virtual Page $2^{22}-N$
PTE for VPN 2*22-(N-1)
PTE for VPN 2*22-(N-2)
PTE for VPN 2*22-(N-3)
.
.
PTE for VPN 2*22-1 (last entry)

SYSTEM REGION PAGE TABLE

Page Table Entry for Virtual Page 0 (first entry)
PTE for VPN 1
PTE for VPN 2
.
.
.
Page Table Entry for Virtual Page N - 1 (last entry)

Fig. 5-35 Struktur der Seiten-Tabellen

Da eine virtuelle Adresse ("program virtual address", PVA) in Seitennummer und Position in der Seite aufgeteilt ist:

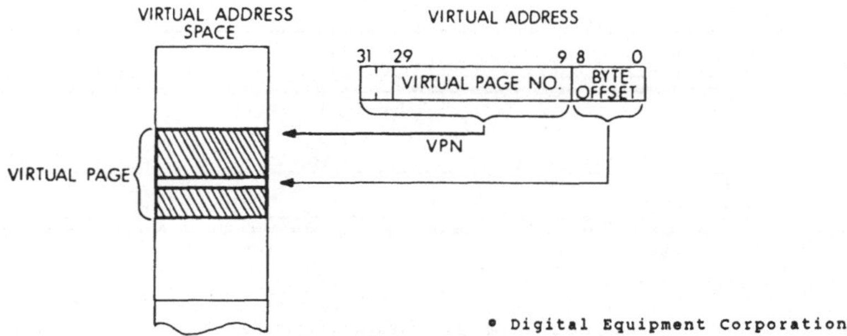

Fig. 5-36 Aufbau einer virtuellen Adresse

müssen die Einträge in die Seiten-Tabellen ("page table entries",
PTEs) nur die Nummer der jeweils zugehörigen Hauptspeicher-Seiten
("page frame number", PFN) enthalten:

Fig. 5-37 Eintrag in einer Seiten-Tabelle

Zusätzlich enthält jeder Seiten-Tabellen-Eintrag noch folgende
Informationen:

- V   - Valid Bit: die Seite gehört zu einem Working Set

- PROT - Protection Code: ein 16-wertiges Feld, das lesenden/
  schreibenden Zugriff für die einzelnen Prozessor-Zugriffsmodi
  freigibt bzw. sperrt (s. Abschnitt 8.2.3.2)

- M   - Modify Bit: die Seite wurde geändert, seit sie in den
  Hauptspeicher transportiert wurde

- OWN - Zugriffsmodus, der der "Eigentümer" der betreffenden
  Seite ist (zur Definition software-bedienter Zugriffsrechte)

    Ein Zugriff auf eine virtuelle Adresse beinhaltet zunächst
die Lokalisierung der zugehörigen Seiten-Tabelle. Diese wird im
Falle der Prozeß-Seiten-Tabellen ebenfalls im virtuellen Speicher
- also einer Adreß-Übersetzung unterworfen - gehalten, damit sie
nicht physikalisch zusammenhängend sein muß. Ihre Anfangsadresse
und ihre Länge (zur Überprüfung der Gültigkeit einer Adresse)
werden in eigenen Prozessor-Registern PxBR bzw. PxLR ("P0/P1 base/
length register") gehalten, die diese Tabellen im (virtuellen)
System-Adreßraum lokalisieren, etwa für den P0-Bereich:

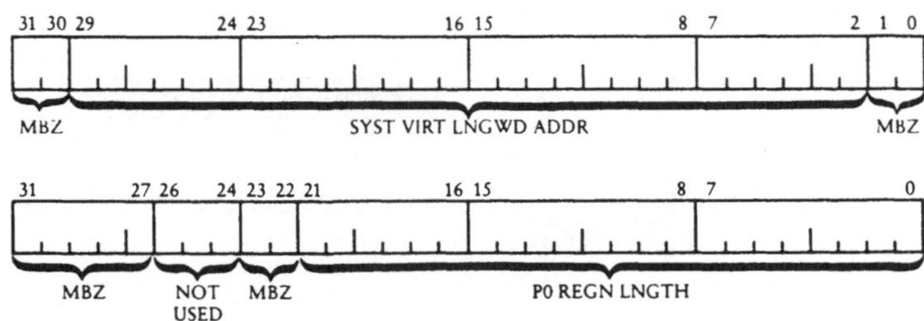

Fig. 5-38 P0-Basis- und -Längen-Register

      Über die zugehörige Seiten-Tabelle kann die Berechtigung des Zugriffs überprüft und die eigentliche Adreß-Umsetzung vorgenommen werden – eventuell unter Zwischenschaltung des Pagers, der nicht residente Seiten nachlädt. Dabei laufen bei der Umsetzung prozeß-spezifischer virtueller Adressen die Umsetzungsvorgänge im Prinzip zweimal hintereinander ab, da die Prozeß-Seiten-Tabellen im virtuellen Speicher liegen und über die – durch entsprechende Register SBR bzw. SLR ("system base/length register") real adressierte – System-Seiten-Tabelle im realen Speicher gefunden werden, so daß sich für die Umsetzung einer prozeß-spezifischen Adresse insgesamt das folgende Bild ergibt [42]:

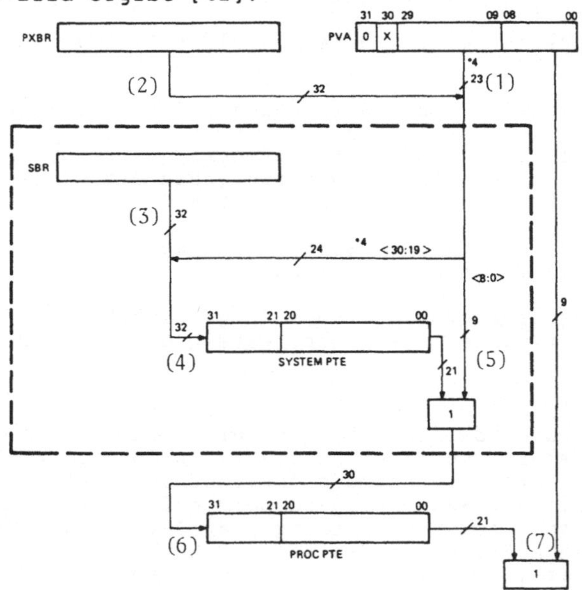

Fig. 5-39 Adreß-Umsetzung für den P0/P1-Bereich

Die Umsetzung für den System-Bereich besteht nur aus dem inneren Umsetzungs-Vorgang. Um die zusätzlichen Speicherzugriffe für die Adreß-Umsetzung der im virtuellen Speicher liegenden Prozeß-Seiten-Tabellen einzusparen, wird ein kleiner Assoziativspeicher für die zuletzt benötigten Umsetzungen verwendet.

Eine typische Adreß-Umsetzung besteht aus somit insgesamt 7 Schritten für die prozeß-spezifischen Adressen:

1. Bestimmung der virtuellen Adresse aus dem Maschinenbefehl
2. Bestimmung der virtuellen Adresse der P0/P1-Seiten-Tabelle
3. Bestimmung der realen Adresse der System-Seiten-Tabelle
4. Zugriff auf die System-Seiten-Tabelle
5. Bestimmung der realen Adresse der P0/P1-Seiten-Tabelle
6. Zugriff auf die P0/P1-Seiten-Tabelle
7. Bestimmung der realen Adresse des Operanden

5.5.2 Strategien

Die Verteilung des virtuellen Speichers auf Hauptspeicher und Peripherie wird über eine Working-Set-Strategie gesteuert; dabei ist die Größe der Working Sets benutzerabhängig über einstellbare Schranken nach oben und unten begrenzt und kann sich zwischen diesen Größen frei bewegen. Die Menge der Prozesse, deren Working Sets resident sind, wird als "balance set" bezeichnet. Falls der Umfang der zugehörigen Working Sets den des verfügbaren Speichers übersteigt, werden einzelne Working Sets oder zumindest größere Teile davon durch ein Swapping-Verfahren jeweils als Ganzes auf den Hintergrund ausgelagert, während bei hinreichender Verfügbarkeit freien Speichers ausgelagerte (Teil-)Working Sets durch Swapping mit einem Hintergrund-Zugriff in den Hauptspeicher transportiert werden. Die Entscheidung für den Transport eines Working Sets vom/zum Hauptspeicher wird nach drei Kriterien getroffen:

- Prozeß-Zustand (ausführbar/wartend)

- Prozeß-Priorität

- Ablauf des Zeitquantums

Während einerseits ganze Working Sets von einer Speicherebene auf eine andere transportiert werden, wird die Entscheidung, welche Seiten zu einem Working Set gehören oder nicht, seitenweise getroffen; die von dieser Entscheidung betroffenen Seiten werden einzeln oder gruppenweise (über Page-Clustering) eingelesen bzw. auf den Hintergrund geschrieben. Die Lade-Strategie ist dabei im wesentlichen (bis auf Gruppenbildung durch Clustering) Demand-Paging, die Ersetzungs-Strategie ist normalerweise FIFO wegen der Einfachheit der Implementierung.

Über einen System-Generierungs-Parameter kann die Ersetzungs-Strategie jedoch einer LFU-Strategie angenähert werden. Dabei werden beim Durchsuchen eines Working Set auf zu entfernende Seiten eine Reihe von Seiten zunächst als mögliche Kandidaten für eine Ersetzung markiert. Wird vor dem nächsten Suchen noch einmal auf diese Seiten zugegriffen, so wird die Markierung entfernt, und

die Seiten verbleiben bei diesem Suchen im Working Set (und werden
erneut markiert). Wird jedoch nicht auf sie zugegriffen, so
werden sie beim nächsten Suchvorgang endgültig entfernt.

Seiten, die Teile einer Seiten-Tabelle enthalten, werden
dabei dem Paging wie normale Prozeß-Seiten unterworfen; solange
sie jedoch Verweise auf Seiten in einem Working Set enthalten,
wird verhindert, daß sie selbst aus dem Working Set entfernt
werden. Für Seiten, die vom Hintergrund geladen werden, steht
Platz in Form einer Liste freier, verfügbarer Seiten ("Freiliste")
bereit. Dabei werden ungeänderte Seiten, die aus einem Working
Set herausfallen, hinten an diese Liste angehängt, während
benötigte Seiten dieser Liste vorn entnommen werden. Erfolgt ein
Zugriff auf eine Seite, die zwar keinem Working Set angehört, aber
noch in der Freiliste enthalten ist, so wird sie dieser entnommen,
ohne daß ein Hintergrund-Transport erfolgt; die Freiliste wirkt in
diesem Sinn als ein Seiten-Cache und führt dabei insgesamt zu
einer Ersetzungs-Strategie, die eine LRU-Strategie approximiert.

Seiten, die während ihres Aufenthaltes im Hauptspeicher
geändert wurden, werden in eine eigene Liste geänderter Seiten
eingetragen, wenn sie aus einem Working Set herausfallen. Auch
auf diese Seiten kann noch solange zugegriffen werden, wie sie im
Hauptspeicher sind - selbst während des Zurückschreibens auf den
Hintergrund. Wurde eine geänderte Seite auf den Hintergrund
zurückgeschrieben, so wird sie durch Einhängen in die Freiliste
wieder allgemein verfügbar gemacht; solange sie der Freiliste noch
nicht wieder entnommen wurde, kann immer noch ohne Hintergrund-
Transport auf sie zugegriffen werden. Zurückschreiben geänderter
Seiten erfolgt, wenn:

- die Länge der Liste geänderter Seiten eine bestimmte Schranke
  überschreitet

- die Warteschleife "rechnend" ist

Die Seiten der einzelnen Working Sets werden durch separate
Listen verwaltet; dadurch wird erzwungen, daß bei Überlauf eines
Working Sets prinzipiell nur Seiten aus eben diesem Working Set
freigegeben werden. Dies wird dadurch erreicht, daß bei einem
Prozeß, der einen Seitenfehler hat und gleichzeitig die obere
Grenze für seinen Working Set erreicht hat, eine Seite von der
eigenen Working-Set-Liste in die Freiliste bzw. die Liste
geänderter Seiten umgehängt und damit aus dem Working Set entfernt
wird.

Falls die Länge der Freiliste einen bestimmten Wert überschreitet, so kann man davon ausgehen, daß relativ viel freier
Hauptspeicher verfügbar ist. In diesem Fall erhöht das System die
Obergrenzen für die Längen der einzelnen Working-Set-Listen, so
daß die Working Sets stärker anwachsen können und die Paging-Akti-
vität reduziert wird. Durch zusätzliche Maßnahmen wird dafür
gesorgt, daß dieser "Kredit" den Prozessen wieder entzogen wird,
wenn die Freiliste zu kurz wird.

Bei einem Seitenfehler kann eine Seite folgendermaßen in den
Adreßraum eingebracht werden:

- aus dem Programm-Image (für neue und ungeänderte Seiten)

- neu erzeugt als Leerseite

- aus einer speziellen Paging-Datei, die alle geänderten zurückgeschriebenen Seiten enthält

- aus der Freiliste (für ungeänderte und für geänderte, zurückgeschriebene Seiten, die noch nicht überschrieben wurden)

- aus der Liste geänderter, noch nicht zurückgeschriebener Seiten

- aus einer Datei, die gemeinsame Seiten mehrerer Prozesse enthält

Welche dieser Möglichkeiten in jedem Fall zu wählen ist, wird anhand des Eintrags in die Seiten-Tabelle und anhand der Verwaltungsinformation des Paging-Systems bestimmt.

Die Anzahl freier Seiten, die für Paging und Swapping zur Verfügung stehen, d.h. im wesentlichen die Länge der Freiliste, wird vom System nach Möglichkeit innerhalb eines bestimmten Bereiches gehalten, der gegeben ist durch:

- eine Zielvorgabe für die Anzahl freier Seiten

- die kleinste zulässige Anzahl freier Seiten

Wird die untere dieser beiden Grenzen unterschritten, so werden vom sogenannten "Swapper" freie Seiten dadurch erzeugt, daß ein Teil des Working Sets eines Prozesses geeigneten Zustandes und niedrigster Priorität auf den Hintergrund transportiert und seine Seiten freigegeben werden. Dieser Vorgang kann durch folgende Ereignisse verursacht werden:

- ein residenter Prozeß vergrößert seinen Working Set

- ein zusätzlicher Prozeß wurde vom Hintergrund geladen

- das System benötigt zusätzlichen Hauptspeicher

Um den Prozessor mit ausführbaren Prozessen versorgt zu halten, transportiert der Swapper, der als gewöhnlicher Prozeß im System realisiert ist, Working Sets ausgelagerter ausführbarer Prozesse in den Hauptspeicher; eventuell entstehendes Ungleichgewicht in der Seitenverteilung wird über die Steuerung der Länge der Freiliste ausgeglichen. Die Auswahl des in den Hauptspeicher zu ladenden Prozesses geschieht rein nach den Prozeß-Prioritäten, ohne Berücksichtigung der Größe seines Working Set. Der Auswahl-Vorgang wird durch folgende Ereignisse angestoßen:

- Erweiterung der Freiliste um benötigte Seiten

- Ablauf des ersten Zeitquantums

- Übergang eines Prozesses in den Wartezustand

- Übergang eines ausgelagerten Prozesses in den Zustand "ausgelagert ausführbar" (COMO, s. Abschnitt 2.3.1)

- Freigabe blockierter Seiten

- auf expliziten Wunsch eines Prozesses

- bei Ablauf eines 1-Sekunden-Timers

Der ausgewählte Prozeß wird geladen, wenn für seinen Working Set hinreichend viel Speicher bereitgestellt werden konnte. Parallel zur Auswahl zu ladender Prozesse geschieht die Auswahl auszulagernder Prozesse, jedoch in umgekehrter Prioritäts-Reihenfolge, mit den Zielen:

- die Anzahl freier Seiten auf den gewünschten Wert einzustellen

- Platz für zu ladende Working Sets zu schaffen

5.5.3 Zusammenfassung

Die hier beschriebene Speicherverwaltung kann durch folgende Eigenschaften charakterisiert werden:

- Verwendung eigener virtueller Adreßräume für System und Benutzer

- Verwendung virtueller Seiten-Tabellen

- Anwendung einer Working-Set-Strategie

- Paging an der Grenze der Working Sets

- Swapping als Transportverfahren für größere Datenmengen bis hin zu ganzen Working Sets

- lokale Strategie der Verwaltung der Working-Set-Größen

- sehr starke Aufteilung der Speicherverwaltung

  o in relativ unabhängige Moduln

  o unter Verwendung von Datenstrukturen zur Verwaltung des Speichers

Diese Beschreibung der einzelnen Elemente einer Speicherverwaltung - die hier stark vereinfacht dargestellt wurde ! - zeigt die Komplexität der Aufgaben dieses Betriebssystemteils und den Grad seiner Verwobenheit mit den meisten anderen Systemkomponenten - was kein Wunder ist, da alle Operationen in einem Rechner und auch in einem Betriebssystem zu ihrem Ablauf Speicher benötigen.

KAPITEL 6

E/A-SYSTEME

6.1 EINFÜHRENDE DISKUSSIONEN

6.1.1 Aufgaben von E/A-Systemen

Während die Beschreibung der Vorgänge in einem Prozessor oder in einer Speicherverwaltung - bei aller Komplexität - doch in relativ einheitlicher Weise geschehen kann, stellt man bei der Vielzahl möglicher Ein- und Ausgabe-Geräte eines Rechners, kurz E/A-Geräte genannt, erhebliche Unterschiede in Form und Arbeitsweise fest. Diese Unterschiede ergeben sich im wesentlichen aus der Vielfalt der bei diesen Geräten möglichen und sinnvollen

- Typen von Operationen

- Geschwindigkeiten der Datenübertragung

- bearbeitbaren Datenmengen

Daraus erwachsen eine Reihe von Problemen für die Bedienung dieser Geräte durch die Software des Betriebssystems bzw. der sie benutzenden Anwenderprogramme. Diese Probleme sind Folgen bestimmter Ansprüche, die an die Verwaltung der E/A-Geräte, das E/A-System, gestellt werden:

- gemeinsame, eventuell sogar quasi-gleichzeitige Benutzung von Geräten durch mehrere Prozesse

- dennoch die Möglichkeit exklusiven Zugriffs auf einzelne Geräte

- keine Blockierung des eigenen Jobs durch Warten auf bestimmte, eventuell sehr langsame oder nur zu gewissen Zeiten aktive E/A-Geräte

- keine Blockierung des Zentralprozessors durch Warten auf E/A-Geräte

Hinzu kommt eine Vielzahl von Funktionen, die vom E/A-System zu realisieren sind:

- Umcodierung von Daten zwischen externer und interner Darstellung

- Umsetzung von E/A-Aufträgen in extern auszutauschende Nachrichten und umgekehrt

- Verwaltung und Zuteilung von Kommunikationskanälen

- Ausführung der Hardware-E/A-Befehle

- Reaktion auf die Hardware-Signale der E/A-Geräte

- Behandlung von E/A-Fehlern

Aus allen diesen Randbedingungen, unter denen E/A-Systeme existieren, folgen eine Reihe ihrer hervorragendsten Eigenschaften:

- hohe Komplexität

- hoher Grad an Asynchronität und Parallelverarbeitung

- kaum klare Strukturen

- großer Umfang

- erhebliche Unterschiede zwischen verschiedenen System-Konzepten

Um eine begriffliche Ordnung in diesen Problemkomplex zu bringen, halten wir zunächst die folgenden Hauptgesichtspunkte fest:

- Die Hauptfunktion des E/A-Systems ist der **Transport von Information.**

- Das E/A-System übernimmt die **Anpassung** zwischen den internen Strukturen des Prozessors und Hauptspeichers einerseits und der Außenwelt andererseits.

- Eine Strukturierung läßt sich durch die Einführung von **Ebenen** mit verschiedenem Abstand zur Hardware erreichen.

- Das **Prozeß-Konzept** führt auch hier zu klareren Strukturen durch Unterteilung in kleinere, logisch zusammenhängende Einheiten.

- Durch den Mechanismus der **Interrupts** erfolgt im E/A-System eine Kommunikation zwischen Hardware und Software.

- E/A-Systeme werden zweckmäßigerweise in zwei große Blöcke **unterteilt:**

    o geräteabhängige Treiber-Programme

    o geräteunabhängige Datenverwaltungs-/-transport-Programme

Abschließend sei hier noch eine E/A-Situation zur Diskussion gestellt: Wenn Daten auf einen Lochstreifen gestanzt werden, und ein Fernschreiber läuft dabei mit, so werden:

- Daten auf einen Peripherie-Speicher ausgegeben;

- gleichzeitig Daten in lesbarer Form gedruckt.

Dabei stellt sich die

Frage: Ist hier eine Unterscheidung bzw. unterschiedliche Behandlung externer Abspeicherung und lesbarer (Ein- und) Ausgabe sinnvoll oder zulässig?

Man kann aus diesem Beispiel eigentlich nur die Konsequenz ziehen, daß eine solche Unterscheidung, wie sie in vielen älteren Betriebssystemen noch getroffen wird, zwar historisch zu verstehen, vom Inhalt jedoch keinesfalls gerechtfertigt ist. Es ist dagegen zweckmäßig, eine einheitliche Behandlung jeder Art von E/A anzustreben.

Im Folgenden werden aus dieser Erwägung heraus nur solche Strukturen für E/A-Systeme beschrieben, die diese Einheitlichkeit erreichen lassen, und die älteren Verfahren der sogenannten "Zugriffsmethoden" ("access methods"), die eine einheitliche Behandlung der E/A verhindern oder zumindest sehr erschweren, werden übergangen.

6.1.2 Technologie von Peripherie-Speichern

Zum besseren Verständnis einiger der Probleme, die sich in E/A-Systemen stellen, ist es sinnvoll, sich zunächst die Technologie der heute verfügbaren E/A-Geräte zu vergegenwärtigen, wobei nur die wichtigsten dieser Geräte kurz charakterisiert werden.

Man kann E/A-Geräte grob unterteilen in:

- gedächtnislose Geräte wie Terminals, Kartenleser oder Drucker, und

- Peripherie-Speicher-Geräte wie Platten oder Bandgeräte,

wobei diese Unterteilung nicht strikt ist, wie die vorangegangene Diskussion gezeigt hat.

Bei den Speichern muß man wiederum unterscheiden zwischen:

- den <u>Speicher-Geräten</u>, d.h. der zur Speicherung verwendeten Hardware, wie etwa:

  o Magnetband-Geräte
  o Platten-Geräte
  o Floppy-Disc-Geräte usw.

- und den <u>Speichermedien</u>, d.h. dem Material, auf dem die Daten gespeichert werden, wie etwa:

o Lochstreifen
o Lochkarte
o Plattenstapel
o Diskette (Floppy-Disc)
o Magnetband
o Magnetkassette
o Magnet-Blasen-Speicher (bubble memory)
o optische Platte
o Film
o bedrucktes Papier (???)

Dabei sind die Medien in zwei große Gruppen unterteilbar:

o entfernbare ("removable") Medien (wie etwa Magnetbänder
   oder Wechselplatten)

o festinstallierte ("fixed") Medien (wie etwa Winchester-
   Platten oder Blasenspeicher)

Weiterhin ist eine Unterteilung der Medien nach den Methoden
möglich, mit denen auf die gespeicherten Daten zugegriffen
werden kann:

o sequentielle Medien (wie etwa Magnetbänder oder Lochstreifen)

o Direktzugriffs-Medien (wie etwa Plattenspeicher oder optische Platten); diese Medien erlauben jedoch trotz ihres
   Namens keinen echten Direktzugriff: direkte Positionierung ist nur auf den Anfang einer bestimmten Datenmenge möglich; diese Menge wird dann aber sequentiell
   übertragen

Wegen der zur Zeit überragenden Bedeutung magnetischer Datenträger muß schließlich noch eine wesentliche Eigenart dieser
Speichermedien erwähnt werden: Um die Information auf diesen
Medien lokalisieren zu können, benötigt die Hardware der Speicher-
geräte relativ ausgedehnte (auf Magnetband z.B. bis 1.5 cm) unbe-
schriebene Stellen auf dem Datenträger, die sogenannten "Gaps"
("Klüfte") zwischen den einzelnen Datenaggregaten. Eine
effiziente Ausnutzung des Speichermediums erfordert Berücksichtigung dieses Aufbaus.

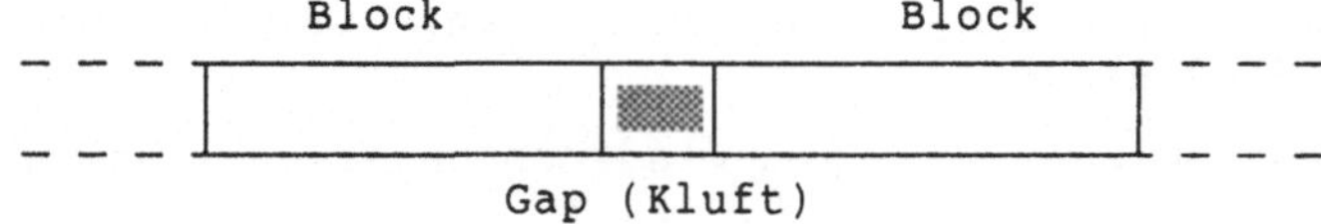

Fig. 6-1 Aufbau von Magnetspeichern

6.1.3 Einige Begriffe

Um die weitere Diskussion von E/A-Systemen in einem einheit-
lichen begrifflichen Rahmen durchführen zu können, empfiehlt es
sich, einige Definitionen anzugeben:

<u>Datenstruktur</u>: irgendein Feld, Liste, Queue, Stack, Baum usw., dessen Format und Zugriffskonventionen für die Bearbeitung durch ein oder mehrere Programme wohldefiniert sind

<u>E/A-Gerät</u> ("device"): allgemeiner Name für irgendeinen physikalischen Anschluß an einen Rechner, der in der Lage ist, Daten zu senden, zu empfangen oder zu speichern

Beispiele:

- E/A-Geräte mit Satz-(Record-)Struktur:

    o Kartenleser
    o Zeilendrucker
    o Mailbox

- Geräte mit Massenspeicher-Charakteristik:

    o Bandgeräte
    o Plattenspeicher
    o optische Platten

- E/A-Kommunikationsgeräte:

    o Interfaces zu Terminal-Leitungen
    o Interfaces zu öffentlichen Kommunikationsnetzen
    o Rechnerkopplungen

<u>Datenträger</u> ("volume"): ein Massenspeicher-Medium wie zum Beispiel eine Platte oder ein Band

<u>Aufspannen</u> ("mount") eines Datenträgers:

- Laden eines Magnetbandes oder einer Wechselplatte auf ein Gerät und on-line-Schalten des Gerätes (wird vom Operateur oder Benutzer gemacht)

- logische Assoziation eines Datenträgers mit dem physikalischen Gerät, in das er physikalisch geladen ist (wird auf Auffordern durch den Benutzer bzw. Operateur von der System-Software gemacht)

<u>Datei</u> ("file"): eine logisch verwandte Ansammlung von Daten, die als physikalische Einheit behandelt wird und einen oder mehrere Blöcke auf einem Datenträger einnimmt. Eine Datei kann über einen vom Benutzer zugeordneten Namen identifiziert werden. Sie besteht normalerweise aus einem oder mehreren Datensätzen.

<u>Block</u>: die kleinste adressierbare Datenmenge, die ein E/A-Gerät in einer E/A-Operation übertragen kann.

<u>Datensatz</u> ("record"): eine Menge zusammenhängender Datenelemente, die logisch als Einheit behandelt werden. Ein Datensatz kann beliebige, vom Programmierer spezifizierbare Länge haben.

6.1.4 Programmier-Schnittstellen der E/A

E/A wird auf den unterschiedlichen Ebenen des Betriebssystems und eines darauf realisierten Programmiersystems verschieden behandelt:

- **Systemkern:** Durch spezielle Maschineninstruktionen, die im allgemeinen privilegiert sind, bzw. durch Instruktionen, die spezielle (reservierte) Adressen ansprechen, werden E/A-Vorgänge direkt in gerätespezifischer Form angestoßen. Oft werden diese E/A-Vorgänge intern durch Mikroprogramme in speziellen Prozessoren, den sogenannten E/A-Prozessoren, abgewickelt. Die Kontrolle auf dieser Ebene ist sehr nahe an der Hardware-Struktur und von dieser Struktur in hohem Maße abhängig. Programme, die diese Form der Kontrolle durchführen, werden als "Treiber-Programme" (oder kurz "Treiber", "driver") bezeichnet.

- **Assembler:** Zur Abwicklung von E/A-Vorgängen stehen hier meist Makros zur Verfügung, die die Treiber mit den benötigten Parametern versorgen, oder spezielle Trap-Instruktionen, die sogenannte "Systemdienste" (auch "Supervisor Call", SVC, genannt) anstoßen. Durch geschickte Parametrisierung kann diese Schnittstelle zum E/A-System schon geräteunabhängig sein, indem etwa Datenwege durch logische Bezeichnungen und nicht mehr durch Hardware-Adressen identifiziert werden. Besonders im Multi-Programm-Betrieb ist dies die unterste Schnittstelle, die einem normalen Benutzer noch zur Verfügung steht.

- **Höhere Programmiersprachen:** Hier unterscheidet man im wesentlichen zwei Grundkonzepte:

  o In Sprachen wie Pascal werden Speicherinhalte durch Zuweisung an Variable speziellen Typs übertragen; hinter diesen Variablen verbergen sich die tatsächlichen E/A-Geräte. Man bezeichnet diese Form der E/A als "virtuelle E/A".

  o In anderen Programmiersprachen stehen spezielle Operatoren oder Bibliotheks-Unterprogramme zur Verfügung, die die E/A-Vorgänge spezifizieren.

  Zur Identifizierung der Datenwege, über die die E/A abzuwickeln ist, stehen bei höheren Programmiersprachen ebenfalls zwei Grundkonzepte zur Verfügung:

  o logische Kanäle, die auf E/A-Geräte bezogen werden

  o Umschaltung vordefinierter Datenwege

- **Kommandosprache** ("Job Control Language", JCL): Auf dieser obersten Ebene werden Datenwege identifiziert, bereitgestellt ("allokiert"), Datenträgern zugewiesen und schließlich wieder freigegeben. Dabei werden folgende Verfahren in verschiedenen Betriebssystemen angewendet:

o Assoziation logischer Kanäle zu E/A-Geräten; dieser Vorgang wird in einigen Systemen als "Linken" bezeichnet (Vorsicht: Gefahr von Mißverständnissen!).

o Umschaltung vordefinierter Datenwege auf andere Kanäle; hier können Probleme im Zusammenspiel mit den Mechanismen höherer Programmiersprachen entstehen.

o (Neu-)Definition logischer Pseudo-E/A-Geräte (bzw. Speichermedien); durch dieses Verfahren ist eine völlig konfigurationsunabhängige Programmierung möglich, wobei gleichzeitig der tatsächliche E/A-Bedarf genau spezifiziert werden kann.

6.1.5 Beispiel eines E/A-Systems

Um einen Eindruck von den Komponenten eines E/A-Systems zu vermitteln, sollen kurz die verschiedenen Ebenen charakterisiert werden, aus denen die E/A im Betriebssystem VMS (bei Verwendung der Programmiersprache FORTRAN) aufgebaut ist:

Kommando-Ebene: Datenwege werden durch logische Namen identifiziert; diese Namen verweisen letztlich auf Dateien, Dateimengen oder Geräte. Zur Manipulation der Datenwege stehen zum Beispiel die folgenden Kommandos zur Verfügung:

```
$ ALLOCATE :   Geräte-Reservierung und Zuweisung logischer
               Namen
$ ASSIGN :     Definition logischer Namen für Geräte
$ CLOSE :      Schließen einer Datei auf Kommandosprachen-
               Ebene
$ DEALLOCATE : Freigabe reservierter Geräte
$ DEASSIGN :   Löschen von ASSIGN, ALLOCATE und DEFINE
$ DEFINE :     Definition äquivalenter logischer Namen
$ DISMOUNT :   Entladen eines externen Datenträgers
$ MOUNT :      Laden und Zuordnen eines externen Datenträgers
$ OPEN :       Eröffnen einer Datei auf Kommandosprachen-
               Ebene
$ READ :       Lesen eines Datensatzes auf Kommandosprachen-
               Ebene
$ WRITE :      Schreiben eines Datensatzes auf Kommandospra-
               chen-Ebene
```

FORTRAN-Ebene: Datenwege werden durch Kanalnummern identifiziert, die statisch vor Programmstart oder dynamisch während des Programmlaufs logischen Namen zugewiesen werden. Zur Abwicklung der E/A stehen die folgenden Sprachmittel zur Verfügung:

```
OPEN :     Erzeugen/Eröffnen einer Datei; Spezifikation von
           Datei-Attributen
CLOSE :    Schließen/Löschen einer Datei
INQUIRE :  Bestimmen der Attribute einer Datei/eines Kanals
READ :     Lesen(/Formatieren) eines Datensatzes und Positio-
           nieren in einer Datei
REWIND :   Positionieren auf Datei-Anfang
WRITE :    (Formatieren/)Schreiben eines Datensatzes
ENDFILE :  Schreiben einer Dateiende-Marke
```

- 192 -

Assembler-Ebene: Hier wird die E/A über Datenstrukturen im virtu-
ellen Speicher beschrieben. Zur Durchführung der E/A stehen zwei
Möglichkeiten unterschiedlicher Abstraktion und unterschiedlichen
Komforts zur Verfügung:

- Aufrufe der Datei-Verwaltung RMS ("record management system")
  über Assembler-Makros unter Verwendung spezieller Datenstrukturen als Schnittstelle:

  o File Access Block FAB
  o Record Access Block RAB

- Kommunikation direkt mit den Treiber-Programmen über $QIO-
  Makros oder -Unterprogrammaufrufe ("queue I/O"); zur Synchronisation werden dabei folgende Verfahren angewandt:

  o Event Flags
  o Status-Blöcke
  o Software-Interrupts ("ASTs", "asynchronous system traps")

Systemkern: Hier wird die E/A durch direkten Zugriff auf die
Hardware-Register der Geräte (die bei der VAX-Architektur im
virtuellen Speicher liegen) realisiert. Die entsprechenden
Treiber-Programme erledigen dabei die folgenden Aufgaben:

- Initialisierung von Geräten

- Vorbereitung der E/A

- Start der E/A

- Interrupt-Behandlung

- Fehler-Behandlung

- Fehler-Protokollierung

- Beenden der E/A

- Synchronisation mit dem Anwender-Programm

- Abbruch der E/A

Eine eventuell notwendige Umsetzung von sogenannten "virtuellen",
d.h. dateirelativen Blocknummern in echte physikalische Platten-
adressen wird dabei von speziellen Hilfsprozessen, den ACPs
("ancillary control processes"), durchgeführt, die dabei mit den
Treibern kommunizieren, bzw. von Treiber-Erweiterungen im Adreßraum der jeweiligen Benutzerprozesse, genannt XQPs ("extended QIO
processors").

Damit ergibt sich folgender globaler Aufbau dieses E/A-
Systems:

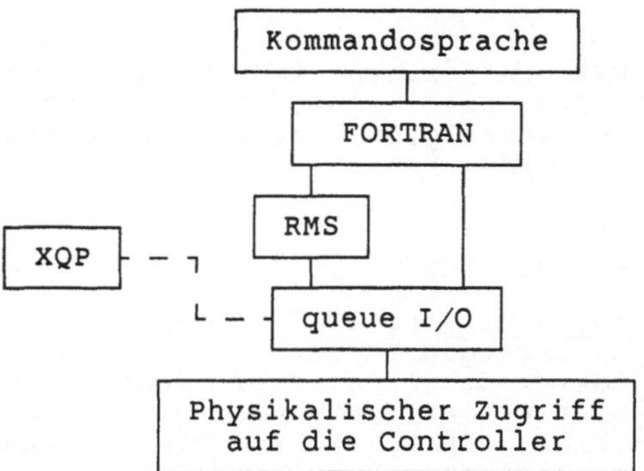

Fig. 6-2 Aufbau des VMS-E/A-Systems

Man macht bei der Betrachtung dieses E/A-Systems einige Beobachtungen:

- Das System ist in verschiedene Ebenen aufgeteilt, deren Abstraktion mit dem Abstand von der Hardware wächst.

- Durch Aufteilung in separate Komponenten mit wohldefinierten Schnittstellen wird die Komplexität des gesamten E/A-Systems reduziert und zugleich die Übersichtlichkeit erhöht.

- Dabei sind zum Teil äquivalente Schnittstellen auf verschiedene Ebenen verteilt.

  o Hierdurch wird die Anpassung an verschiedene Aufgabenstellungen erleichtert.

  o Andererseits führt dies zu einer Erhöhung des Overhead durch Mehrfach-Implementierung gleicher Schnittstellen; dieser Effekt kann jedoch durch geeigneten gegenseitigen Bezug in vertretbaren Grenzen gehalten werden.

6.2 ELEMENTE VON E/A-SYSTEMEN

Anmerkung

Dieser Abschnitt ist sehr stark von der Hardware-Architektur des zugrundegelegten Rechners abhängig. Um die Konsistenz der gebrachten Beispiele sicherzustellen, wird daher weitgehend die VAX-Architektur zugrundegelegt. E/A-Systeme anderer Rechner können völlig verschieden von den hier angegebenen Beispielen aussehen, doch sind die Prinzipien, die ihnen unterliegen, weitgehend dieselben. Bei den folgenden Darstellungen ist daher immer zwischen Prinzip und Realisierung zu unterscheiden, was jedoch gerade bei E/A-Systemen oft sehr schwierig ist.

6.2.1 Interrupts

6.2.1.1 Programmierte E/A - Wir sahen im Abschnitt 3.2.1, daß durch "busy waiting" die nach einem E/A-Vorgang notwendige Synchronisierung zwischen Zentralprozessor und E/A-Gerät auf sehr einfache Weise realisiert werden kann:

```
        read(CHAR);
M:  if not READY then goto M fi
```

Man spricht hier von "programmierter E/A". Dem offensichtlichen Vorteil einfacher Programmierung steht jedoch als gravierender Nachteil gegenüber, daß der Zentralprozessor während der ganzen Dauer des E/A-Vorgangs blockiert ist, was zu einer unzumutbaren Auslastung des Gesamtrechners führt, wie wir schon gesehen haben (s. Abschnitt 1.2.2). Als Konsequenz wird programmierte E/A im wesentlichen nur in kleinen Ein-Benutzer-Systemen verwendet, in denen der Prozessor während des Wartens auf den Abschluß einer angestoßenen E/A sowieso keine sinnvolle Arbeit erledigen kann.

In allen anderen Fällen wird somit ein Mechanismus gebraucht, der es dem Zentralprozessor erlaubt, andere Aufgaben zu erledigen, während ein E/A-Vorgang läuft, und sich bei Ende der E/A wieder mit dem E/A-Gerät zu synchronisieren. Wir sahen schon, daß der Interrupt-Mechanismus das leistet, und wollen nun diesen Mechanismus etwas genauer betrachten.

6.2.1.2 Charakteristika von Interrupt-Systemen - Zu bestimmten Zeiten kann es notwendig werden, daß der Prozessor gewisse Software-Teile außerhalb des normalen, durch ein Programm spezifizierten Kontrollflusses ausführt; man stellt folgende Eigenschaften dieser Situation fest:

- Es erfolgt in jedem Falle ein zwangsweiser Transfer der Kontrolle durch den Prozessor.

- Die Unterbrechung erfolgt (normalerweise) zeitlich unabhängig vom gerade laufenden Prozeß.

- Es gibt keine sprachliche Verbindung zwischen laufendem Prozeß und eingeschobenen Tätigkeiten.

- Die Ursachen für die Programm-Unterbrechung können liegen:

    o im laufenden Prozeß selbst: Man spricht dann von einem "Alarm" ("exception"); diese Bedingung entsteht im allgemeinen durch einen Zugriff auf eine nicht zugewiesene Adresse oder durch eine unzulässige oder vom System abgefangene Operation ("trap")

    o im Rest des Systems, verursacht durch die Hardware: Man spricht dann von einem "Interrupt" ("Unterbrechung")

    o in einer Botschaft, die (auf Veranlassung desselben oder eines anderen Prozesses) durch das System als eine Art Software-Interrupt zugestellt wird: Man spricht dann von einem "Asynchronous System Trap" ("AST").

- Die Durchführung der eingeschobenen Tätigkeiten erfolgt:

    o   im Kontext des laufenden Prozesses bei Alarmen
    o   im globalen System-Kontext bei Interrupts

6.2.1.3 Vektorisierung – Bei Eintreffen von Interrupts wahrend der Bearbeitung eines Interrupts können Vorrang-Probleme entstehen: Ein "schneller" Interrupt (etwa eines Plattengerätes) während der Bearbeitung eines "langsamen" Interrupts (etwa eines Terminals) muß vorgelassen werden, umgekehrt jedoch nicht. Diese Überlegung führt zur Einführung von Interrupt-Prioritäten ("Interrupt Priority Level", IPL). Man bezeichnet eine derartige Interrupt-Behandlung als Mehr-Ebenen-Interrupt.

Gerade in Rechnern für Realzeit-Systeme muß oft sehr schnell bei Eintreffen eines Interrupts festgestellt werden, von wo er verursacht wurde, damit die entsprechende Routine zu seiner Bearbeitung ausgewählt und gestartet werden kann. Man führt zu diesem Zweck sogenannte "vektorisierte Interrupts" ein. Dabei versteht man unter einem "Vektor":

- einen dem System bekannten Speicherplatz, der die Startadresse der Interrupt- oder Alarm-Routine enthält, bzw.

- einen vom Benutzer dem System bekanntgemachten Speicherplatz, der die Startadresse einer benutzereigenen Alarm-Routine enthält.

Um die Auswahl des richtigen Vektors schnell treffen zu können, wird:

- für jede Interrupt-Quelle (im allgemeinen jeden Geräte-"Controller") und für jede Alarm-Klasse ein Vektor definiert

- durch das den Interrupt erzeugende Gerät eine Information übermittelt, die die Identifikation dieses Gerätes und damit die Auswahl des zugehörigen Vektors ermöglicht (zweckmäßigerweise durch die Hardware).

Um prioritätsgerechte Abarbeitung der anstehenden Interrupts zu gewährleisten, wird:

- von der Interrupt-Routine die Priorität des bearbeiteten Interrupts in ein spezielles Register, zum Beispiel das Prozessor-Status-(Lang-)Wort (PSL) eingetragen;

- ein neu eintreffender Interrupt nur dann bearbeitet, wenn seine Priorität höher als die in PSL angegebene ist; andernfalls wird er vom Prozessor nicht abgenommen, bleibt also anstehen, bis die Interrupt-Priorität IPL weit genug abgesunken ist.

6.2.1.4 Interrupt-Bearbeitung - Hardwareseitig spielen sich bei
der Bearbeitung eines Interrupts die folgenden Vorgänge ab:

1. Ein Gerät gibt ein Signal auf die "Interrupt-Request-Lei-
   tung".

2. Der zuständige Controller quittiert.

3. Das Gerät sendet das es identifizierende Interrupt-Signal;
   dieses bestimmt:

   o die Priorität des Interrupts
   o den auszuwählenden Vektor

4. Bei Beendigung der gerade ausgeführten Maschinen-Instruktion
   bzw. beim Erreichen des nächsten Aufsetzpunktes innerhalb
   dieser Instruktion unterbricht der Zentralprozessor bei
   ausreichender Priorität des Interrupts seinen Befehlsabarbei-
   tungszyklus ("fetch execute cycle", s. Abschnitt 1.1.2).

5. Der Zentralprozessor startet die "Interrupt-Sequenz", die zum
   Beispiel ein spezielles Mikroprogramm sein kann; diese

   o rettet den Maschinenzustand (Programmzähler PC und Status
     PSL)

   o lädt aus dem Vektor, den das Interrupt-Signal bestimmt,
     den neuen Wert für den Programmzähler PC

   o erzeugt einen neuen Status PSL, der insbesondere die
     Priorität IPL enthält

6. Damit läuft die "Interrupt-Service-Routine", und zwar im
   Systemkern-Modus.

7. Am Ende der Interrupt-Service-Routine wird der alte Systemzustand wiederhergestellt.

   Wesentlich ist hierbei, daß die Interrupt-Bearbeitung in
einem systemweiten Kontext, nicht im Kontext irgendeines
Prozesses, abläuft. Dagegen erfolgt die Bearbeitung von Alarmen
im Kontext des Prozesses, in dem der Alarm aufgetreten ist, und
zwar im System-Modus.

6.2.1.5 Beispiel eines Interrupt-Systems - Um einen besseren Ein-
blick in die Vorgänge zu bekommen, die beim Entstehen und bei der
Bearbeitung von Interrupts ablaufen, soll die Behandlung von
Interrupts und Alarmen im Betriebssystem VMS [23] etwas eingehender betrachtet werden.

   Dazu ist es zweckmäßig, zunächst einmal die in diesem System
definierten Interrupt-Vektoren zu betrachten:

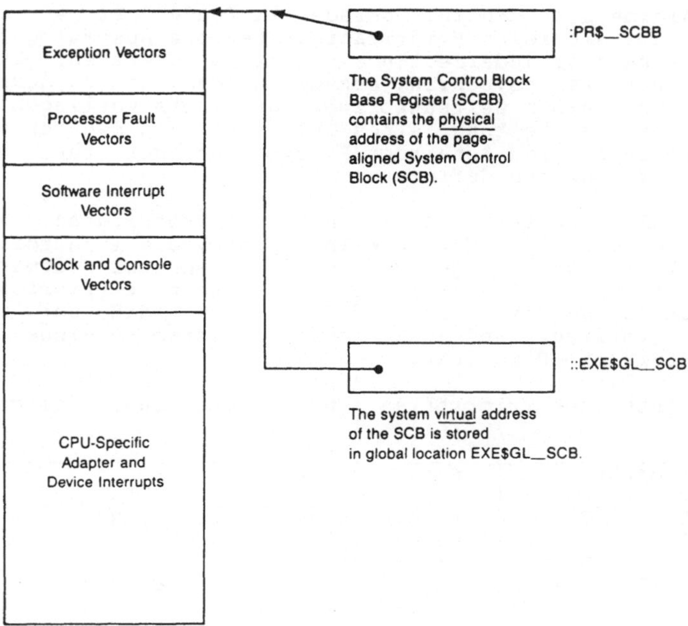

Fig. 6-3 System Control Block

Die Vektoren sind in einem speziellen Speicherbereich, dem "System Control Block" (SCB) enthalten, der über ein spezielles privilegiertes Maschinen-Register (SCBB) adressiert wird. Dabei bestimmen die Bits <1:0> jedes Vektors, in welchem Kontext die durch den ausgewählten Vektor bestimmte Routine läuft:

0 - Die Routine läuft im Prozeß-Kontext; es sei denn, die Maschine arbeitet schon im System-Kontext; dieser bleibt dann erhalten.

1 - Die Routine läuft im System-Kontext; wenn die Unterbrechung ein Alarm ist, wird die Priorität IPL auf den maximalen Wert '1F' (=31) gesetzt.

2 - Die Routine läuft im benutzer-kontrollierten Mikroprogrammspeicher.

3 - Reserviert.

Bei den Codes 0 und 1 enthalten die Bits <31:2> die Startadresse der Interupt-Service-Routine. Bei Software-Interrupts wird für jeden anstehenden Interrupt ein Bit in einem speziellen Maschinen-Register, dem "Software Interrupt Summary Register" (SISR) gesetzt; die verlangte Priorität wird in ein zweites Register, das "Software Interrupt Request Register" (SIRR) eingetragen. Diese beiden Register entsprechen den Interrupt-Leitungen bei Hardware-Interrupts.

Da Alarme synchron zum gerade laufenden Prozeß entstehen, braucht für sie keine Prioritäts-gesteuerte Auswahl getroffen zu werden; es kann ja jederzeit nur ein Alarm entstehen. Da andererseits Interrupts asynchron erzeugt werden, ist es durchaus möglich, daß zum selben Zeitpunkt zwei Interrupts vorliegen oder daß während der Bearbeitung eines Interrupts ein zweiter eintrifft. Aus diesem Grund sind Interrupt-Prioritäten nur für Interrupts, nicht aber für Alarme definiert.

Der VAX-Prozessor kennt 31 Interrupt-Prioritäten, von denen die 16 höchsten für Hardware-Interrupts, die 15 niedrigsten für Software-Interrupts vorgesehen sind. Benutzer-Software läuft dagegen im Prozeß-Kontext, dem die Interrupt-Priorität 0 zugewiesen ist; diese Priorität bedeutet also, daß zur Zeit kein Interrupt vorliegt und ist somit im strengen Sinne eigentlich keine "Interrupt"-Priorität.

Die Interrupt-Prioritäten sind folgendermaßen festgelegt:

Priority		Hardware Event
Dec	Hex	
31	1F	Machine Check, Error Logging
30	1E	Power Fail
29	1D	Error Interrupts
28-25	1C-19	Processor/Memory/Bus Errors
24	18	Real-Time-Clock
23	17	Hardware-Interrupt BR7
22	16	Hardware-Interrupt BR6, Clock
21	15	Hardware-Interrupt BR5
20	14	Interprocessor-, HW-Interrupt BR4
19	13	Translation-Buffer-Invalidate
18-16	12-10	--- reserved ---
Priority		**Software Event**
15	0F	Performance-Monitor
14	0E	XDELTA-Debugger (ASMP)
13	0D	--- reserved ---
12	0C	Quorum Recalc., Mount Verific. Cancel
11	0B	Fork Process for Mailboxes
10	0A	Fork Process IPL 10
9	09	Fork Process IPL 9
8	08	Fork IPL 8, Synchronization
7	07	Software Timer
6	06	Queue Asynchronous System Trap (AST)
5	05	XDELTA-Debugger (Non-ASMP)
4	04	I/O Postprocessing
3	03	Rescheduling Interrupt
2	02	AST Delivery
1	01	--- reserved ---
0	00	Process Context

Fig. 6-4 Interrupt-Prioritäten

6.2.1.6 Beispiel einer Interrupt-Bearbeitung - Um einen Eindruck von den Vorgängen, die sich bei der prioritätsgesteuerten Bearbeitung von Interrupts verschiedener Prioritäten abspielen, und von der Komplexität dieser Vorgänge zu vermitteln, sei der zeitliche

Verlauf der Interrupt-Priorität für eine Menge geschachtelter
Hardware- und Software-Interrupts dargestellt. Dabei sollen
während der Bearbeitung eines Interrupts auf der Priorität IPL = 5
der Reihe nach Software-Interrupts auf den Prioritäten 8, 3, 7, 9
und ein Hardware-Interrupt auf Priorität 17 eintreffen; ferner
soll während der Abschlußbearbeitung des Software-Interrupts der
Priorität 8 die Priorität explizit auf 5 herabgesetzt werden.
Damit ergibt sich das folgende Bild für den zeitlichen Verlauf der
Interrupt-Priorität [39]:

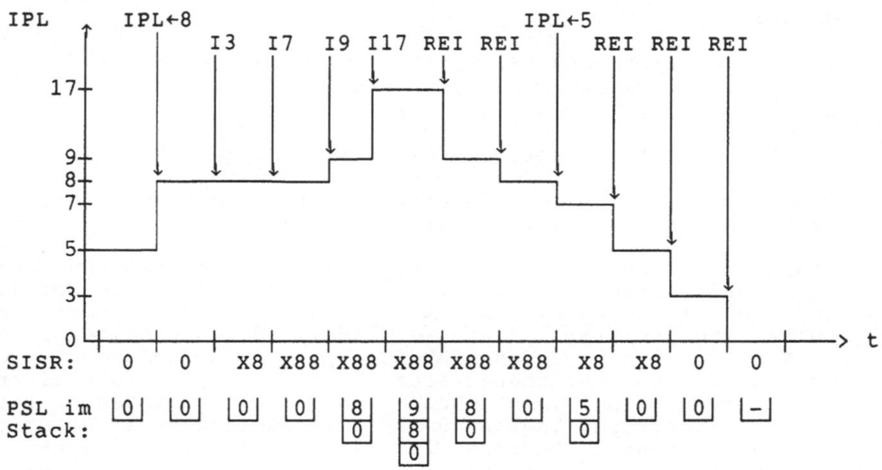

Fig. 6-5 Prioritäten geschachtelter Interrupts

Weiterhin wollen wir den Ablauf einer durch Trace, arith-
metischen Alarm und Interrupt mehrfach unterbrochenen Instruktion
betrachten; auch dieses Beispiel legt wieder die VAX-Architektur
zugrunde und ist [39] entnommen:

1. Die Instruktion endet und speichert ihre Ergebnisse ab, oder
    sie erreicht einen definierten Unterbrechungspunkt, an dem
    ihr gesamter Zustand in den Registern enthalten und daher aus
    diesen rekonstruierbar ist.

2. Der arithmetische Alarm wird festgestellt, und die entspre-
    chende Sequenz (ein Mikroprogramm) wird angestoßen; diese:

    a. speichert PC und PSL mit dem "Trace Pending"-Bit TP = 1
        in den Stack;
    b. lädt ein neues PC aus dem Vektor;
    c. erzeugt ein neues PSL.

3. Der Interrupt wird festgestellt, und die Interrupt-Sequenz
    wird angestoßen; diese:

    a. speichert PC und PSL in den Stack;
    b. lädt ein neues PC aus dem Vektor;

   c. erzeugt ein neues PSL.

4. Wenn ein Interrupt höherer Priorität festgestellt wird, wird dessen Bearbeitung jetzt in analoger Weise eingeschoben.

5. Die Interrupt-Service-Routine läuft und kehrt mit dem Befehl REI ("Return from Exception or Interrupt") zurück.

6. Die Alarm-Routine läuft, kehrt mit REI zurück und findet ein PSL mit TP = 1. Dadurch wird die Trace-Sequenz angestoßen; diese:

   a. speichert PC und PSL mit TP = 0 in den Stack;
   b. lädt ein neues PC aus dem Vektor;
   c. erzeugt ein neues PSL.

7. Die Trace-Routine läuft und kehrt mit REI zurück.

8. Die nächste Intruktion des Prozesses (bzw. der Rest der unterbrochenen Instruktion) wird gestartet.

Während der (durch ein Mikroprogramm abgewickelten und damit zeitlich begrenzten) Initialisierung einer solchen Service-Routine, der Interrupt- bzw. Alarm-Sequenz, sind immer die Interrupts abgeschaltet ("disabled"), damit das Umschalten in den Service-Kontext korrekt durchgeführt werden kann und damit der Rückweg in den unterbrochenen Prozeß gesichert ist. Die eigentliche Service-Routine kann dann jedoch mit eingeschalteten ("enabled") Interrupts laufen, um so Interrupts höherer Priorität einschieben zu können. Dadurch ist eine sofortige Bearbeitung jedes Interrupts gewährleistet, der nicht durch einen Interrupt höherer Priorität verzögert wird. Dies führt zu einer für Realzeit-Systeme typischen sehr schnellen Reaktionsfähigkeit des Systems, die im Mikrosekunden-Bereich liegt.

6.2.1.7 Allgemeine Bemerkungen – Diese relativ komplexen Beispiele, die hier noch stark vereinfacht dargestellt wurden, zeigen deutlich, daß der Fetch-Execute-Zyklus heutiger Rechner viel von seiner ursprünglichen Einfachheit eingebüßt hat. (Man vergleiche die Darstellung im Abschnitt 1.3.1!) Durch diese Aufweitung des Fetch-Execute-Zyklus ist es jedoch möglich geworden, die dem Betriebssystem gebotene Hardware-Schnittstelle erheblich komfortabler und leistungsfähiger zu gestalten, als dies mit einer einfacheren Form der Befehlsabarbeitung möglich wäre. Dieser Fortschritt ist im wesentlichen durch Mikroprogrammierung möglich geworden, also durch die Realisierung des Fetch-Execute-Zyklus durch Programme einer niedrigeren Ebene der Rechner-Architektur, und nicht mehr durch direkte "Verdrahtung" der Befehle, wie sie in älteren Rechnern üblich war. Alternativ verlegt man bei RISC-Prozessoren diese Funktionalität ganz auf die Ebene der Software und gleicht den daraus resultierenden Leistungsverlust durch höhere Prozessor-Geschwindigkeit aus.

Während diese Beispiele sich auf eine bestimmte Rechner-Architektur bezogen, um konkrete Abläufe darstellen zu können, sind doch die zugrundegelegten Prinzipien in vielen heutigen Rechnern zu finden, wenn auch die Realisierung dieser Prinzipien

sich von Rechner zu Rechner erheblich unterscheiden kann. Man
stellt jedoch als allgemeine Eigenschaften der Interrupt-Bearbeitung die folgenden fest:

- sehr stark abhängig von der Hardware-Architektur eines
  Rechners

- teils hardware-, teils software-mäßig durchzuführen

- umso schneller, je stärker die Hardware-Unterstützung ist

- von höheren Programmiersprachen aus eventuell beschreibbar,
  jedoch kaum programmierbar, oder zumindest kaum effizient
  programmierbar, weil:

    o Compilierung zu einer Software-Bearbeitung der Interrupts
      führt und damit zu langsam ist;

    o direkte Übersetzung in einen einzigen Hardware-Befehl nur
      für eine Rechner-Architektur jeweils möglich ist;

        → keine maschinenunabhängige Compilierung und dazu noch
          höhere Komplexität in der Programmiersprache als auf
          Maschinenebene
        → ungeeignet!

    o effiziente Abarbeitung nur auf Mikroprogramm-Ebene oder
      darunter möglich ist.

        → für normale Compiler als Zielsprache nicht mehr formu-
          lierbar
        → spezielle Hardware-Beschreibungs-Sprachen erforderlich
          (z.B. ISPS [34])

6.2.2 Bus-Systeme

6.2.2.1 Rechner-Architekturen – Die einzelnen Komponenten eines
Rechners sind über verschiedene Datenwege zur Übertragung von
Steuerinformation, Adressen und Daten miteinander verbunden. In
einem Minicomputer hat man traditionell etwa den folgenden Aufbau:

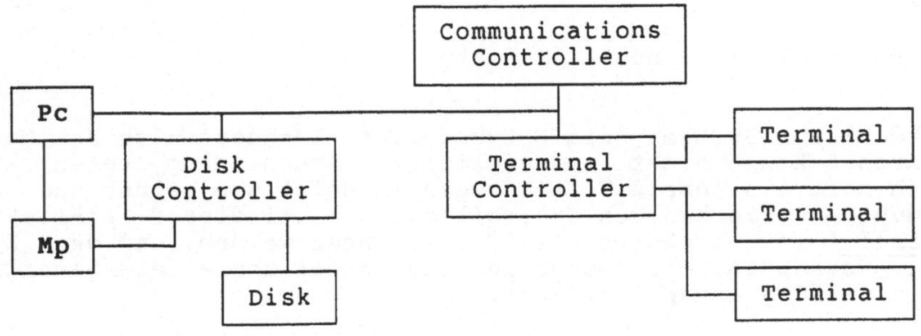

Fig. 6-6 Modell einer Rechner-Architektur

Um einfachere, billigere und besser konfigurierbare Systeme zu erhalten, werden oft bestimmte dieser Datenwege zusammengefaßt und als "Rückgrat" einer Rechner-Architektur aufgebaut, die die restlichen Komponenten um diese Datenwege herum gruppiert. Eine Alternative zieht die Controller der E/A-Geräte (s. Abschnitt 6.2.3) mit Prozessor und Hauptspeicher zu einer Einheit, dem sogenannten "Mainframe", zusammen:

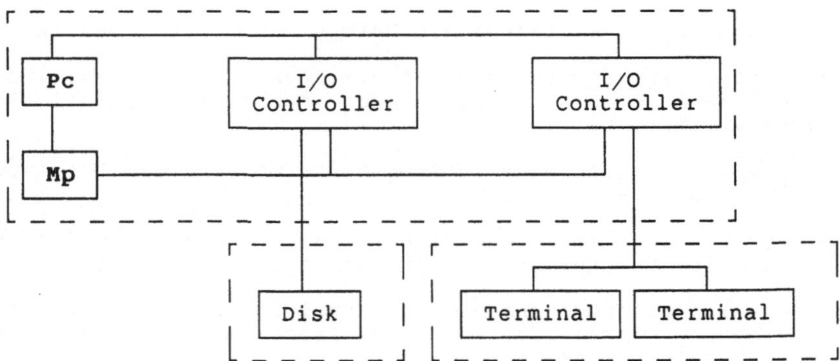

Fig. 6-7 Modell einer Mainframe-Architektur

Die entgegengesetzte Alternative vereinigt die Hauptdatenwege zu den einzelnen Controllern zu einem genormten Datenweg, einem sogenannten "Bus", und gibt jedem Controller über festgelegte Schnittstellen Zugriff auf diesen Bus:

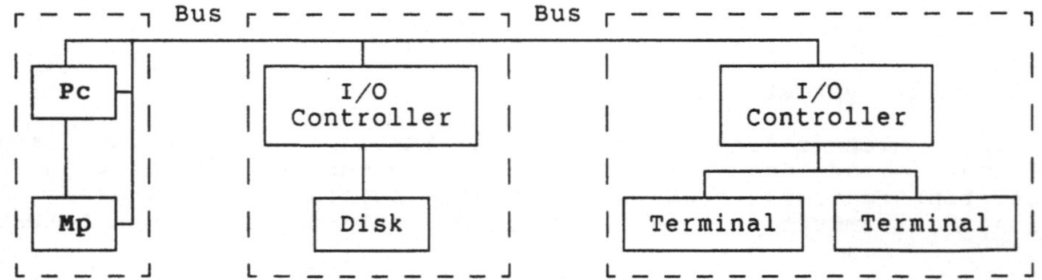

Fig. 6-8 Modell einer Bus-Architektur

Obwohl Bus-Systeme beim Entwurf eines Rechners nach der Mainframe-Architektur nicht so explizit in Erscheinung treten, sind sie auch dort als innere Verbindungen im Mainframe selbst und als Verbindungen zwischen den Controllern, die bei dieser Architektur als "Kanäle" (s. Abschnitt 6.2.3) bezeichnet werden, und den E/A-Geräten vorhanden, oft jedoch in reduzierter und an die jeweilige Aufgabenstellung angepaßter Form.

6.2.2.2 Aufgaben eines Bus – Die Vielfalt möglicher und existierender Bus-Strukturen läßt sich nach den Aufgaben, die der Bus erfüllen soll, und nach den Verfahren, nach denen er diese Aufgaben erfüllt, klassifizieren. Durch Auflistung der einzelnen Strukturelemente läßt sich daher eine gewisse Ordnung in die diversen Möglichkeiten zur Realisierung von Bus-Systemen bringen:

- Steuerung der Bus-Belegung ("<u>arbitration</u>"):

  o Ort der Steuerungslogik:

    + zentral
    + verteilt

  o Verfahren zur Steuerung:

    + Priorität (festgelegte Rangfolge der Anschlüsse)
    + demokratisch (nach irgendeinem Gleichverteilungs-Algorithmus)
    + sequentiell (nicht unbedingt immer im Kreis herum)

  o Zeitpunkt der Bus-Vergabe:

    + fester zeitlicher Zusammenhang zwischen Bus-Anforderung und Bus-Vergabe
    + variabel (jede Verbindung kann jederzeit eine Anforderung stellen)

- Synchronisisierung des Datentransfers:

  o Quelle der Synchronisierung:

    + zentralisiert
    + einer der Kommunikationspartner:

      · der Sender
      · der Emfänger

    + beide Kommunikationspartner

  o Typ der Synchronisierungssignale:

    + periodisch
    + aperiodisch

- Verfahren zur Fehlererkennung und -behebung:

  o Check bits (z.B. Parity)
  o Quittierung
  o Zeitüberwachung
  o Wiederholung
  o Fehlerprotokollierung

Die verschiedenen Vaianten von Bus-Systemen ergeben sich im wesentlichen durch Auswahl geeigneter Elemente dieser Liste, wobei für jede Anwendung entschieden werden muß, welche dieser Alternativen im jeweiligen Fall die gewünschten Eigenschaften ergeben.

6.2.2.3 Beispiel eines Bus – Wegen der vielen Realisierungsmöglichkeiten für Bus-Strukturen kann hier nur ein spezieller Bus als Beispiel für Aufbau und Funktionsweise dieses Bauelementes beschrieben werden. Der im Folgenden dargestellte <u>Unibus</u> [3,31] ist der zentrale Kommunikationsweg der meisten PDP-11-Kleinrechner; er repräsentiert einen relativ weit verbreiteten Bus-Typ:

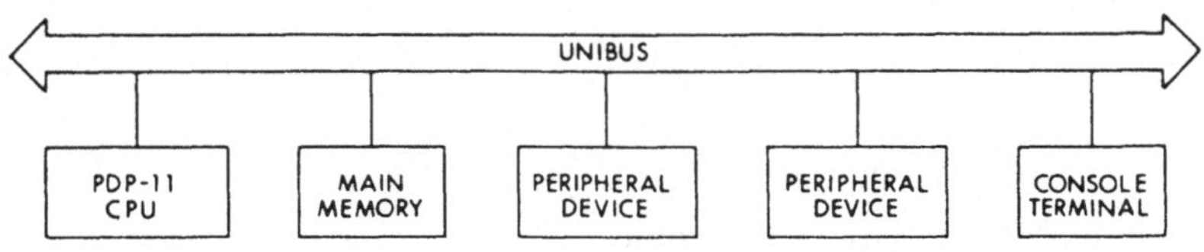

Fig. 6-9 Block-Diagramm des Unibus

Der Unibus ist ein 56 Bit breiter Datenweg zur Übertragung von Daten und Steuerinformation, der folgende Eigenschaften gemäß dem Klassifikationsschema des letzten Abschnitts hat:

- Steuerung:

    o zentral
    o gruppenweise Priorität
    o variabler Zeitpunkt

- Synchronisisierung:

    o durch beide Kommunikationspartner
    o aperiodisch im "Handshake"-Verfahren

- Fehlererkennung:

    o keine Check bits (aber Signale zur Meldung von Paritätsfehlern)
    o Quittierung (über SSYN-Signal)
    o Zeitüberwachung (über SSYN-Signal)
    o Wiederholung über Software
    o Fehlerprotokollierung über Software

Der Unibus wird eingesetzt für:

- programmgesteuerte Datenübertragung (Prozessor → Controller)

- direkte Datenübertragung vom/zum Speicher ("<u>DMA</u>", "direct memory access")

- Interrupts (Controller → Prozessor)

Im Folgenden bezeichnet "Master" den aktiven, "Slave" den passiven Partner einer Kommunikation. In dieser Terminologie kann man als Haupttypen der Dialoge über den Bus unterscheiden:

- **Interrupt:** Master sendet Adresse an Slave

- **Data In/Data In Pause:** Master spezifiziert Adresse, ab der Slave Daten an Master sendet; bei "Pause" sendet Master anschließend Daten an Slave

- **Data Out/Data Out Byte:** Master sendet Daten-Wort/-Byte an Slave

Die Leitungen des Unibus sind in 3 Gruppen unterteilt (dabei bedeutet "→" Übertragung zur, "←" Übertragung von der Bus-Steuerungslogik, dem sogenannten "arbitrator"):

- Datentransfer-Gruppe:

  - ← 18 Adreßleitungen (A<17:0>), über die Master einen Slave auswählt
  - ↔ 16 Datenleitungen (D<15:0>) zum eigentlichen Datentransport
  - ↔ 2 Controlleitungen (C1,C0) zur Auswahl der Datentransfer-operation
  - ↔ 2 Parity-Leitungen (PA,PB) zur Anzeige von Paritätsfehlern
  - ↔ 1 Master-Synchronistation (MSYN) Master → Slave
  - ↔ 1 Slave-Synchronisation (SSYN) Slave → Master (Quittung)
  - → 1 Interrupt-Leitung (INTR) zur Anzeige, daß D einen Inter-rupt-Vektor enthält

- Bus-Vergabe-Gruppe/Priorität:

  - → 4 Bus-Request-Leitungen (BR7 - BR4) für Interrupt-Anforde-rung
  - ← 4 Bus-Grant-Leitungen (BG7 - BG4) als Quittung
  - → 1 Nonprocessor-Request-Leitung (NPR) für DMA-Anforderung
  - ← 1 Nonprocessor-Grant-Leitung (NPG) als Quittung
  - → 1 Select-Acknowledge-Leitung (SACK) als Quittung für Grant
  - ↔ 1 Bus-Busy-Leitung (BBSY) als Anzeige des Masters, daß D belegt ist

- Initialisierungs-Gruppe:

  - ← 1 Initialize-Leitung (INIT) zur Normierung nach Spannungs-ausfall
  - ↔ 1 AC-Line-Low-Leitung (AC LO) als Vorwarnung vor Span-nungsverlust
  - ← 1 DC-Line-Low-Leitung (DC LO) als Anzeige von Spannungs-ausfall

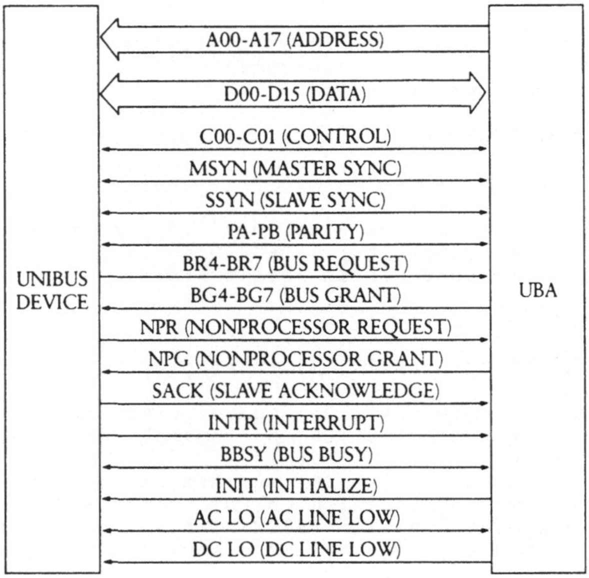

• Digital Equipment Corporation

Fig. 6-10 Unibus Konfiguration

Innerhalb jeder Bus-Request-Gruppe erfolgt hardwaremäßig eine Prioritätssteuerung in folgender Form:

1. Ein Controller fordert den Bus mit seinem BR-Signal an.

2. Wenn die Interrupt-Priorität der Bus-Steuerung bzw. des Zentralprozessors niedrig genug ist, wird das zugehörige BG-Signal gegeben.

3. Dieses Signal geht seriell durch alle Controller dieser Gruppe. Der erste startbereite Controller leitet das BG-Signal nicht weiter, sondern quittiert BG durch das SACK-Signal.

4. Anschließend beginnt die Datenphase für diesen Controller.

5. Nach Abschluß der Datenübertragung leitet der Controller BG weiter, so daß weitere Controller dieser Gruppe bedient werden können.

Das Zeit-Diagramm für die Bus-Vergabe hat somit folgenden Aufbau:

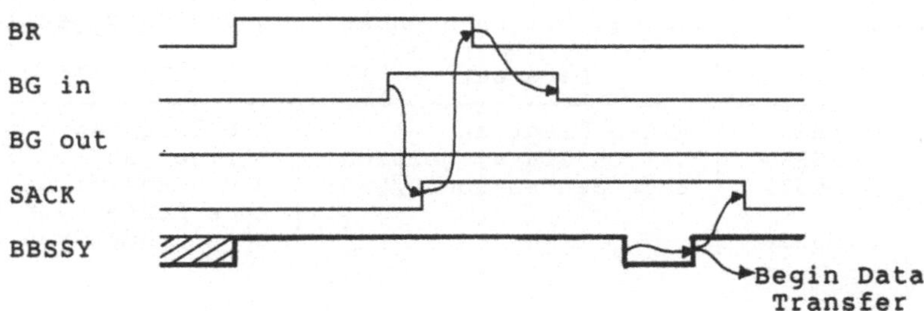

Fig. 6-11 Zeitlicher Ablauf der Bus-Vergabe

Sobald BBSY negiert, der Bus also verfügbar ist, beginnt der eigentliche Datentransfer, der für eine Data-Out-Operation (Datentransport vom Zentralprozessor oder Controller in den Speicher) folgendermaßen abläuft:

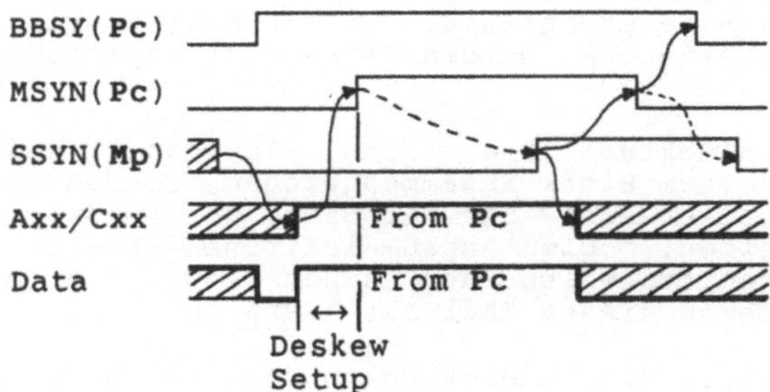

Fig. 6-12 Zeitlicher Ablauf einer Data-Out-Operation

Für Data-In (Datentransport vom Speicher in den Zentralprozessor oder Controller) wird die Adresse vom Master (Zentralprozessor bzw. Controller) spezifiziert, während der Speicher als Slave die Daten sendet, so daß hier eine zeitliche Verschachtelung zwischen Adreß- und Datentransfer erfolgt. Das Zeit-Diagramm sieht daher etwas anders aus:

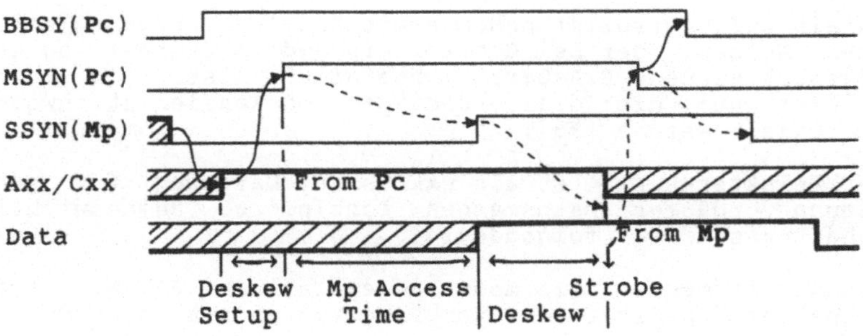

Fig. 6-13 Zeitlicher Ablauf einer Data-In-Operation

Die Datenübertragung wird somit durch ein "Handshake"-Verfahren mithilfe der beiden Signale MSYN und SSYN gesichert:

Signal	Data Out	Data In
MSYN	A/C/D liegt an	A/C liegt an
SSYN	D (von Slave) gelesen	D liegt an
MSYN	Ende Senden von D/BBSY	D von Master gelesen; Ende Senden von BBSY
SSYN	–	Ende Senden von D

6.2.3 Kanäle

Wie schon im Abschnitt 6.2.2.1 dargestellt, sind zum Anschluß der zentralen Komponenten Pc (Zentralprozessor) und Mp (Hauptspeicher) eines Rechners an externe Geräte spezielle Elektronik-Baugruppen nötig, die die beiderseitige Anpassung vornehmen. Dabei wird üblicherweise hier an irgendeiner Stelle eine normierte Schnittstelle vorgesehen, die den Anschluß frei wählbarer E/A-Geräte an dieser Stelle ermöglicht. Diese Schnittstelle kann, je nach System-Architektur, an beiden Seiten der Anpassungs-Elektronik liegen:

- **Mainframe-Architektur:** Hier sind Elektronik und Zentralprozessor zu einem Block zusammengezogen, so daß als Schnittstelle sinnvollerweise die Grenzen des Mainframe-Blockes definiert werden. Die Anpaß-Elektronik bietet hier also definierte Schnittstellen nach außen (zur E/A hin). Man bezeichnet sie in diesem Fall als "Kanal".

- **Bus-Architektur:** Hier bietet schon der Bus eine definierte Anschluß-Schnittstelle, so daß zweckmäßig die Anpaß-Elektronik definierte Schnittstellen am Bus, also nach innen (zum Prozessor hin) hat. Man bezeichnet sie in diesem Fall als "Controller" (s. Abschnitt 6.2.4).

Anmerkung: Zum Anschluß von Band- und Plattengeräten werden wegen der komplizierten Steuerung dieser Geräte üblicherweise auch bei der Mainframe-Architektur Controller verwendet, die dann an die Kanäle angeschlossen werden.

Kanäle und Controller haben somit ähnliche Aufgaben und auch ähnlichen Aufbau, der bei Controllern jedoch stärker von der Art der angeschlossenen E/A-Geräte beeinflußt ist. Im Folgenden sollen hier nur die drei Grundtypen von Kanälen stichwortartig charakterisiert werden [35]:

Der Selektor-Kanal ist als exklusiver Datenweg für schnelle Übertragung größerer Datenmengen konzipiert. Seine wichtigsten Eigenschaften sind die folgenden:

- ein Arbeitsmodus: als momentan exklusiver E/A-Weg für ein schnelles E/A-Gerät, das vom Programm angewählt wurde

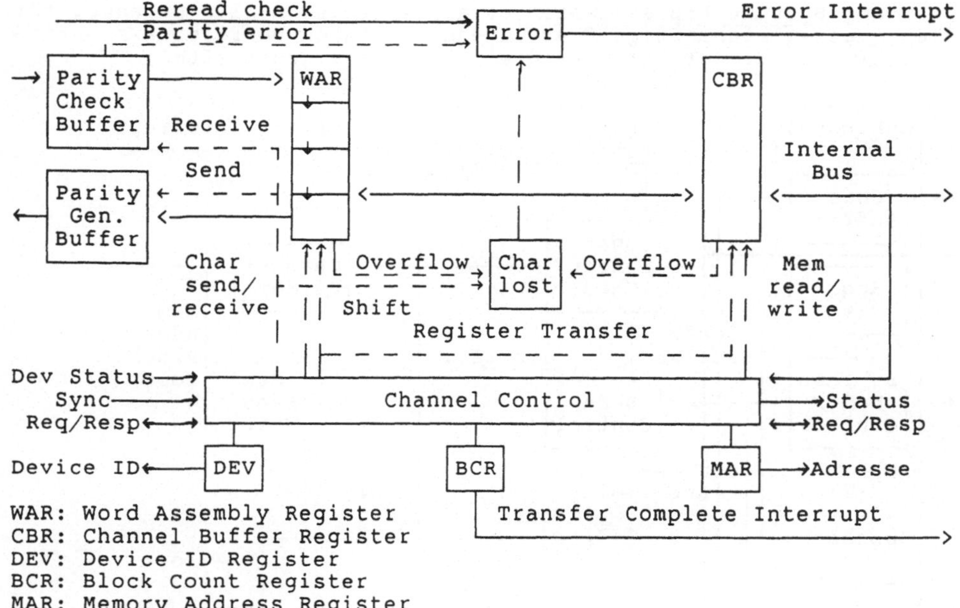

WAR: Word Assembly Register
CBR: Channel Buffer Register
DEV: Device ID Register
BCR: Block Count Register
MAR: Memory Address Register

Fig. 6-14 Architektur eines Selektorkanals

- kann nach Auswählen eines Gerätes nur von diesem benutzt werden, bis der Transfer fertig oder abgebrochen ist; speziell können Wartezeiten nicht von anderen Geräten genutzt werden, wenn die Selektion erst einmal geschehen ist

- Transfer einzelner Datenblöcke zwischen **Mp** und **Ms**

- Initialisierung durch Angabe von:

    o Adresse des ersten zu übertragenden Wortes in **Mp**
    o Länge des zu übertragenden Blocks
    o Identifikation des E/A-Gerätes

- nach der Initialisierung durchgeführte Funktionen:

    o Bestimmen und Updaten der nächsten Adresse im E/A-Puffer
    o Bestimmen und Updaten der Anzahl der noch zu übertragenden Wörter im Block
    o Anpassung und Umcodierung der zu übertragenden Datenelemente (z.B. Bytes ⟷ Worte)
    o Parity-Erzeugung/Überprüfung
    o Kanal-/Geräte-Status-Meldung, Fehler-Meldung
    o Interrupt-Generierung
    o Synchronisation

Der Byte-Multiplex-Kanal ist als mittelschneller Datenweg für
die quasi-gleichzeitige Übertragung von Daten mehrerer E/A-Geräte
konzipiert. Er verfügt über die folgenden Eigenschaften:

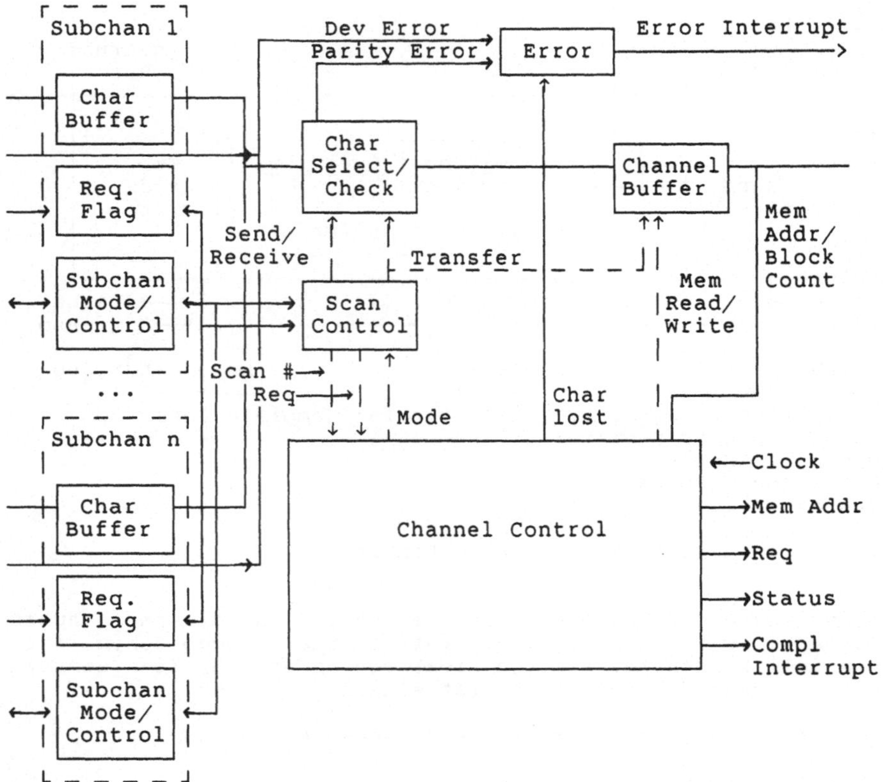

Fig. 6-15 Architektur eines Byte-Multiplex-Kanals

- zwei Arbeitsmodi:

  o als momentan exklusiver E/A-Weg für ein mittelschnelles
     E/A-Gerät, das vom Programm angewählt wurde ("burst
     mode")

  o als gemultiplexter Datenweg für zeichenweise Übertragung
     der Daten mehrerer langsamer E/A-Geräte in einer Art
     Timesharing ("multiplex mode")

- kann aufgefaßt werden als die Kombination mehrerer langsamer
  Selektor-Kanäle

- Speicheradressen und Blockzähler der einzelnen Unterkanäle
  stehen oft nicht in Hardware-Registern, sondern in **Mp**

- arbeitet im Multiplex-Mode folgendermaßen:

  1. Die sogenannte "scan control" überprüft der Reihe nach die "request flag"-Flipflops der einzelnen Unterkanäle ("<u>polling</u>").

  2. Wenn eines der Flipflops gesetzt ist, verlangt der betreffende Unterkanal Bedienung. Das zugehörige "Mode"-Flipflop wird überprüft, um festzustellen, ob es sich um Ein- oder Ausgabe handelt.

  3. Bei Ausgabe wird nun

     a. die Adresse des betreffenden Zeichens in **Mp** gelesen, inkrementiert und in die Adreßliste zurückgeschrieben;
     b. das Zeichen aus **Mp** in den Kanalpuffer übertragen;
     c. das Zeichen von dort in den ausgewählten Unterkanalpuffer übertragen;
     d. der Blockzähler gelesen, dekrementiert und auf Null überprüft;
     e. bei Fehlern und bei Blockzähler = 0 ein Interrupt erzeugt.

     Die Eingabe geschieht analog; jedoch muß das Zeichen vom Unterkanalpuffer schon in den Kanalpuffer übertragen werden, während die Adresse des Zeichens bestimmt wird.

  4. Anschließend kann die Scan Control den nächsten Unterkanal abfragen.

- Im Burst-Mode wird die Scan Control angehalten, bis die Übertragung des jeweiligen Unterkanals beendet ist.

Der <u>Block-Multiplex-Kanal</u> schließlich ist als schneller Datenweg <u>für die</u> quasi-gleichzeitige Übertragung von Daten mehrerer E/A-Geräte konzipiert. Er ist folgendermaßen zu charakterisieren:

- zwei Arbeitsmodi:

  o als momentan exklusiver E/A-Weg für ein schnelles E/A-Gerät, das vom Programm ausgewählt wurde ("burst mode")

  o als gemultiplexter Datenweg für blockweise Übertragung der Daten mehrerer schneller oder gepufferter E/A-Geräte im Timesharing ("multiplex mode"); dabei kann der Kanal während Wartezeiten von dem betreffenden Unterkanal logisch getrennt sein und von anderen Unterkanälen benutzt werden; wenn der Datenblock dann bereitsteht, kann über einen (kanalinternen) Interrupt der Unterkanal wieder angebunden werden

- Speicheradressen und Blockzähler der Unterkanäle in Hardware-Registern

- übrige Eigenschaften entsprechen jeweils dem geeigneten der beiden anderen Kanaltypen

6.2.4 Controller

Während Controller zunächst aus spezialisierter, teilweise recht aufwendiger Hardware bestanden und nur recht eingeschränkte Anpassungen zwischen den Signalen der E/A-Geräte und den Rechner-Strukturen vornehmen konnten, erlaubt es die Verfügbarkeit billiger und leistungsfähiger Mikroprozessoren und Halbleiterspeicher, komplexe E/A-Operationen von der Controller-Hardware weitgehend autonom abwickeln zu lassen. Damit werden Vorgänge, die noch vor wenigen Jahren von der Betriebssystem-Software, insbesondere von den Treiber-Programmen, abgewickelt wurden, auf die Ebene der Controller-Firmware und -Hardware verlagert und dadurch für das Betriebssystem im Normalfall unsichtbar. Typische Operationen, die von modernen Controllern abgewickelt werden, sind die folgenden:

- Optimierung der Reihenfolge von Plattenzugriffen in bezug auf ihre geometrische Anordnung und dadurch Minimierung der Latenzzeiten durch Kopfbewegung und Rotation (s. Abschnitt 4.4)

- Erkennen defekter Datenblöcke auf magnetischen und optischen Datenträgern und Behandlung der daraus resultierenden Übertragungsfehler durch:

  o wiederholtes Lesen derselben Daten, ggfs. mit leichter Variation der Lese-Position

  o Rekonstruktion der gelesenen Daten aus ECC-Prüfsummen (s.a. Abschnitt 6.2.5.3)

  o schlimmstenfalls Markieren der gelesenen Daten als unzuverlässig

- Kontrolle von Schreibvorgängen durch Mitlesen der geschriebenen Information über einen zweiten Magnetkopf und Vergleich mit der zu schreibenden Information

- Ersetzen defekter Datenblöcke durch Ausweichblöcke:

  o auf Magnetbändern durch wiederholtes Schreiben des Blocks (keine Korrektur bei reinen Lese-Operationen möglich)

  o auf Platten durch:

    + Übertragen des Block-Inhalts in einen für diesen Zweck bereitgehaltenen Reserveblock,

    + Aktualisierung der Block-Verzeigerung und

    + Markieren des ursprünglichen Blocks als "defekt";

  Reserveblöcke werden typischerweise in zwei Stufen bereitgestellt:

+ Um Suchvorgänge durch defekte Blöcke zu vermeiden,
  wird in jeder Spur eine geringe Anzahl (typischerweise 1 bis 4) von Blöcken als Ausweichblöcke für
  diese Spur reserviert.

+ Für den Fall, daß alle Ausweichblöcke einer Spur
  schon benutzt sind, wird auf ein gemeinsames Reser-
  voir weiterer Ausweichblöcke für die ganze Platte
  (typischerweise mehrere Spuren auf jeder Oberfläche,
  z.B. die innersten n Spuren) zurückgegriffen.

Diese automatische Ersetzung erfolgt für das Betriebssystem transparent; lediglich für Fehler-Analysen wird
dem Rechner möglicherweise mitgeteilt, daß ein defekter
Block ersetzt wurde. Bei weiteren Zugriffen auf den
ursprünglichen defekten Block wird automatisch anhand der
geänderten Block-Verzeigerung auf den Ersatzblock zugegriffen, ohne daß die Software dies überhaupt bemerkt.

- Umsetzung der physischen, geometrie-abhängigen Block-Posi-
  tionen in abstrakte, von der Geometrie losgelöste Block-
  Nummern:

  o Dies ermöglicht es, Geräte unterschiedlicher Geometrie
    (z.B. Platten mit verschiedenen Anzahlen von Spuren und/
    oder Sektoren je Spur) software-mäßig als gleich zu
    behandeln, so daß die Software von der verwendeten
    Geräte-Konfiguration unabhängig wird.

  o Durch die automatische Ersetzung defekter Blöcke "sieht"
    das Betriebssystem nur noch perfekte Datenträger ohne
    Defekte; die Behandlung von Defekten durch Software kann
    daher entfallen.

  o Alte Software-Pakete, die noch von physischer Adres-
    sierung des Mediums (etwa durch Angabe von Zylinder/Spur/
    Sektor) ausgehen, haben teilweise Schwierigkeiten mit
    dieser logischen Adressierung; sie laufen unter Umständen
    ineffizient oder überhaupt nicht. Betroffen von diesem
    Phänomen sind vor allem Datenbanksysteme, die ursprüng-
    lich für IBM-Großrechner entwickelt wurden.

- Autonome Abwicklung ganzer Auftragsketten; dies kann die Anwendung lokaler Scheduling-Verfahren im Controller beinhalten

- Zwischenpufferung mittelgroßer (bis 1 Mbyte) Datenmengen im
  Controller, um Geschwindigkeitsunterschiede zwischen E/A-
  Gerät und Rechner auszugleichen

- Parallele und überlappte Bedienung mehrerer E/A-Geräte, ggfs.
  unter Verwendung globaler Optimierungs-Strategien

- Datensicherung ohne Mitwirkung der CPU

- Verteilung von E/A-Vorgängen auf mehrere identische Datenträger zur Erhöhung der Datenverfügbarkeit ("Datenspiege-
  lung", "shadow sets")

- Dynamische Rekonfiguration bei teilweisem Ausfall der Hardware (Platten, Bandgeräte, Rechner, Verbindungsleitungen)

- Autonome Durchführung von wartungs- und Diagnose-Funktionen

Darüber hinaus wickeln Controller, die Kommunikations-Inter-
faces steuern, oft mehr oder weniger umfangreiche Teile der
Kommunikations-Protokolle selbständig ab, wodurch sie einerseits
eine zeitgerechte Reaktion auf Protokoll-Ereignisse auch bei hoher
Maschinenlast garantieren und andererseits die CPU in gewissem
Maße entlasten. Gerade hier wurden die Grenzen zwischen Controllern und eigenständigen E/A-Prozessoren ("Front End Prozessoren")
fließend. Überhaupt sind viele moderne Controller zu teilweise
autonomen Rechnern mit eigenem, allerdings spezialisiertem,
Betriebssystem geworden.

6.2.5 Treiber-Programme

6.2.5.1 Aufgaben eines Treibers - Die eigentliche Steuerung der
Controller bzw. E/A-Geräte geschieht dadurch, daß in deren
Hardware-Registern bestimmte, geräteabhängige Steuerinformationen
abgelegt werden, die die Hardware bzw. Firmware, d.h. die Mikroprogramme, dieser Geräte veranlassen, die gewünschten Operationen
auszuführen. Die Rückmeldung geschieht über Abfrage dieser
Hardware-Register oder über Interrupts. Da die gesamte Geräte-
steuerung auf dieser Ebene völlig von dem zu betreibenden
Gerät(etyp) abhängig ist, wird sinnvollerweise für jede zu betrei-
bende Geräteklasse ein Programm vom Betriebssystem zur Verfügung
gestellt, das die Steuerung aller Geräte dieser Klasse übernimmt
und auf eine einheitliche, für alle Geräteklassen gleiche E/A-
Schnittstelle abbildet. Man bezeichnet dieses Programm dann als
"Treiber" ("driver") der betreffenden Geräte.

Die Hauptaufgaben eines Treibers sind:

- Definition der Geräte-Eigenschaften dem Betriebssystem gegenüber

- Definition des Treibers selbst dem System-Lader gegenüber

- Initialisierung des Gerätes beim Systemstart und nach Spannungsausfall

- Übersetzung der E/A-Aufträge in gerätespezifische Steuerinformation

- Aktivierung des Gerätes

- Reaktion auf Interrupts des Gerätes

- Meldung von Gerätefehlern

- Übergabe von Daten und Status-Information vom Gerät an den
  Benutzer

6.2.5.2 Die E/A-Datenbasis - Die Kommunikation zwischen Betriebssystem und Treibern geschieht über eine gemeinsame Datenstruktur,
die sogenannte E/A-Datenbasis ("I/O data base"), die dem Betriebssystem die Spezifikationen und Funktionen jedes Gerätes beschreibt
und die im wesentlichen von den vorhandenen Treibern manipuliert
wird.

Beispiel: Im Betriebssystem VMS läßt sich die Struktur der
E/A-Datenbasis schematisch folgendermaßen darstellen [25,44]:

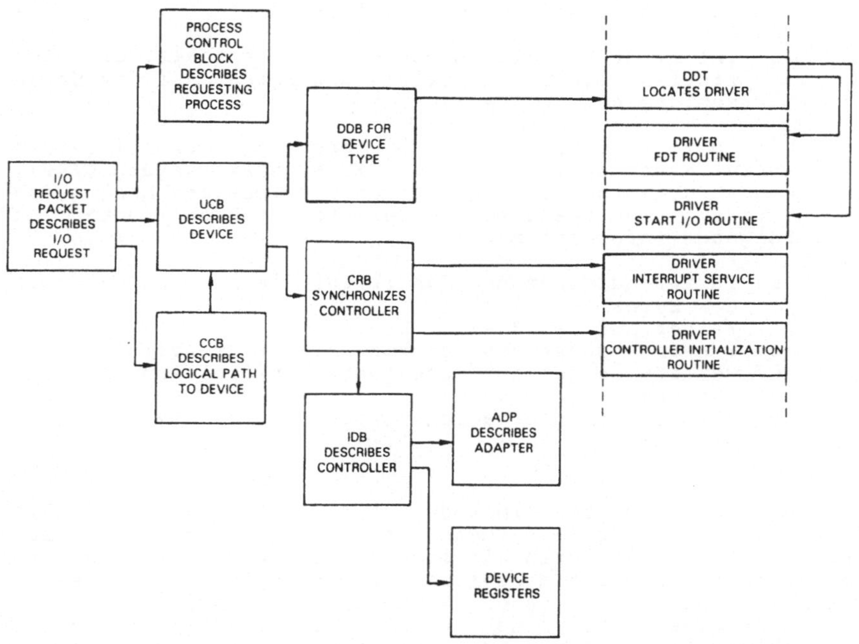

Fig. 6-16 Aufbau einer E/A-Datenbasis unter VMS

Man stellt fest, daß die hier dargestellte E/A-Datenbasis im
Prinzip aus drei Teilen besteht:

- den Steuerungstabellen der einzelnen Treiber:

  o **Prolog-Tabelle:** beschreibt Treiber und Gerätetyp dem
    Systemlader gegenüber

  o **Dispatch-Tabelle:** enthält die Startadressen der Treiber-
    routinen und die Länge gerätespezifischer Puffer (z.B.
    für Fehlerstatus)

  o **Funktions-Tabelle** ("function decision table", FDT):
    enthält alle für das Gerät erlaubten Funktionscodes sowie
    die Adressen der zugehörigen Vorbereitungs- ("setup"-)
    Routinen

- den Kontrollblöcken zur Beschreibung der Hardware und der logischen Datenwege:

  o **Device Data Block** (DDB): enthält Geräte- und Treiber-Namen für die Geräte an einem bestimmten Controller

  o **Unit Control Block** (UCB): enthält Charakteristika und aktuellen Zustand eines einzelnen Geräts

  o **Channel Request Block** (CRB): beschreibt die augenblickliche Aktivität eines Controllers

  o **Interrupt Dispatch Block** (IDB): enthält die Charakteristika eines Controllers und Zeiger auf die daran angeschlossenen Geräte

- den Datenstrukturen zur Beschreibung der einzelnen E/A-Aktivitäten, den sogenannten **I/O Request Packets** (IRP); diese können dynamisch erzeugt werden und beschreiben jeden E/A-Vorgang in standardisierter Form durch (unter anderem) folgende Informationen:

  o Puffer-Adressen und Zähler für die Anzahl zu übertragender Bytes
  o Zeiger auf das Ziel-Gerät
  o E/A-Funktionscodes zur Auswahl der Operation
  o weitere Zeiger auf geeignete Information in der E/A-Datenbasis
  o Felder zur Informationsübergabe durch die Treiber (z.B. Status)

Bei Vorhandensein einer derartigen E/A-Datenbasis läßt sich die unterste Software-Ebene des E/A-Systems, die Ebene der Treiber, im wesentlichen als eine Menge von Operationen zur Transformation des Inhalts dieser Datenbasis auffassen und realisieren. Durch ein solches Vorgehen kann die Komplexität dieser Ebene leichter beherrscht werden, wobei es für das Prinzip unwesentlich ist, ob die Datenbasis nun in der Form aufgebaut ist, wie sie hier im Beispiel dargestellt wurde; wichtig ist nur das Vorhandensein einer derartigen Datenstruktur.

6.2.5.3 Aufbau eines Treibers – Legt man eine E/A-Datenbasis als zentrales Element der Treiber-Ebene zugrunde, so läßt sich ein Treiber in eine Menge von Unterprogrammen zerlegen, die relativ unabhängig voneinander sein können. Im Einzelnen müssen sie die folgenden Leistungen erbringen:

- **Initialisierung**: Setzen der Hardware-Register des Geräts und Eintrag in die E/A-Datenbasis beim Laden des Treibers und nach Spannungsausfall

- **E/A-Vorbereitung** ("setup"): Formatierung der Daten, Belegung von System-Puffern, resident-halten ("locking") von Seiten im Hauptspeicher usw.

- **E/A-Start** ("startup"): Belegen der Geräte-Register und Eintrag der notwendigen Werte zum eigentlichen Gerätestart in die E/A-Datenbasis; Beenden des E/A-Vorgangs

- **Interrupt-Behandlung:** Beantwortung von Hardware-Interrupts, Lesen und Löschen der Geräte-Register; Status-Übergabe

- **Fehler-Behandlung:** Setzen der Geräte-Register für Wiederholung der E/A; Durchführung von ECC-Korrekturen (ECC = "error correcting code", fehlerkorrigierender Code); Fehlerstatus-Übergabe

- **Fehler-Protokoll:** Eintragen der Geräte-Register und anderer Information in einen Fehlerpuffer

- **E/A-Abbruch** ("cancel"): Setzen der Geräte-Register auf E/A-Abbruch

Dabei <u>müssen</u> die Start- und Interrupt-Routinen vorhanden sein; die übrigen <u>können</u> je nach Bedarf hinzugefügt werden.

Der Rest des Treibers sind die im vorigen Abschnitt beschriebenen Treiber-Tabellen, die das Gerät und den Treiber selbst beschreiben. Üblicherweise werden die Entscheidungen, wann und welche Funktion auszuführen ist, nicht vom Treiber selbst, sondern vom Betriebssystem mit Hilfe der E/A-Datenbasis und der Treiber-Tabellen getroffen; diese Tabellen ermöglichen es dem Betriebssystem auch, die benötigte Treiber-Routine auszuwählen und direkt anzustoßen.

Exkurs: Die Routinen zur Beendigung einer E/A-Operation nach einem Interrupt laufen nur relativ kurz, können aber unter Umständen bei Betriebsmittelbedarf in einen Wartezustand gehen. Diese Routinen müßten also eigentlich als eigene Prozesse laufen, was jedoch einen unverhältnismäßig hohen Aufwand im Betriebssystem (z.B. beim Scheduling) zur Folge hätte. Es bietet sich daher an, diese Routinen als Prozesse mit minimalem Kontext und eingeschränkten Fähigkeiten (z.B. ohne Alarmbehandlung) direkt im System-Kontext dynamisch zu erzeugen, laufen zu lassen (z.B. auf festgelegten Interrupt-Prioritäten) und wieder zu vernichten. Die Einschränkungen dieser Prozesse haben zur Folge, daß sie resident sein müssen, da für sie kein Paging möglich ist (Warum?!). Prozesse dieses Typs werden nach dem Prozeß-Teilungs-Konzept des Betriebssystems UNIX (s. Abschnitt 3.2.6) als <u>"Fork-Prozesse"</u> bezeichnet.

6.2.5.4 Treiber-Hierarchien – Betrachtet man ein umfangreiches E/A-System, so stellt man fest, daß bestimmte, oberflächlich verschiedene Komponenten doch strukturelle Ähnlichkeiten und Gemeinsamkeiten besitzen. So kann man in gewissem Sinne alle Plattenspeicher als äquivalent betrachten, auch wenn ihre Bedienung im Detail noch so verschieden ist, und letztlich ist es für die Bedienung eines Terminals auf einer gewissen logischen Ebene auch unerheblich, ob dieses Gerät direkt, über einen Vorrechner oder ein lokales Netz angeschlossen ist oder ob es sogar ein lokales Terminal an einem völlig anderen Rechner in einem Weitverkehrsnetz ist.

Diese Überlegungen lassen es geraten erscheinen, Treiber bei
Bedarf in allgemeinere und in spezifischere Teile zu zerlegen und
die für eine bestimmte Konfiguration benötigten Treiber nach
Bedarf baukastenartig aus solchen Teilen zusammenzusetzen. Ein
einfache und bewährte Aufteilung ist die in zwei Ebenen:

- Ein "Klassen-Treiber" ("class driver") bearbeitet alle für
  eine bestimmte Geräteklasse, z.B. Platten, Bandgeräte oder
  Terminals, gemeinsamen Funktionen. So könnte zum Beispiel
  ein Treiber für die Geräteklasse der Platten Funktionen wie
  "Lies/Schreibe n Datenblöcke ab Plattenadresse a" ausführen,
  ohne jedoch die (geometrie-abhängige) Positionierung auf die
  Adresse a zu behandeln.

- Ein "Anschluß-Treiber" ("port driver"), der dem Klassen-
  Treiber nachgeordnet ist, behandelt dann nur noch die spezi-
  fischen Operationen, durch die die E/A-Vorgänge für einen
  bestimmten Gerätetyp implementiert werden. Im Beispiel des
  Plattentreibers könnte eine der Aufgaben des Anschluß-
  Treibers in der Umsetzung der Adresse a in eine Positionierung auf einen bestimmten Plattensektor bestehen.

Eine solche Aufteilung der Treiber bietet eine Reihe von
Vorteilen:

- Anwendungsprogramme "sehen" nur noch die Ebene der Klassen-
  Treiber; damit sind für sie alle Geräte einer Klasse äquivalent, und der Austausch eines Gerätes gegen ein anderes
  eines neuen Typs bleibt ihnen verborgen. Auf diese Weise
  läßt sich eine sehr weitgehende Unabhängigkeit der Programme
  von der aktuellen Hardware-Konfiguration und von deren Veränderungen erzielen.

- Zur Bedienung eines neuen Gerätes einer schon vorhandenen
  Klasse muß höchstens ein neuer Anschluß-Treiber geschrieben
  werden; dieser ist in der Regel wesentlich einfacher als ein
  vollständiger Treiber.

- Falls die Schnittstelle zwischen den beiden Treiber-Ebenen
  dies zuläßt, kann eventuell der Anschluß-Treiber ganz oder
  teilweise in die Hardware des Controllers verlegt werden.
  Einerseits läßt sich dadurch Treiber-Software einsparen, und
  andererseits können geeignete Anschluß-Treiber die Eigenschaften teurer Controller in Software nachbilden, wenn die
  Beschaffung dieser Controller nicht möglich ist.

- Es ist unter Umständen auch möglich, die beiden Treiber-
  Komponenten auf verschiedenen Rechnern laufen zu lassen und
  sie über eine geeignete Kommunikations-Software miteinander
  zu verbinden. Dadurch wird es möglich, verteilte Archi-
  tekturen zu realisieren, bei denen Programme eines Rechners
  so auf die Geräte eines anderen Rechners zugreifen, als seien
  diese Geräte lokal vorhanden.

Bei hinreichender Standardisierung der Schnittstellen
zwischen Klassen- und Anschluß-Treibern lassen sich aus diesen
Bausteinen in einfacher Weise höchst komplexe, verteilte Archi-

tekturen zusammensetzen, deren Realisierung aus spezialisierten, monolithischen Treibern sich wegen deren Komplexität und auch wegen der Vielzahl der Kombinationsmöglichkeiten verbieten würde.

Beispiele: Im Betriebssystem VMS [23] werden Terminal-Anschlüsse über eine Hierarchie von Treibern bedient, wobei einzelne dieser Treiber auch von anderen Software-Komponenten mitbenutzt werden:

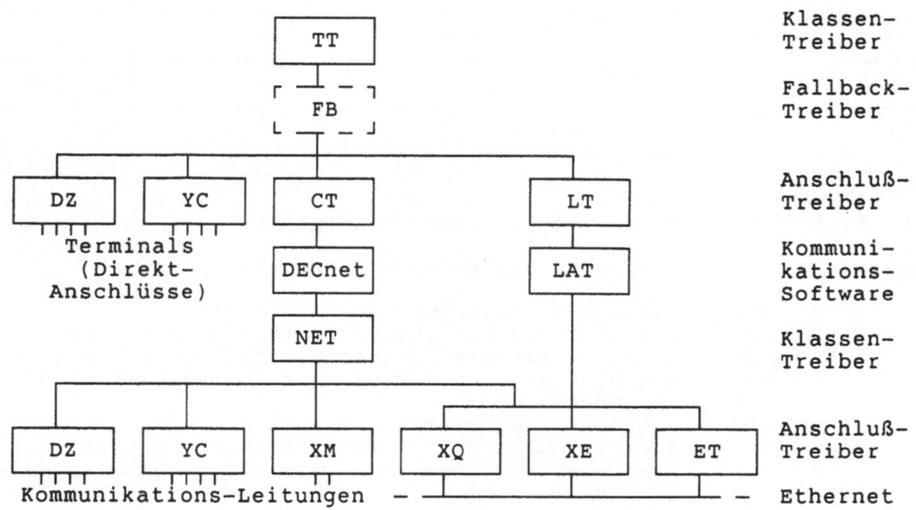

Fig. 6-17 Terminal-Treiber unter VMS

Dabei haben die einzelnen Komponenten die folgenden Aufgaben:

- TTDRIVER: Klassen-Treiber für Terminals
- FBDRIVER: optinale Code-Umsetzung (z.B. German-ASCII → ISO Latin-1)
- DZ/YCDRIVER: Anschluß-Treiber für Asynchron-Leitungen
- CTDRIVER: Anschluß-Treiber für über Netz-Software ange-schlossene Terminals
- LTDRIVER: Anschluß-Treiber für über Vorrechner ("server") angeschlossene Terminals
- NETDRIVER: Klassen-Treiber für Netz-Verbindungen
- XMDRIVER: Anschluß-Treiber für Synchron-Leitungen
- XE/XQ/ETDRIVER: Anschluß-Treiber für Ethernet
- DECnet: Rechnernetz-Software
- LAT: Software zur Kommunikation mit Vorrechnern

Damit ist es möglich, Terminals softwaremäßig völlig gleich zu behandeln, egal über welche Controller, Leitungen oder Fremd-rechner sie angeschlossen sind.

Die Bedienung von Plattenspeichern in einem VAXcluster-System erfolgt über eine ähnliche Hierarchie von Treibern und zwischen-geschalteten Software-Schichten mithilfe des sogenannten Mass Storage Control Protocols MSCP:

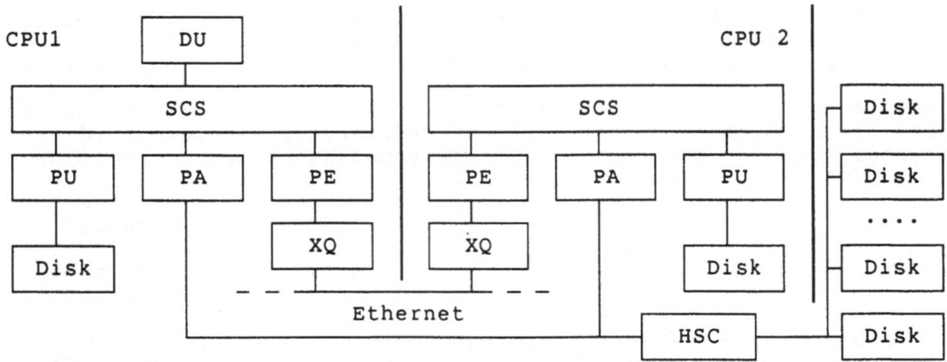

Fig. 6-18 Treiber-Hierarchie in einem VAXcluster

Hier wirken die folgenden Komponenten zusammen:

- DUDRIVER: Klassen-Treiber für (MSCP-)Platten
- PUDRIVER: Anschluß-Treiber für MSCP-Platten-Interfaces
- PADRIVER: Anschluß-Treiber für das Cluster-Interface CI
- PEDRIVER: Anschluß-Treiber für Cluster-Kommunikation über
             Ethernet
- XQDRIVER: Anschluß-Treiber für Ethernet
- SCS: Software-Schicht für Kommunikation im Cluster
- HSC: Platten-Controller für zentral angeschlossene
             Platten

In diesem System greifen alle CPUs auf eigene, fremde und zentral
angeschlossene Platten in gleicher Weise zu, so als wären diese
Platten sämtlich lokal angeschlossen. Die dazu nötigen Steue-
rungsfunktionen übernimmt die dargestellte Hierarchie von Treibern
im Zusammenspiel mit der Software-Komponente SCS.

6.2.6 Verteilte Systeme

6.2.6.1 Verteilte Rechner-Architekturen – Wenn man versucht, die
Leistung eines Rechners gegebener Architektur zu erhöhen, so läßt
sich dies zunächst durch Verwendung schnellerer Elektronik
erreichen. Einer beliebigen Leistungssteigerung durch diese Maß-
nahme sind jedoch Grenzen gesetzt:

- Eine Erhöhung der Schaltgeschwindigkeit bedeutet, daß die
  Leitungskapazitäten der Schaltungen schneller umgeladen
  werden müssen, also daß größere Ströme fließen. Damit steigt
  die Verlustleistung der Schaltungen an, was schließlich zu
  Problemen der Kühlung führt.

- Der Anstieg der Verlustleistung kann eine Reduktion des
  Integrationsgrades erzwingen, weil ab einer bestimmten
  Geschwindigkeit hochintegrierte Schaltungen einfach zu heiß
  werden.

- Aus den Chips herausgeführte Leitungsverbindungen wirken bei
  hohen Schaltgeschwindigkeiten im wesentlichen als Antennen,
  deren Signale benachbarte Leitungen stören. Aus diesem Grund
  ist der Hochfrequenzabgleich um so sorgfältiger durchzuführen, je schneller die verwendeten Logikbausteine sind.

Diese Faktoren sind die Hauptgründe dafür, daß die
Entwicklung beliebig schneller Prozessoren und Hauptspeicher an
wirtschaftliche Grenzen stößt, die es geraten sein lassen, weitere
Leistungserhöhungen durch Abwandlung der Rechner-Architektur zu
erreichen zu suchen.

Falls man dabei aus Kompatibilitätsgründen an eine bestimmte
Prozessor-Architektur gebunden ist, so kann man die Rechenleistung
im wesentlichen nur noch dadurch über ein gewisses Maß hinaus
erhöhen, daß man mehrere Prozessoren vorsieht. Dabei muß man
zwischen drei Alternativen der Anordnung von Prozessoren, Hauptspeicher und Datei-System unterscheiden:

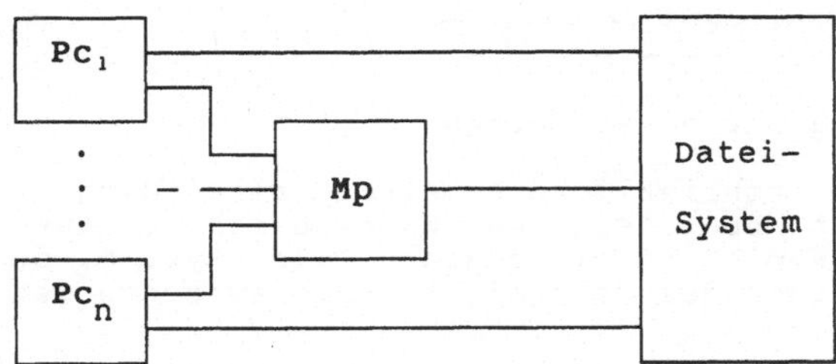

Fig. 6-19 Struktur eines Multiprozessor-Systems

- Bei einem Multiprozessor-System arbeiten mehrere Prozessoren
  mit einem gemeinsamen Hauptspeicher. Es ist nur eine Kopie
  des Betriebssystems vorhanden, die alle Prozessoren gemeinsam
  verwaltet; auch gibt es nur ein Datei-System.

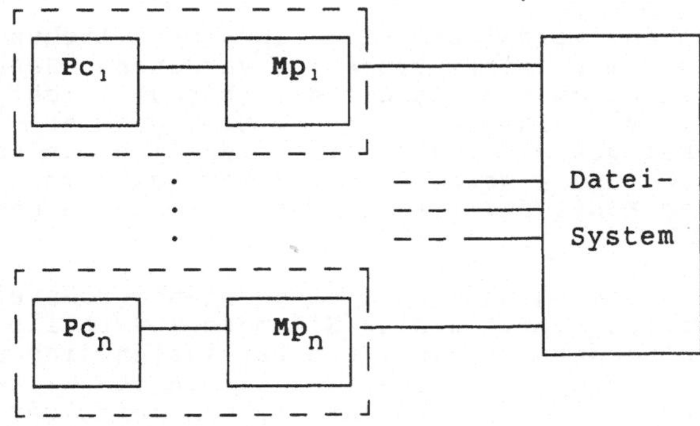

Fig. 6-20 Struktur eines Clusters

- Dagegen besteht ein "Cluster" aus mehreren Prozessoren, die
  jeweils über eigenen Hauptspeicher und eine eigene Kopie des
  Betriebssystems verfügen, doch arbeiten alle auf einem gemeinsamen Datei-System.

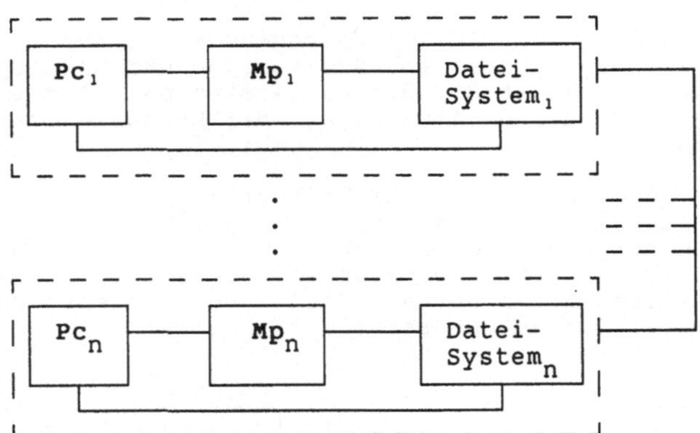

Fig. 6-21 Struktur eines Netzes

- In einem Netz schließlich arbeiten alle Rechner autonom;
  jeder verfügt über eigenen Hauptspeicher, eine eigene Betriebssystem-Kopie und ein eigenes Datei-System, doch bestehen Möglichkeiten des Datenaustausches zwischen den einzelnen
  Maschinen.

Dabei können natürlich die einzelnen Rechner eines Clusters ohne
weiteres Multiprozessoren sein, wie auch die Rechner in einem Netz
selbst Multiprozessoren und/oder Cluster sein können, so daß
beliebige Mischformen dieser drei Grundtypen der Verteilung
auftreten können.

Welche dieser drei Alternativen in einer bestimmten Situation
die günstigste ist, muß jeweils anhand der sie unterscheidenen
Charakteristika bestimmt werden:

- Multiprozessoren verhalten sich im wesentlichen wie ein
  einziger, nur mit einem Prozessor versehener Rechner. Sie
  bieten höheren Durchsatz als dieser, ohne daß sich jedoch die
  Laufzeit eines einzelnen Jobs demgegenüber verringert
  (Warum?!). Das gesamte System ist räumlich an einem Ort
  konzentriert, und wegen der Verwendung einer einzigen
  Betriebssystem-Kopie fällt es im Fehlerfall auch meist vollständig aus.

- Cluster können demgegenüber auf einen etwas größeren geogra-
  phischen Bereich (bis einige Kilometer) verteilt sein, und
  die einzelnen Rechner in einem Cluster lassen sich unabhängig
  voneinander starten und anhalten. Dennoch wirken sie für
  einen Benutzer in vieler Hinsicht wie ein einziger Rechner,
  da es nur ein Datei-System gibt, das allen Maschinen im
  Cluster transparent in völlig gleicher Weise zur Verfügung
  steht.

- Netze schließlich sind räumlich nicht begrenzt, und die
  einzelnen in sie eingebundenen Rechner, die man als "Knoten"
  bezeichnet, arbeiten unabhängig voneinander, auch in bezug
  auf ihre Datei-Systeme. Der Zugriff auf eine Datei eines
  anderen Knotens geschieht im allgemeinen für den Benutzer
  nicht transparent, sondern es müssen explizit Fernzugriffe
  über Netz-Software, verbunden mit einer Identifikation und
  Authentisierung (s. Abschnitt 8.1.3) beim Zielrechner, durchgeführt werden.

Die wesentlichen Anforderungen, die die Entscheidungen
zwischen diesen drei Alternativen (und ggfs. auch einem schnelle-
ren Einzelprozessor) beeinflussen, sind die folgenden:

- Leistungsanforderungen einzelner Benutzeraufträge

- Grad des Zugriffs auf gemeinsame Datenbestände:

  o im Hauptspeicher
  o auf Sekundärspeichern (also im Datei-System)

- Erfordernis der Synchronisation verschiedener Benutzeraufträge

- Räumliche Verteilung der Benutzer-Terminals

- Notwendigkeit der Verwendung eines einzigen Betriebssystems

- Möglichkeit dezentraler, autonomer Verwaltung von Teil-
  systemen

Während die Erweiterung eines Einprozessor-Systems zu einem
Multiprozessor-System oder zu einem Cluster innerhalb des
Betriebssystems vor allem erweiterte Synchronisations-Mechanismen
voraussetzt (s. Abschnitte 3.2.12 und 3.2.14), sonst jedoch keine
gravierenden Erweiterungen erfordert, sind für die Einbindung in
ein Netz eine Reihe zusätzlicher Konzepte wichtig.

6.2.6.2 Rechnernetze und das ISO-Referenzmodell - Der größere
räumliche Abstand, der zwischen den Knoten eines Rechnernetzes
bestehen kann, und die relativ lose Kopplung zwischen diesen
Knoten läßt es geraten erscheinen, die Knoten eines solchen Netzes
nicht nur auf einen bestimmten Rechnertyp und/oder ein bestimmtes
Betriebssystem einzuschränken. Vielmehr besteht der Wunsch, möglichst Systeme beliebiger Art an ein solches Netz anschließen zu
können, um in der Lage zu sein, auf einfache Art mit anderen
Systemen Daten austauschen zu können.

Diese Forderung kann nur dann erfüllt werden, wenn ein
Rechner, der von einem anderen Daten empfängt, diese auch so
interpretieren kann, wie es ihrem Sinn auf dem sendenden Rechner
entspricht. Um nun zu vermeiden, daß man jeweils für die Kommunikation zweier Rechner bestimmter vorgegebener Typen eigene Daten-
übergabe-Konventionen und die entsprechenden Kommunikations-Pro-
gramme erstellen muß, ist es zweckmäßig, standardisierte Daten-

übergabe-Formate zu definieren und verbindliche Regeln festzulegen, in welcher Form Daten zu übertragen und wie Übertragungen
zu beantworten sind.

Solche Regeln und Formate, die man zusammen als "Protokolle"
bezeichnet, wurden von verschiedenen Rechner-Herstellern für die
Kommunikation zwischen den von ihnen entwickelten Systemen
definiert und realisiert. Für die Kommunikation zwischen Systemen
unterschiedlicher Hersteller existieren mittlerweile ebenfalls
Normen, von denen die wohl bedeutsamsten die der International
Standards Organization ISO sind, die auf einem konzeptuellen
Modell aus 7 sogenannten Schichten beruhen, dem "Open Systems
Interconnect (OSI)" Modell [36].

Die Grund-Idee dieses Modells ist die Aufteilung der Kommunikation zwischen verschiedenen Rechnern in eine Menge von in sich
relativ abgeschlossenen Protokoll-Ebenen. Dabei legen für jede
dieser Ebenen eigene Protokoll-Spezifikationen fest, auf welche
Art die Programme dieser Ebene Daten mit den Programmen **derselben**
Ebene auf einem anderen Rechner austauschen. Dabei interessiert
es zur Abwicklung der Protokolle einer Ebene im Regelfall nicht,
auf welche Art die Protokolle einer anderen Ebene abgewickelt
werden; lediglich im Fehlerfall gibt es Auswirkungen auf andere
Ebenen.

Jede Protokoll-Ebene stellt den über ihr liegenden Ebenen
bestimmte Dienste zur Verfügung, die diese benutzen können, und
sie selbst kann die Dienste der unter ihr liegenden Ebenen in
Anspruch nehmen. Durch diese Strukturierung läßt sich einerseits
die Komplexität der Netz-Kommunikation in überschaubare Blöcke
aufteilen, und andererseits bieten sich von den verschiedenen
Protokoll-Ebenen natürliche Schnittstellen zu den Software-
Schichten des Betriebssystems, unter anderem zu den Treiber-
Hierarchien des E/A-Systems.

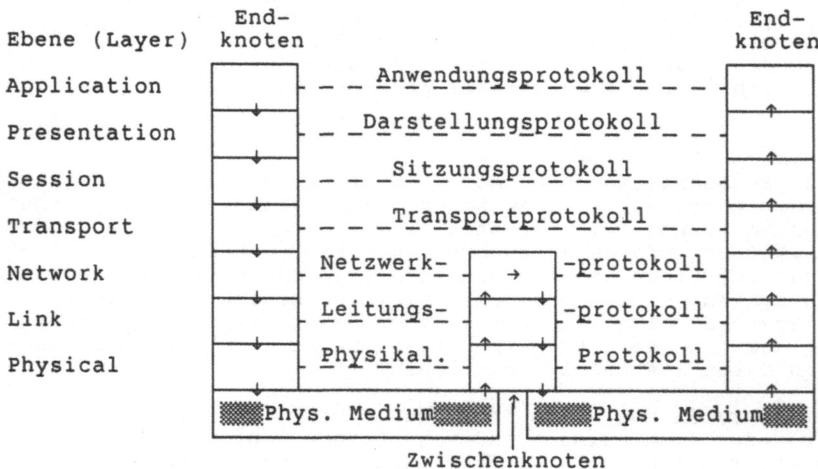

Fig. 6-22 ISO-Referenzmodell für offene Systeme (OSI)

Das OSI-Modell definiert die folgenden Protokoll-Ebenen ("Layer"), von denen die drei ersten nur zwischen benachbarten Netzknoten gelten, während die vier übrigen für die End-Knoten einer Verbindung festgelegt sind:

1: **Physical Layer:** Auf dieser Ebene werden die physikalischen Eigenschaften des Übertragungs-Mediums definiert; so werden etwa für elektrische Leitungen die Spannungen und Ströme festgelegt, die zum Informationstransport benutzt werden, sowie deren Impulsformen. Typische Verbindungsformen, die hier verwendet werden, sind durch die Normen V.24 (RS232C), IEEE 802.3 (physical layer) und X.21 festgelegt.

2: **Link Layer:** Diese Ebene definiert die Leitungsprotokolle, die zwischen zwei benachbarten Knoten abgewicklelt werden. Diese Protokolle, für die LAP-B, DDCMP und HDLC typische Vertreter sind, gewährleisten eine fehlerfreie Übertragung eines Bit- oder Bytestromes auf einer festen Leitung, ohne jedoch garantieren zu müssen, daß alle gesendeten Nachrichten beim Empfänger auch tatsächlich ankommen.

3: **Network Layer:** Während die beiden ersten Ebenen nur den Transport von Informationen zwischen benachbarten Knoten behandeln, sorgt diese Ebene für den Transport von Nachrichten durch das ganze Netz. Diese Ebene behandelt im wesentlichen die Aufgaben der Weiterleitung von Nachrichten, die von einem Knoten empfangen wurden und an einen anderen Knoten zu übermitteln sind, wozu unter anderem der Aufbau und die Verwaltung der Tabellen erreichbarer Knoten und der Wege zu ihnen, das sogenannte "Routing", und die Kontrolle der Anzahl der Datenpakete gehört, die sich zu einem Zeitpunkt zwischen Sender und Empfänger befinden ("flow control"). Zu dieser Ebene werden Protokolle wie X.25 (Level 3) gerechnet.

4: **Transport Layer:** Diese Ebene gewährleistet einen fehlerfreien und vollständigen Informations-Transport zwischen Sender und Empfänger, über alle eventuellen Zwischenknoten hinweg. Sie zerlegt außerdem die zu sendenden Nachrichten in Datenpakete entsprechend den Anforderungen der Ebene 3 bzw. fügt von dort empfangene Pakete wieder zu Nachrichten zusammen.

5: **Session Layer:** Aufbau und Abbau von Verbindungen werden von dieser Ebene gesteuert; die hier durchgeführten Operationen entsprechen in gewissem Sinne denen, die von den Funktionen OPEN und CLOSE in einem Datei-System durchgeführt werden.

6: **Presentation Layer:** Diese Ebene, die oft nur schwach ausgeprägt ist oder sogar ganz weggelassen wird, nimmt Anpassungen der übertragenen Datenformate vor. Sie ver- und entschlüsselt zum Beispiel sensitive Daten, führt Code-Umwandlungen (ASCII ⬌ EBCDIC o.ä.) durch, oder paßt die unterschiedlichen Darstellungen von Gleitpunktzahlen aneinander an.

7: **Application Layer:** Die oberste Ebene schließlich ist die Schnittstelle zu den Anwendungsprogrammen, die den Datenaustausch über das Netz vornehmen; hier werden anwendungsspezifische Protokolle abgewickelt, von denen einige - für sogenannte Standard-Anwendungen wie etwa elektronische Post - mittlerweile ebenfalls genormt sind.

Herstellerspezifische Rechnernetze lehnen sich inzwischen mehr oder weniger in ihren Strukturen an dieses Modell an, doch können in Einzelheiten durchaus noch gravierende Abweichungen bestehen. Für eine genauere Darstellung des ISO-Referenzmodells sei hier auf die Literatur über Rechnernetze verwiesen [36].

6.2.6.3 Funktionale Leistungen eines Rechnernetzes - Rechnernetze bieten als grundlegende Dienstleistung für Anwendungsprogramme zunächst nur den gesicherten Informationsaustausch mit Anwendungs- programmen auf anderen Netzknoten (s. Abschnitt 6.3.1). Gegenüber einer einfachen Kopplung, beispielsweise einer direkten Verbindung der Terminal-Leitungen der beiden Rechner, ggfs. unter Zwischen- schaltung einer Telefonverbindung, bieten die Netzprotokolle die Sicherheit, daß Übertragungsstörungen automatisch erkannt und durch wiederholte Übermittlung behoben werden, ohne daß die Anwendungen dafür eigens Sorge tragen müßten.

Normalerweise gehören zur Netz-Software auch eine Reihe vordefinierter Anwendungen, die bestimmte häufig benötigte Aufgaben abwickeln:

- **"Virtuelle Terminals"** erlauben es, das eigene Terminal über das Netz logisch an einen anderen Rechner zu schalten. Alle Eingaben werden dorthin so übermittelt, als kämen sie von einem dort angeschlossenen lokalen Terminal, und alle Aus- gaben laufen über das Netz zurück zum sendenden Terminal.

- **"File-Transfer"** erlaubt es, ganze Dateien von einem Netz- knoten auf einen anderen zu kopieren.

- **"Fernzugriff"** auf Dateien ermöglicht Operationen wie Lesen und Schreiben einzelner Sätze auf Dateien, die sich an einem anderen Netzknoten befinden.

- **"Remote Batch"** erlaubt den Anstoß von Batch-Jobs auf einem anderen Netzknoten. Die zugehörigen Daten müssen sich dort befinden, oder sie werden über die File-Transfer-Komponente über das Netz dorthin kopiert.

- In ähnlicher Weise ermöglicht **"Remote Spool"** das Ausdrucken (oder Ausstanzen) von Dateien auf anderen Netzknoten.

- Die Funktion des **"Down-Line Load"** läßt Rechner ohne eigenes Betriebssystem, wie etwa plattenlose Maschinen, Arbeitsplatz- rechner (workstations) o.ä., ihr System über das Netz laden.

- Umgekehrt werden im Fehlerfall durch die Funktion des **"Up- Line Dumps"** Speicherabzüge auf einen anderen Netzknoten über- tragen, etwa um dort zentral ausgewertet zu werden.

Zu diesen Funktionen kommen üblicherweise noch Komponenten zur Netzverwaltung und diverse Diagnose- und Test-Software hinzu. Insgesamt vermittelt diese kurze Übersicht einen Eindruck davon, wie komplex und umfangreich heutige Netz-Software geworden ist.

6.3 ALLGEMEINE VERFAHREN

6.3.1 Unterteilung in Ebenen

Ein modularer Aufbau eines E/A-Systems kann durch eine Unterteilung in Ebenen verschiedener Abstraktion von der Hardware erreicht werden, wenn bei dieser Unterteilung folgende Gesichtspunkte strikt berücksichtigt werden:

- Die Aufgaben jeder Ebene sollten:

    o klar definiert sein;

    o jeweils einen in sich abgeschlossenen Teilbereich der E/A darstellen;

    o hardware-unabhängiger als die der nächst-niederen, hardware-abhängiger als die der nächst höheren Ebene sein (wachsendes Abstraktionsniveau).

- Bei der Implementierung dieser Ebenen-Struktur ist darauf zu achten, daß:

    o sauber definierte Schnittstellen vorliegen und eingehalten werden;

    o kein Zugriff (auch lesend!) auf interne Datenstrukturen einer anderen Ebene erfolgt ("information hiding");

    o alle notwendigen Datentransformationen für das Gesamtsystem:

        + eindeutig definiert sind,
        + transparent (ohne Informationsverlust) durchgeführt werden;

    o eventuell notwendige Restriktionen für die zu transportierenden Datentypen auf möglichst hoher Ebene durchgeführt werden;

    o Spezialisierungen auf bestimmte Gerätetypen auf möglichst niederer Ebene durchgeführt werden und für alle höheren Ebenen transparent sind.

Eine typische und sinnvolle Aufteilung in Ebenen ist die folgende:

- **Kommando-Sprache**: Definition von Datenwegen/logischen Kanälen

↑↓ <u>Interface</u>: Kanal-Identifikationen [E/A-Definition]

- **Programmiersprachen**, Utilities (Edit, Dump usw.): Übertragen logischer Datensätze, Speicherinhalte, formatierter Meldungen

↑↓ <u>Interface</u>: logische Datensätze [logische E/A]

- **Datei-/Prozeß-Management:** Anpassung an systemweite Standardformate

↑
↓ Interface: virtuelle Blöcke oft einheitlicher Größe [virtu-
  elle E/A]

- **E/A-Verwaltungsprozesse** ("ancillary control processes",
  ACPs): Koordination logischer und physikalischer (geräte-
  bezogener) Datenströme, logischer Gerätezugriff

↑
↓ Interface: I/O request packets (IRPs) [physikalische E/A]

- **Treiber:** Anpassung der Daten an die Geräte-Charakteristiken,
  Steuerung der Hardware

↑
↓ Interface: Bitfolgen, Signale, Interrupts [Hardware-E/A]

- **Hardware:** Ausführung der E/A-Operationen

Anmerkung: Die Bezeichnungen "logische", "virtuelle" und "physikalische" E/A werden in den einzelnen Betriebssystemen sehr unterschiedlich (und zum Teil auch vertauscht) verwendet; die oben
angegebenen Bezeichnungen sind also nur der Übersicht halber hier
genannt und stellen keine allgemein akzeptierte Terminologie dar -
die es leider an dieser Stelle nicht gibt.

Bei vielen moderneren Plattensystemen wird die Ebene der
physikalischen E/A schon vom Controller auf Hardware-Ebene abgehandelt, so daß auch die Treiber-Software völlig von den geometrischen Eigenschaften der bedienten Plattenlaufwerke abgeschirmt ist
(s. Abschnitt 6.2.4). In diesem Fall werden dem Plattencontroller
direkt E/A-Aufträge mit Spezifikation virtueller Block-Adressen
übergeben, und der Controller ordnet diesen Adressen physische
Positionen auf der Platte zu, wobei sich die Zuordnung - vor allem
bei Defekten auf der Plattenoberfläche - auch dynamisch ändern
kann.

Exkurs: Die Einführung systemweiter Standardformate und die
Behandlung dateibezogener E/A durch eigene Verwaltungsprozesse
erlaubt es, Interprozeß-Kommunikation (auch mit Prozessen auf
anderen Rechnern) und E/A auf allen Ebenen oberhalb der System-
Schnittstelle (Transport logischer Datensätze über logische
Kanäle) für den Benutzer identisch zu behandeln: Man hat daher
für den Benutzer transparent Netzwerk-Dienstleistungen in das
allgemeine E/A-System-Konzept mit einbezogen!

Beispiel: Interprozeß-Kommunikation in FORTRAN unter DECnet-VAX
[40]:

Sender:

```
      OPEN (UNIT=1,NAME='TULSA::"TASK=DST"',
     *      ACCESS='SEQUENTIAL',FORM='FORMATTED',ERR=100)
      WRITE(1,200) ...
      READ (1,200,ERR=300,END=400) ...
              .
              .
              .
      CLOSE(UNIT=1)
```

<u>Empfänger</u>:

```
    OPEN (UNIT=3,NAME='SYS$NET',
  *       ACCESS='SEQUENTIAL',FORM='FORMATTED')
    READ (3,100,ERR=200,END=300) ...
    WRITE(3,100) ...
             .
             .
             .
    CLOSE(UNIT=3)
```


6.3.2 Synchronisierung

Durch die Hardware-Architektur der E/A-Geräte und durch den Aufbau der sie bedienenden Treiber ist es im Prinzip möglich, E/A-Vorgänge auf zwei verschiedene Arten mit dem sie auslösenden Programm zu synchronisieren:

- **Synchrone E/A**: Das Programm startet einen E/A-Vorgang, wartet, bis er mit oder ohne Erfolg abgeschlossen ist, und fährt nach Empfang der Rückmeldung mit seiner Verarbeitung fort. Dies entspricht den FORTRAN-Operationen READ bzw. WRITE.

  <u>Vorteile</u>: einfache Programmierung;
  Wartezeit wird bei Multi-Programmierung vom System genutzt, ohne daß dafür eigens Vorsorge getroffen werden muß

  <u>Nachteil</u>: Programm wird eventuell langsam, da auch vom E/A-Vorgang unabhängige Operationen erst nach dessen Beendigung durchgeführt werden können

- **Asynchrone E/A**: Das Programm startet einen E/A-Vorgang und fährt sofort mit der Bearbeitung anderer Daten fort. Spätestens vor dem nächsten nicht unabhägigen E/A-Vorgang auf demselben Datenweg bzw. vor der Verwendung der von dem gestarteten E/A-Vorgang zu liefernden Daten/freizugebenden Puffer muß das Programm sich wieder mit diesem E/A-Vorgang synchronisieren. Hierzu stehen im wesentlichen drei Verfahren zur Verfügung:

  o gelegentliche Abfrage einer Status-Variablen ("I/O completion flag")

  o Aufruf einer Synchronisierungs-Routine (<u>wait</u>)

  o Software-Interrupt (AST)

  Im Prinzip kann auf die Synchronisierung verzichtet werden, wenn keine der sie erfordernden Bedingungen vorliegt, doch hat das Programm dann keine Kontrolle, ob der E/A-Vorgang wirklich durchgeführt wurde. Die asynchrone Form der E/A entspricht den Operationen BUFFERIN bzw. BUFFEROUT, die von manchen FORTRAN-Compilern unterstützt werden.

  <u>Vorteile</u>: E/A-Wartezeiten können vom eigenen Prozeß genutzt

werden;
über denselben Datenweg können mehrere Datenströme
gemultiplext werden

Nachteile: aufwendigere Programmierung;
Fehleranfälligkeit bei zu frühem Zugriff auf die
verwendeten Daten/Puffer (Synchronisationsfehler);
wird nicht von allen Systemen unterstützt (→
rechnerabhängige Programmierung)
kann im allgemeinen nicht mit logischer E/A
durchgeführt werden (da deren Datenorganisation
meist auf synchrone E/A ausgelegt ist).

6.3.3 Puffer-Verwaltung

In den seltensten Fällen ist die bitweise Repräsentation ein-
oder auszugebender Daten im E/A-Gerät identisch mit der innerhalb
des Benutzer-Adreßraums. Dies hat zur Folge, daß die Daten vor
der Ausgabe bzw. nach der Eingabe im allgemeinen neu formatiert
werden müssen. Außerdem verlangt die Struktur des E/A-Systems,
speziell der Treiber, eine Entkopplung der ein- bzw. auszugebenden
Speicherbereiche vom Benutzer-Adreßraum (z.B. bei asynchroner
E/A). Dazu müssen die vom E/A-System zu bearbeitenden Daten
zwischengespeichert werden, was normalerweise in sogenannten
System-Puffern geschieht. Hierfür sind folgende Verfahrensweisen
üblich:

- **lineare Puffer** fester Länge: verwendet bei E/A-Geräten,
  deren Satzlänge bekannt ist (Kartenleser, Zeilendrucker)

- **Wechselpuffer** ("ping pong"): ermöglichen E/A in einem Puf-
  fer, während der parallele vom Programm gefüllt/geleert wird
  → Erhöhung der Verarbeitungsgeschwindigkeit (bei asynchroner
  E/A bzw. Multi-Programmierung)

- **Kreispuffer:** zur Aufnahme einer Warteschlange mehrerer
  Datensätze, die noch nicht verarbeitet wurden und eventuell
  Editier- bzw. Formatier-Information (z.B. Backspace, Delete
  Line usw.) enthalten → gerne verwendet für Terminaleingabe

- **Pufferlisten:** für Datensätze, deren Länge über große Bereiche variieren kann (z.B. Magnetband mit wählbarer Blocklänge)

Zusätzlich ist es bei physikalischer E/A oft möglich, Daten
direkt aus dem/in den Adreßraum des Benutzers zu transportieren,
doch liegt dann die Verantwortung für die korrekte Behandlung der
Daten, speziell für deren Formatierung, völlig beim Benutzer-
Programm. Man spricht in diesem Falle von "ungepufferter E/A".

Vorteile: größte Effizienz durch Reduzierung des Overhead;
größte Freiheit in der Bearbeitung der Anwendung;
größte Kontrolle der E/A-Aktivitäten

Nachteile: geringe Portabilität wegen schlechter Unterstützung
durch höhere Programmiersprachen;
starke Abhängigkeit vom verwendeten System (bis zur

Hardware!);
Anfälligkeit für Systemfehler (bis zum Systemzusammen-
bruch!);
hoher Programmieraufwand.

→ : Diese Schnittstelle des E/A-Systems ist nur für Spezial-
lösungen bei Aufgaben mit extremen Anforderungen oder zur
Realisierung vom E/A-System nicht vorgesehener Leistungen
sinnvoll zu verwenden.

6.3.4 Datenstrukturen

Eine Unterteilung des E/A-Systems kann auch unter dem
Gesichtspunkt der kleinsten manipulierbaren Datenmenge geschehen.
Während sinnvollerweise für die meisten Anwenderprogramme eine
geräteunabhängige, oft satzweise Übertragung als allgemeiner
Standard im System vorzusehen ist, kann es für systemnahe
Programme und für Spezialanwendungen notwendig sein, den Zugriff
auf einzelne Wege im E/A-System vom Standard abweichend bzw.
parametrisiert zu realisieren; doch sollte dies nur als möglicher
Weg offengehalten, nicht aber zu einem generell verwendeten
Verfahren ausgebaut werden.

Solche alternativen E/A-Wege sind sinnvoll für folgende
Anwendungen:

- Bearbeitung systemfremder Datenbestände (Fremdbänder, Fremd-
  platten)

- Steuerung von Spezialgeräten (besonders in der Prozeß-
  steuerung)

- an der Terminal-Schnittstelle:

    o um hohe Interaktivität zu erreichen (byteweise Kontrolle)
    o für graphische Datenverarbeitung
    o für Transaktions-Systeme mit Formularsteuerung
    o für intelligente Terminals

- für Rechnerkopplungen mit genormten Protokollen, besonders in
  inhomogenen Netzen (etwa "Open Systems Interconnect" nach dem
  ISO-Referenzmodell, s. Abschnitt 6.2.6.2)

Als mögliche Parametrisierungen der E/A-Datenstrukturen
kommen in Betracht:

- die Datenmenge:

    o Block
    o Satz
    o Byte
    o variable Strukturen bis hin zum einzelnen Bit

- der verwendete Code:

o ASCII
o ISO Latin-1
o EBCDIC
o Spezial-Codes

- der Einsatz vordefinierter Datensequenzen (z.B. Escape-Folgen)

- die Verarbeitungsprotokolle:

o voll-/halb-duplex
o Handshake/Master-Slave
o Vorhandensein bzw. Form einer Quittung
o Eingriffsmöglichkeiten
o Geschwindigkeit

Es muß jedoch betont werden, daß im Interesse einer klaren Struktur des E/A-Systems und damit seiner Anwendbarkeit und Zuverlässigkeit solche Parametrisierungen

- entweder in das E/A-System aufgenommen werden als Teil des System-Standards

- oder möglichst ganz vermieden werden sollten.

6.4 BEISPIELE VON E/A-SYSTEMEN

6.4.1 FORTRAN-77

In FORTRAN-77 [1] werden eine Reihe von E/A-Operationen zur Verfügung gestellt, die eine relativ weitgehende Kontrolle des E/A-Systems ermöglichen. Diese Dienstleistungen lassen sich folgendermaßen grob einteilen, wobei oft vorhandene Erweiterungen des Standards hier mit aufgeführt, aber in Klammern gesetzt sind:

- Definition und Manipulation von Datenwegen:

OPEN, CLOSE, INQUIRE [, DEFINE FILE]

- Positionierung und Kontrolle von Datenwegen:

REWIND, BACKSPACE, ENDFILE [, FIND, SKIP, "'" (direct access)]

- Definition zu bearbeitender Datenstrukturen:

E/A-Listen, NAMELIST-Listen, listenlose FORMAT-Parameter

- Datentransfer:

READ, WRITE [, ACCEPT, PRINT, TYPE, PUNCH, ENCODE, DECODE, REREAD, BUFFER IN, BUFFER OUT]

- Formatierung/Skalierung:

FORMAT, listengesteuerte E/A, binäre E/A

- Status-Übergabe:

  END-, ERR-, IOSTAT-Parameter, INQUIRE [, Q-FORMAT]

Die von einem Programm benutzten Datenwege werden durch ganzzahlige Variable identifiziert, die als "logische Kanalnummern" bezeichnet werden. Die Assoziation dieser Variablen zu den einzelnen Datenwegen kann auf drei verschiedene Arten geschehen:

- als Vordefinition in dem betreffenden Betriebssystem (üblicherweise für Standardgeräte wie Kartenleser, Drucker, Terminal; keine Normung!)

- statisch uber die Kommandosprache (ASSIGN, FILE:LINK-NAME)

- dynamisch im Programm (OPEN)

Die Eröffnung des Datenweges geschieht bei den beiden ersten Formen der Assoziation im allgemeinen automatisch beim ersten Zugriff auf diesen Datenweg, sonst schon beim OPEN. Der Datentransfer und die Formatierung werden zur Laufzeit des Programms von einem speziellen Interpreter, dem FORTRAN-Laufzeit-System, durchgeführt, was eine sehr flexible Programmierung der E/A erlaubt. Der Compiler muß daher nur die folgenden Informationen erzeugen:

- aus ausführbaren E/A-Anweisungen Aufrufe des Laufzeit-Systems

- aus nicht ausführbaren E/A-Anweisungen Datenstrukturen zur Steuerung des Laufzeit-Systems

Folgende Eigenschaften stellen Engpässe in diesem E/A-System dar:

- Übertragen werden Datensätze bzw. Gruppen von Datensätzen; zeichenweise Steuerung der E/A ist im allgemeinen nicht oder nur mit Schwierigkeiten bzw. ineffizient möglich.

- Die Formatsteuerung läßt nur bestimmte Ausgabeformate zu; z.B. ist keine Ausgabe sogenannter "floating characters" möglich, also von Zeichen, deren Position im Ausgabesatz erst beim Aufbau dieses Satzes bestimmt wird.

- Die Menge der eingelesenen Daten ist nicht standardmäßig erkennbar.

- Asynchrone bzw. ungepufferte E/A ist standardmäßig nicht programmierbar.

- Gleichzeitige formatierte Ausgabe auf mehrere Geräte führt im allgemeinen zu mehrfachem Durchlaufen der gleichen Formatierungsvorschriften (d.h. es ist im Standard nicht möglich, mehrere Datenwege parallel zu betreiben).

6.4.2 E/A unter UNIX

Das UNIX-E/A-System [37] ist konzeptuell in zwei Bereiche
aufgeteilt:

- Das "Block-E/A-System" bedient alle Geräte, mit denen Daten
  in Form ganzer Blöcke von (typischerweise 512) Bytes ausgetauscht werden; im wesentlichen sind das Platten und Bänder.
  Dieses E/A-System unterscheidet sich von denen anderer
  Betriebssysteme dadurch, daß es E/A-Vorgänge nicht direkt
  dann ausführt, wenn der E/A-Auftrag dazu vorliegt, sondern
  daß es durch Verwendung eines Hauptspeicher-Caches für
  Plattenblöcke, das mit einer LRU-Strategie (s. Abschnitt
  5.3.8) bedient wird, E/A-Vorgänge möglichst lange verzögert.
  Dies führt vor allem bei kleineren Maschinen zu einer erheb-
  lichen Leistungsverbesserung des E/A-Systems, da häufig E/A-
  Vorgänge aus dem Cache bedient werden und damit ganz
  entfallen können; es bringt jedoch auch gravierende Nachteile
  mit sich:

  o Wenn die E/A-Last des Systems ansteigt, kann das Cache
    relativ plötzlich zu klein werden, um alle ausstehenden
    E/A-Vorgänge zu bedienen; die Anzahl der physischen E/A-
    Vorgänge steigt dann abrupt an, was zu einem Leistungs-
    zusammenbruch des E/A-Systems führt: "Cache-Thrashing"
    (s.a. Abschnitt 5.4.4).

  o Da Änderungen im Cache normalerweise erst verspätet,
    nämlich wenn neuer Platz im Cache gebraucht wird, durch
    physische E/A-Vorgänge auf den externen Datenträger über-
    tragen werden, ist dieser die meiste Zeit inkonsistent
    und bleibt dies auch bei einem Systemabsturz. Aus diesem
    Grund ist das Block-E/A-System von UNIX für Anwendungen
    mit hohen Konsistenz-Anforderungen unbrauchbar, sofern
    nicht durch zusätzliche Maßnahmen wie periodisches Aus-
    schreiben des Caches oder E/A am Block-E/A-System vorbei
    (sogenannte "raw I/O") für eine bessere Konsistenz
    gesorgt wird; allerdings verringern diese Maßnahmen den
    E/A-Durchsatz nicht unbeträchtlich.

- Alle Geräte, die sich nicht in einfacher Weise nach diesem
  Schema bedienen lassen, werden vom "Character-E/A-System"
  bedient. Das hier zugrundeliegende Modell ist das von einer
  oder mehreren Warteschlangen, in die ein Treiber einzelne
  Zeichen einreiht, während ein Gerät sie am anderen Ende der
  Schlange entnimmt, oder umgekehrt. Dabei ist es möglich, daß
  ein Treiber die ihn durchlaufenden Zeichenketten tabellen-
  gesteuert und/oder algorithmisch modifiziert, so daß sich
  z.B. sehr flexible Terminal-Ansteuerungen realisieren lassen.
  Auch hier sind einige Nachteile zu verzeichnen:

  o Teilweise werden Geräte, die wesentlich effizienter
    blockorientiert betrieben werden, mit Strömen von Zeichen
    bedient; hier sind insbesondere Kommunikations-Interfaces
    für schnelle Leitungen zu nennen.

  o Interfaces mit lokaler Intelligenz und eigenständigen
    Verarbeitungsmöglichkeiten lassen sich nur schwer unter-
    stützen, ohne den Boden des Character-E/A-Systems teil-

weise zu verlassen; man steht hier vor der Wahl, entweder
die Hardware-Fähigkeiten der Geräte ungenutzt zu lassen,
indem man sie in der Treiber-Software nachbildet, oder
zusätzliche Funktionen (wie etwa Trigger-Signale) zu
bedienen und damit asynchrone Vorgänge neben den Zeichen-
strömen zu unterstützen.

Diese Design-Schwächen des UNIX-E/A-Systems sind erklärlich,
wenn man das Alter und die ursprünglichen Entwicklungsziele
berücksichtigt; sie stellen jedoch für den Einsatz auf heutiger
Hardware und zur Realisierung heutiger Software-Projekte zu
berücksichtigende Einschränkungen dar. Aus diesem Grund wurden
und werden in den neueren Versionen von UNIX gerade hier zum Teil
gravierende Änderungen und Erweiterungen gemacht [16,32], doch
bringen diese die Gefahr von Inkompatibilitäten mit sich.

6.4.3 Das Multics-E/A-System

Abschließend soll noch ein E/A-System kurz geschildert
werden, das in dem experimentellen Betriebssystem Multics [9,18],
dem Vorläufer des heute auf Honeywell-Rechnern eingesetzten
Betriebssystems, realisiert wurde und trotz seines Alters auch
heute noch als richtungweisend bezeichnet werden kann.

Die Einbettung dieses E/A-Systems in das gesamte Betriebssystem läßt sich folgendermaßen veranschaulichen:

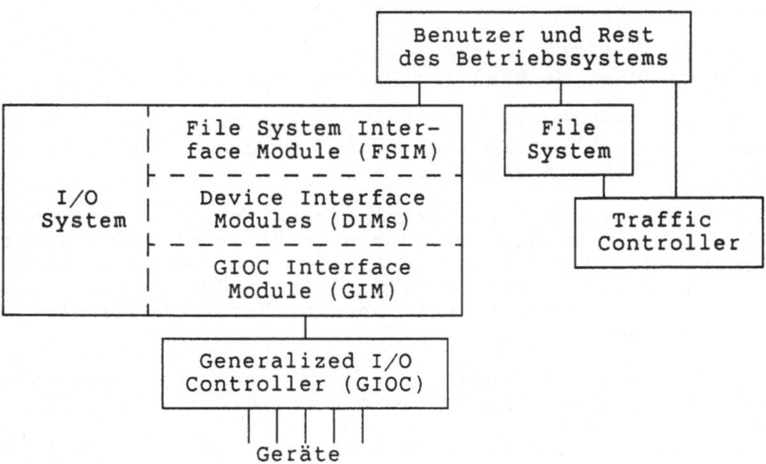

Fig. 6-23 Einbettung des Multics-E/A-Systems

Das E/A-System zerfällt in einzelne Moduln, die in verschiedenen Ebenen angeordnet sind. Die Beziehungen zwischen diesen
Moduln sind im folgenden Bild dargestellt:

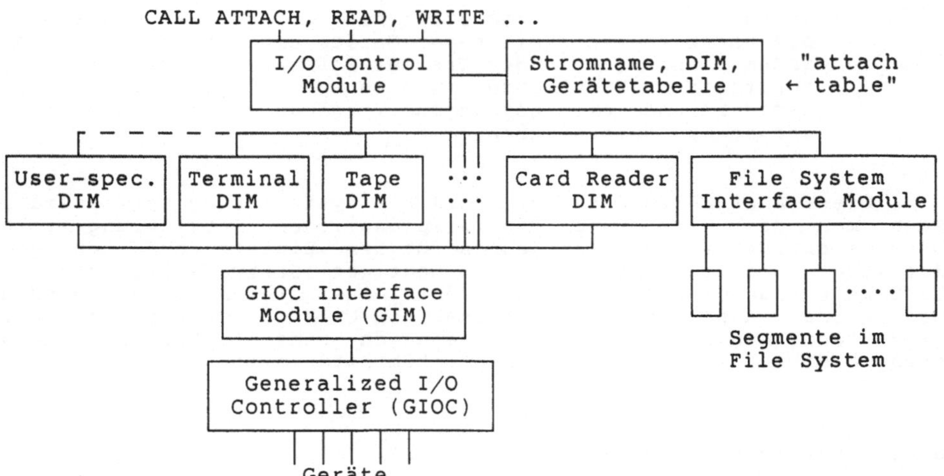

Fig. 6-24 Aufbau des Multics-E/A-Systems

E/A-Vorgänge laufen in diesem System folgendermaßen ab:

- Das anzusprechende Gerät wird dem Prozeß zugeteilt, der den E/A-Vorgang angestoßen hat. Dabei geschieht der Zugriff auf die einzelnen E/A-Geräte in geräteunabhängiger Form über symbolische Namen. Dies ermöglicht:

  o geräteunabhängige Programmierung
  o dynamischen Wechsel von E/A-Geräten

- Auf dieses Gerät wird über ein ATTACH-Statement ein Datenstrom ("stream") eröffnet; dabei wird der Stromname in eine "attach table" eingetragen.

- E/A-Befehle werden über diese attach table vom sogenannten "I/O control module" mit dem Gerät assoziiert, das augenblicklich dem Strom zugeordnet ist. Die Befehle werden an das zugehörige "device interface module" (DIM) weitergereicht; dieses DIM kann in unserer Terminologie als Treiber bezeichnet werden.

- Das DIM erzeugt aus dem E/A-Befehl ein Programm für die Hardware des "generalized I/O controller" (GIOC).

- Das DIM startet anschließend über das "GIOC interface module" (GIM) die Operation; diese läuft, gesteuert durch einen Dialog zwischen DIM und GIM, ab.

- Das GIM wird durch Aufrufe eines DIM sowie durch Interrupts angestoßen; alle Steuerung und Status-Übergabe läuft über das GIM.

- Dieses E/A-System läuft unter Multi-Programmierung. Daher können E/A-Wartezeiten von Fremdprozessen genutzt werden, da den einzelnen DIMs der Prozessor entzogen werden kann.

Dem Benutzer werden über eine Unterprogramm-Schnittstelle folgende Funktionen zur Verfügung gestellt:

- CALL ATTACH(stream-name,DIM-name,device-name);
- CALL READ (stream-name,buffer);
- CALL WRITE (stream-name,buffer);
- CALL DETACH(stream-name);
- CALL ATTACH(stream-name_1,synonym,stream-name_2);
- CALL ATTACH(stream-name,fsim,segment-name);

Dabei sind folgende Besonderheiten erwähnenswert:

- Durch Synonyme kann man:

  o E/A-Vorgänge umdirigieren,

  o gleichzeitige E/A-Vorgänge auf mehreren Geräten starten ("broadcast"),

  o mit Pseudo-Geräten arbeiten.

- Mit dem "file system interface module" (FSIM) lassen sich Segmente im Hauptspeicher als Pseudo-E/A-Geräte betreiben.

Das System ist sehr flexibel; neue Geräte lassen sich ohne weiteres aufnehmen, ohne daß eine Strukturänderung oder Umgehung des Systems dazu erforderlich wäre.

KAPITEL 7

DATEI-SYSTEME

7.1 DATEI-TYPEN

7.1.1 Grundlagen

Die auf Massenspeichern verwaltete Information wird meist in größeren logischen Einheiten zusammengefaßt, wobei oft Hierarchien solcher Einheiten gebildet werden, um die Verwaltung zu vereinfachen. Von besonderem Interesse ist dabei die logische Einheit "Datei", die wir im Abschnitt 6.1.3 als eine "logisch verwandte Ansammlung von Daten, die als physikalische Einheit behandelt wird", definiert hatten. In diesem Kapitel wollen wir sowohl den internen Aufbau von Dateien, also die Zusammenfassung kleinerer Informations-Einheiten zu Dateien, als auch die Verwaltung der Gesamtheit aller Dateien, also deren Zusammenfassung zu größeren Informations-Einheiten, betrachten.

Die interne Organisation von Dateien erfolgt üblicherweise auf zwei verschiedenen Ebenen:

- logisch: Informationseinheit ist der Datensatz ("record"):

    o eine Menge zusammenhängender Datenelemente, die als Einheit behandelt werden,

    o dessen Länge vom Programmierer anwendungsorientiert spezifiziert wird.

- physikalisch: Informationseinheit ist der Block:

    o die kleinste adressierbare Datenmenge, die ein E/A-Gerät in einer E/A-Operation übertragen kann,

    o dessen Länge von der Hardware fest vorgegeben ist.

Damit ergeben sich gewisse Grundstrukturen, je nachdem ob die logische Ebene der Organisation für eine bestimmte Datei

- gar nicht: "physikalische" Datei

- teilweise: "regionale/sequentielle" Datei

- vollständig: "indexsequentielle" Datei

realisiert ist. Dabei ergeben sich hinsichtlich der Anpassung an die hardware- und softwaremäßigen Gegebenheiten der einzelnen Rechnertypen Unterschiede in den Dateistrukturen und in der Ausprägung der Dateimerkmale, die die Grenzen zwischen den einzelnen Dateitypen verschwimmen lassen.

7.1.2 Physikalische Dateien

Bei physikalischen Dateien ist nur die hardwaremäßig vorgegebene Unterteilung der Datei in Blöcke realisiert; eine Anpassung an programmseitig benötigte logische Strukturen ist von jedem Anwendungsprogramm gesondert vorzunehmen. Physikalische Dateien sind durch folgende Eigenschaften zu charakterisieren:

- Zugriffseinheit ist der physikalische Block fester, vorgegebener Länge.

- Zugriff auf die einzelnen Blöcke erfolgt über die <u>Block-adresse</u>:

    o als globale, physikalische Position des Blocks ("<u>physikalische Blocknummer</u>"), spezifiziert durch:

        + physikalische Geräteadresse (oder auch Datenträgerkennzeichen)
        + absolute Blockadresse: Zylinder-/Spur-/Segment-Nummer

    o als dateibezogene, physikalische Position des Blocks ("<u>regionale Organisationsform</u>"), spezifiziert durch:

        + Nummer des Speicherbereichs der Datei
        + Stapel-Nummer bei "Multi-Volume-Devices"
        + Zylinder-Nummer
        + Nummer des Magnetkopfes
        + Blocknummer innerhalb der ausgewählten Spur

    o als datei-relative Blocknummer ("<u>virtuelle Blocknummer</u>"), gezählt ab 0 oder 1

- Bei physikalischen Dateien ist oft ungepufferter Datentransfer direkt in den / aus dem Adreßraum des Benutzerprogramms möglich.

- Zugriffe auf physikalische Dateien stellen die schnellste Zugriffsmethode dar, da

    o Umkopieren der Puffer und
    o Auftrennen von / Zusammenfügen zu Datensätzen

    entfallen.

- Durch die starre Blockgröße ergeben sich Einschränkungen für die Anwendbarkeit physikalischer Dateien.

- Wenn die Seitengröße virtuellen Speichers ein ganzzahliges Vielfaches der physikalischen Blocklänge ist, stellen physikalische Dateien ein besonderes geeignetes Hintergrund-Medium für Paging dar.

Zur Realisierung des logischen, satzweisen Zugriffs auf Dateien mit Satzstruktur wird diese von einem Teil des Betriebssystems, dem Datei-System ("record management system", "file system") auf physikalische Dateien abgebildet.

→ : Eigentlich gibt es nur physikalische Dateien; alle anderen Organisationsformen sind nur des Komforts wegen als allgemein verwendbare Überbauten zur Verfügung gestellt.

Beipiele: Physikalische Dateien stehen auf allen Rechnern und in allen Betriebssystemen zur Verfügung; ihre Bezeichnung in den einzelnen Systemen ist jedoch sehr unterschiedlich:

- TR440 / BS3: PHYS-Dateien
- Siemens 7.xxx / BS2000: PAM-Dateien
- IBM/360/370 / OS/MVS: ISAM-Dateien (mit Einschränkungen)
- VAX / VMS: User-I/O über $QIO-Makros

Der Zugriff auf die einzelnen physikalischen Blöcke eines Plattenspeichers wird im allgemeinen durch eine spezielle Anordnung der Information auf dem Speichermedium erleichtert [22]:

- Eine spezielle Stelle des Platten-Umfangs wird durch einen sogenannten Adreß- oder Index-Marker als Anfang/Ende aller Spuren des Mediums gekennzeichnet.

- Um den Magnetköpfen eine genaue Positionierung auf die einzelnen Spuren zu ermöglichen, ist sogenannte "Servo"-Information auf den Platten gespeichert; je nach Plattentyp kann diese

    o auf einer eigenen Plattenoberfläche gespeichert sein;

    o um eine halbe Spurbreite versetzt zwischen den Datenblöcken stehen;

    o Bestandteil der Datenblöcke selbst sein.

- Zusätzliche Synchronisations-Information zu Beginn der einzelnen Datenblöcke oder auch an definierten Stellen dieser Blöcke (im allgemeinen zu Beginn der einzelnen Subblöcke, s.u.) markiert den Anfang relevanter Daten.

- Die Daten werden entlang der einzelnen Spuren als Folgen von in Datenblöcken gruppierten Bytes aufgezeichnet. Ein Datenblock besteht dabei aus jeweils zwei oder drei durch Gaps getrennten "<u>Subblöcken</u>":

    o dem (zur Erhöhung der Zuverlässigkeit oft mehrfach gespeicherten) <u>Zähler-Subblock</u> ("count subblock", "header"), der folgende Information enthält:

        + Steuer-Information (Flag-Bits)
        + Zylinder-Nummer
        + Kopf-Nummer
        + Block-Nummer

    + Schlüssellänge (= 0, falls kein Schlüssel-Subblock
      vorhanden)
    + Datenlänge (muß ≠ 0 sein)
    + Check-Bits für Fehler-Erkennung und -Korrektur

o dem Schlüssel-Subblock, der zur Aufnahme eines Such-
schlüssels für hardware-unterstütztes Retrieval verwendet
werden kann;

o dem Daten-Subblock, der die eigentlichen Daten enthält.

- Die Subblöcke und/oder der gesamte Datenblock werden üblicherweise durch eine oder mehrere Prüfsummen abgeschlossen.
Dadurch ist - in gewissen Grenzen - eine Rekonstruktion
defekter Datenblöcke möglich, indem die verfälschten Bits
durch ECC-Logik ("error correcting code") rekonstruiert
werden.

- Bei Zugriff auf einen bestimmten Block werden entlang der
Spur von der Hardware solange Zähler-Subblöcke gelesen, bis
der gewünschte Datenblock gefunden ist; dessen Daten-Subblock
wird gleich anschließend (also noch während derselben
Umdrehung!) übertragen. Diese schnelle Aufeinanderfolge von
Suchen und Lesen wird durch die Gaps zwischen den einzelnen
Subblöcken ermöglicht, die zu einer hinreichenden Zeit-
differenz zwischen dem Zugriff auf den Zähler- und auf den
Daten-Subblock führen.

7.1.3 Dateien mit Satzstruktur

Zur besseren Anpassung an die Erfordernisse der Anwenderprogramme werden üblicherweise auf die starren physikalischen
Dateistrukturen parametrisierbare logische Strukturen als Überbau
gesetzt, die folgendermaßen zu charakterisieren sind:

- Zugriffseinheit ist der logische Satz ("record"), dessen
Format (normalerweise in gewissen Grenzen) vom Benutzer
gewählt werden kann.

- Die Abbildung des Zugriffs auf die physikalische Struktur des
Hintergrunds erfolgt durch einen Teil des Betriebssystems,
das sogenannte Datei-System; dabei sind speziell folgende
Aufgaben durchzuführen:

o Umkopieren in/aus System-Puffern
o Blocken/Entblocken der logischen Sätze

- Je nach der Art dieser Abbildung ergeben sich unterschiedliche logische Dateistrukturen; diese unterscheiden sich in
den folgenden Aspekten:

o Zugriffsform
o Satzformat
o Satzaufbau

Die einzelnen Dimensionen der Strukturierung von Dateien sollen im folgenden kurz charakterisiert werden:

Bei den **Zugriffsformen** unterscheidet man die folgenden Möglichkeiten:

- <u>sequentiell</u>:

  o Zugriff ist nur auf den jeweils nächsten, eventuell auch auf den vorhergehenden Satz, Schreiben nur am Ende der Datei möglich.

  o Eine spezielle Datei-Strukturierungs-Information ist hier nicht nötig; sie kann jedoch, etwa als Schutz vor völliger Zerstörung der Datei und zum Wiederaufsetzen bei Fehlern, hinzugefügt sein.

  o Sequentielle Dateien bilden die Grundform der Datenspeicherung bei indexsequentiellem Zugriff.

- <u>direkt</u> (relativ):

  o Zugriff erfolgt über eine Satznummer mittels eines Positionierungs-Algorithmus, der aus dieser die zugehörige Blocknummer direkt bestimmt.

  o Nur realisiert für:

    + Sätze fester Größe
    + Sätze vorgegebener maximaler Größe (mit Platz-Verschenken)

  o Bei Sätzen fester Größe ist keine Struktur-Information in den / über die einzelnen Sätze nötig.

  o Diese Organisationsform führt zur Platzverschwendung (bis 50 % für überlange Sätze, bis 100 % für kurze Sätze), falls Sätze nur bei einem Blockanfang beginnen dürfen und Satz- und Blocklänge ein ungünstiges Verhältnis zueinander haben.

- <u>indexsequentiell</u>:

  o Der Zugriff erfolgt über einen sogenannten "<u>Index</u>" ("Stellvertretergebiet"), der ein Teil der betrachteten Datei oder auch eine eigene Datei ist und zu jedem Schlüsselwert / jeder Satznummer die Position (z.B. Blocknummer und Anfangsadresse innerhalb des Blocks) des zugehörigen Satzes enthält.

  o Eine indexsequentielle Datei besteht aus zwei Teilen:

    + dem Index in der Organisation als:

      · Feld
      · lineare Liste
      · B-Baum

+ dem eigentlichen Datenbestand als sequentielle Datei.

o Der Index enthält üblicherweise die folgende Information:

+ Satznummern beliebiger Art und/oder
+ Satzschlüssel als Suchschlüssel

o Oft können für denselben Datenbestand mehrere Index-Bereiche definiert werden. Man spricht dann von einer mehrfach indexierten Datei bzw. von Sekundär-Indexierung.

o Auf indexsequentielle Dateien kann oft auf zwei verschiedene Arten zugegriffen werden:

+ direkt über den Index
+ sequentiell (in Zugangsfolge) über den Datenbestand selbst

o Bei Inkonsistenzen zwischen Index und Datenbestand ist die Datei im allgemeinen zerstört; aus diesem Grund sind indexsequentielle Dateien bei Systemzusammenbrüchen gefährdet, wenn gerade schreibend auf sie zugegriffen wurde.

o Änderungen an indexsequentiellen Dateien werden verschieden abgewickelt, je nachdem welche Operationen auf die einzelnen Sätze anzuwenden sind:

+ Einfügung neuer Sätze:

· Die Daten werden am Ende des Datenbestandes eingetragen; dieser wird somit als gewöhnliche sequentielle Datei bearbeitet.

· Die Satznummern bzw. Suchschlüssel werden an die geeignete Stelle im Index eingetragen; dies kann unter Umständen eine Reorganisation des Index erfordern.

+ Löschen von Sätzen:

· Satznummern bzw. Suchschlüssel werden aus dem Index ausgetragen, was wieder eine Reorganisation des Index erfordern kann.

· Ein Löschen der Daten im Datenbestand erfolgt im allgemeinen nicht, so daß dieser anschließend "Satzleichen" enthält und von Zeit zu Zeit reorganisiert werden muß, was auch wieder eine Reorganisation des Index nach sich zieht, da dort die Verweise auf die Blöcke des Datenbestandes aktualisiert werden müssen.

+ Änderung existierender Sätze:

· Zum Teil werden Änderungen als Folgen von Löschungen und Neueintragungen durchgeführt, wobei manchmal die Änderung des Index entfallen kann oder auf eine Änderung des Verweises auf den

Datenbestand beschränkt bleiben kann.

In manchen Fällen - wenn die Satzlänge konstant
bleibt oder wenn der neue Satz kürzer ist als der
alte und gleichzeitig die Struktur des Datenbestandes Lücken zuläßt - kann eine Änderung auch
durch direktes Überschreiben eines Teiles des
Datenbestandes erfolgen.

Die folgenden **Satzformate** sind üblich:

F: feste Länge: Meist ist in den Sätzen keine Struktur-Information enthalten.

V: variable Länge: Die Länge ist meist am Satzanfang eingetragen. Kein Satz ist länger als ein Block, d.h. jeder Satz
ist ganz in einem Block enthalten.

S: Spannsätze variabler Länge: Sätze dieses Typs dürfen sich
über mehrere Blöcke erstrecken; der Zusammenhang der einzelnen Satzteile wird durch geeignete Struktur-Information in
den Satzteilen oder durch Klammerungstechniken dargestellt.

U: unbestimmte (variable) Länge: Sätze entsprechen Blöcken variabler Länge; dabei ist die Satzlänge nicht im Satz angegeben, sondern ergibt sich aus der Blocklänge. Sätze dieses
Formats sind nur bei geeigneten Hardware-Voraussetzungen
realisierbar; sie werden hauptsächlich bei Magnetbändern
angetroffen.

Bei diesen Satzformaten entspricht jeweils ein Satz (bzw. bei
S-Format ein "Satz-Segment") einem Block. Durch Angabe eines
Blockungsfaktors n können bei den drei ersten Formaten auch
jeweils n Sätze zu einem Block zusammengefaßt werden. Man hat
dann die "geblockten Formate" **FB**, **VB** und **SB**.

Bei fest vorgegebener Blocklänge und ungeeigneten Satzlängen
resultiert beim F- und V-Format notwendigerweise, beim S-Format
unter der Voraussetzung, daß Sätze nur an einer Blockgrenze
beginnen dürfen, Platzverschwendung ("Verschnitt"); dies gilt - in
geringerem Maße - auch bei Angabe eines Blockungsfaktors.

Direkter Zugriff ist nur bei den Satzformaten F und FB
möglich; soll Direkt-Zugriff für Sätze variabler Länge unterstützt
werden, so müssen diese Sätze durch F- bzw. FB-Sätze der maximalen
Länge realisiert werden, von denen nur ein Teil belegt ist →
Platzverschwendung.

Beim **Satzaufbau** unterscheidet man schließlich die folgenden
Grundtypen:

- Satzweise strukturierter Text: Jeder Satz entspricht einer
Textzeile. Das erste Zeichen jedes Satzes ist bei sogenannten Druck-Dateien ein Vorschub-Steuerzeichen; andere
Dateien mit Satzstruktur enthalten Vorschub-Information und
eventuell Zeilennummern an bestimmten, festgelegten Stellen
der einzelnen Sätze.

- <u>Fortlaufender</u> Text: Hier besteht keine Assoziation zwischen
  <u>Satzaufbau und</u> Textstruktur. Die Textstruktur wird durch
  Steuerzeichen <u>innerhalb</u> der Sätze realisiert; die Satzstruktur ist hier eigentlich überflüssig oder sogar störend.

- <u>Binär-Information</u>: Aufbau und Struktur der einzelnen Sätze
  werden von den die Datei bearbeitenden Programmen festgelegt.

7.1.4 Verwaltung des Speicher-Mediums

Während sich bei Magnetbändern hinsichtlich der Anordnung des
Speicherplatzes der einzelnen Dateien keine Wahlmöglichkeiten und
damit auch keine Probleme ergeben, sind bei mehrdimensionalen
Speichermedien - also insbesondere Magnetplatten - die Probleme

- der Anordnung der einzelnen Teile (auch: Blöcke) einer Datei

- des Vergrößerns einer zu kleinen Datei

- der Reorganisation fragmentierten Speicherplatzes

zu lösen.

Dazu werden Dateien oft als eine feste (systemweit vorgegebene oder über Voreinstellungen wählbare) Anzahl von Blöcken angelegt. Man bezeichnet diese Gruppen von Blöcken als "<u>Extents</u>" oder
auch "Partitions". Größere Dateien können - sofern <u>nicht</u> anders
bei ihrer Erzeugung verlangt - aus einer Menge voneinander unabhängiger Extents aufgebaut sein. Datei-Vergrößerung geschieht
durch Hinzunahme weiterer Extents zu der zu vergrößernden Datei.
Eine so vergrößerte Datei ist im allgemeinen nicht mehr physikalisch zusammenhängend; man bezeichnet sie als "<u>non-contiguous</u>".
Bei dieser Form der Verwaltung des Speichermediums muß pro Datenträger nur eine Liste der dort freien Extents geführt werden, an
die freiwerdender Platz zurückgegeben wird.

Eine andere Form der Platzverwaltung legt eine Liste an, die
für jeden Block des Speichermediums ein Bit enthält, das angibt,
ob der zugehörige Block belegt ist oder nicht. Man bezeichnet
diese Liste als "<u>Bit-Map</u>" des Speichermediums. Diese Form der
Verwaltung minimisiert die Fragmentierung des Speichermediums, die
bei der ersten Form der Verwaltung bei großen Extents recht
erheblich sein kann, erfordert jedoch effiziente Bearbeitung der
Bit-Map, wenn sie keinen zu großen Overhead verursachen soll.

Die einzelnen Extents bzw. Blöcke einer Datei können durch
Zeiger miteinander verknüpft sein; es ist aber auch möglich, in
die Datei-Beschreibung, die im Datei-Kopf oder im Katalog (s.
Abschnitt 7.2.2) enthalten ist, eine Liste (eventuell nur der
nicht konsekutiven) Extents bzw. Blöcke aufzunehmen. In jedem
Falle ist es sinnvoll, Dateien, die in zu viele nicht konsekutive
Extents bzw. Blöcke unterteilt sind, von Zeit zu Zeit auf größere
zusammenhängende Bereiche umzuspeichern, um die Effizienz des
Zugriffs zu erhöhen ("<u>Defragmentierung</u>"). Diese Reorganisation
kann zum Beispiel bei einer Kopie des Speichermediums zu Daten-
sicherungszwecken erfolgen, wobei mit dieser reorganisierten Kopie
dann effizienter weitergearbeitet werden kann. Bei regionaler

Organisationsform von Dateien kann eine solche Reorganisation
jedoch schwierig bis unmöglich werden.

7.2 DATEI-VERWALTUNG

7.2.1 Datei-Identifikation

Dateien sind von außen nur Informationsblöcke, deren physikalische Adresse(n) und Verwaltungsinformation vom System abgespeichert und bei erneutem Ansprechen der Datei wiedergefunden
werden müssen. Dazu muß die Datei durch ein eindeutiges, zweckmäßig hardware-unabhängiges Kennzeichen, den <u>Dateinamen</u>, identifiziert werden.

Durch geeignete Struktur des Dateinamens kann dieser schon
einen Suchweg für die Dateiverwaltungs-Information festlegen, was
für einen schnellen Zugriff bei den oft sehr großen Dateibeständen
wesentlich ist. Es sind zwei Formen der Datei-Identifikation gebräuchlich:

- Datenträger-relative Position:

    o üblich für Magnetbänder

    o Dateiname besteht aus:

        + Datenträger-Kennzeichen
        + Dateifolgenummer

- logischer Dateiname ohne Bezug auf den Datenträger:

    o üblich bei Plattenspeichern (und Magnetbändern!)

    o Darstellung des Dateinamens als Suchweg in einem Baum:

        + Es gibt oft nur eine einzige Wurzel für das gesamte
           Dateisystem als Startpunkt jeder Suche.

        + Oft wird auf dem Suchweg relativ früh der Eigentümer
           der Datei benannt und damit ein Teilbaum ausgewählt.

        + Die Endknoten des Baumes enthalten die Verweise auf
           die einzelnen Dateien.

    o Unterscheidung mehrerer Versionen einer Datei durch die
       Angabe von Generations-Versions-Nummern

Beispiele: Siemens 7.xxx, IBM OS/MVS, Pascal:

- Der Dateiname ist hier eine Konkatenation von Knotennamen in
  einem Baum:

    o Jeder Knoten wird durch die Konkatenation der Knotennamen
       bezeichnet, die einen Weg von der Wurzel bis zu dem
       betreffenden Knoten bilden.

o Jeder Nicht-End-Knoten bezeichnet den ganzen daran hän-
   genden Teilbaum.

o Jeder Endknoten bezeichnet eine Datei.

o Die Knoten der ersten Ebene bezeichnen die einzelnen
   Benutzer.

- Diese Struktur tendiert zu sehr langen, oft in weiten Teilen
  identischen oder zumindest ähnlichen Dateinamen. Während
  diese Eigenschaft im Batch-Betrieb unerheblich ist, kann sie
  im interaktiven Betrieb wegen der durch sie verursachten
  Schreibarbeit sehr unpraktisch sein.

- Für jede Dateidefinition muß ein Weg von der Wurzel aus
  gesucht werden. Ohne besondere Vorkehrungen wird daher die
  Implementierung der Dateisuche aufwendig und eventuell
  langsam.

- Der Name des ersten Knotens des Suchweges kann oft wegge-
  lassen werden; als Voreinstellung wird dann meist die eigene
  Benutzerkennung (oder auch eine Kennung für das "System" als
  Eigentümer) eingesetzt.

TR440 / BS3:

- Zu jeder Benutzerkennung gibt es bis zu 6 Gruppen lang-
  fristiger Dateien. Auf eine davon kann ohne weitere Angaben
  zugegriffen werden; für den Zugriff auf die anderen ist
  jeweils das entsprechende "Benutzerkennzeichen" (BKZ)
  anzugeben.

- In Bearbeitung befindliche Dateien können zu Gruppen (Daten-
  basen) zusammengefaßt werden, wobei jedoch nicht leicht zu
  überschauende Wechselwirkungen mit den BKZs auftreten können.

- Dateien auf externen Trägern wie Magnetband oder privaten
  Plattenstapeln müssen durch zusätzliche Angabe des Daten-
  trägerkennzeichens (EXDKZ) bezeichnet werden.

- Die Dateibezeichnung ist im Standardfall sehr einfach, wird
  in Sonderfällen jedoch schnell schwierig und fehlerprovo-
  zierend, da dann verschiedene, schlecht aufeinander abge-
  stimmte Konzepte der Dateibenennung zueinander in Wechselwirkung treten.

DEC, CP/M, MS/DOS:

- Der Dateiname ist strukturiert aufgebaut; die einzelnen
  Ebenen des Baumes bezeichnen dabei verschieden stark spezifizierte Datenmengen.

- Die Syntax der einzelnen Komponenten des Dateinamens erlaubt
  die Angabe von teilqualifizierten Namen unter Verwendung von
  (z.T. dynamisch wählbaren) Voreinstellungen für die wegge-
  lassenen Teile sowie durch sogenannte "wild card"-Konstruk-
  tionen die Bezeichnung ganzer Teilbäume, Ebenen im Baum oder

sogar von Mengen von Teilbäumen.

- Die eigentlichen Dateinamen (d.h. die Namen der Endknoten)
  bestehen aus zwei Teilen:

  o einem frei wählbaren Namen

  o einer "Extension", die den Inhalt bzw. Verwendungszweck
    der Datei beschreibt (z.B. Quellprogramm in einer be-
    stimmten Sprache, Lademodul, Daten, Text usw.).

Durch diese Aufteilung des Dateinamens können Programm-
Bibliotheken und Bibliotheken zusammengehörender Datenmengen
in einfacher Weise spezifiziert und realisiert werden.

7.2.2 Datei-Kataloge

Um koordinierten Zugriff auf Dateien zu gewährleisten, ist
für jede Datei eine bestimmte Menge von Verwaltungsinformation zu
halten, die ihrerseits wieder Datenbestände darstellt, also zweckmäßig in speziellen Dateien, den "Katalogen" ("directories"), zu
halten ist. Folgende Informationen werden üblicherweise zu den
einzelnen Dateien gehalten:

- voller Dateiname

- Ortsbeschreibung:

  o physikalische Adresse des Anfangs
  o Länge der Datei
  o eventuelle Aufteilung in Extents

- Organisation der Datei:

  o physikalisch
  o direkt
  o regional
  o sequentiell
  o indexsequentiell

- Satzformat und Blockung (F, V usw.)

- Satzaufbau:

  o Textdatei
  o Druckdatei
  o Binärdatei

- Zugriffsrechte

- Zugriffsbeschränkungen

- Eigentümer

- Bearbeitungszustand (zur Koordination von Parallelzugriffen):

    o geschlossen
    o eröffnet zum Lesen und/oder Schreiben

Die interne Organisation der Katalog-Datei(en) ist bestimmend
für:

- die Geschwindigkeit des Auffindens einer Datei bei erst-
  maligem Zugriff;

- die Möglichkeit der Beeinflussung/Veränderung von Datei-
  Parametern;

- die Wartbarkeit des Datenbestandes:

  o Reorganisierbarkeit
  o Möglichkeit/Geschwindigkeit der Herstellung von Sicher-
    heitskopien ("Back-ups")
  o Wiederherstellbarkeit zerstörter Datenbestände
  o Einführung und Überwachung von Speicherquoten

Die wichtigste und effizienteste Methode zur Verwaltung
großer Dateibestände ist die Verwendung von Katalog-Hierarchien:

- Der <u>Hauptkatalog</u> ("master file directory", MFD) enthält:

  o Beschreibungen der den einzelnen Benutzern zugewiesenen
    Speicherbereiche

  o für jede(n) Benutzer(gruppe) einen Verweis auf den zuge-
    hörigen Benutzerkatalog

  Der Hauptkatalog kann dabei global oder gerätebezogen sein.

- Die einzelnen <u>Benutzerkataloge</u> ("user file directories",
  UFDs) enthalten:

  o Einträge für die einzelnen Dateien des betreffenden
    Benutzers

  o eventuell Verweise auf Unterkataloge

- Die <u>Unterkataloge</u> ("sub file directories", SFDs) schließlich
  enthalten:

  o Einträge für Dateien des Benutzers, die nach irgendeinem
    Gesichtspunkt als zusammengehörig betrachtet werden sol-
    len

  o eventuell weitere Verweise auf weitere Unterkataloge
    einer noch niedrigeren Ebene der Katalog-Hierarchie

Die Verwendung von Unterkatalogen gestattet den Aufbau sehr
effizienter Zugriffspfade und gut strukturierten Zugriffsschutz.

7.2.3 Zugriffsschutz

Um zu verhindern, daß Dateien von fremden Benutzern unberechtigt gelesen, verändert oder gar gelöscht werden, ist es bei Multi-Programmierung, besonders in Timesharing-Systemen, erforderlich, den Benutzern die Möglichkeit zu geben, ihre Dateien gegen unberechtigten Zugriff zu schützen. Hier stehen in den einzelnen Systemen verschiedene Mittel zur Verfügung, die an dieser Stelle nur kurz aufgezählt werden. Eine vollständigere Beschreibung der Datenschutz-Aspekte von Betriebssystemen wird im nächsten Kapitel gegeben.

Man unterscheidet im wesentlichen drei Verfahren zum Schutz von Dateien:

- Paßwortschutz:

  o Das Paßwort kann:

    + Bestandteil der Dateibeschreibung sein;
    + generell den Zugriff auf den Rechner schützen als Bestandteil der Benutzerbeschreibung (üblich bei Timesharing-Systemen).

  o In einigen Systemen werden bei dateigebundenen Paßwörtern für verschiedene Zugriffsarten (Lesen, Schreiben, Ausführen) verschiedene Paßwörter vergeben.

  o Dieses Verfahren wird zur Kontrolle des Zugriffs auf Dateien in modernen Systemen nicht mehr verwendet, da es sich als hierfür ungeeignet gezeigt hat; Paßwörter werden im wesentlichen nur noch zur Kontrolle des Zugriffs auf den Rechner insgesamt eingesetzt (s. Abschnitt 8.1.3).

- Berechtigungsprofile:

  o Eigentümer-Modell:

    + Die Gesamtmenge der Benutzer wird hier in geeignet strukturierte Teilmengen unterteilt, zum Beispiel:

      · Datei-Eigentümer ("owner")
      · Projektgruppe ("group"), d.h. weitere Benutzer, denen definierte Zugriffsrechte gegeben werden sollen
      · alle anderen Benutzer ("world")
      · Systemverwalter ("system")

    + Für jede dieser Teilmengen der Benutzer können bestimmte Zugriffsarten erlaubt bzw. verboten werden:

      · Existenz der Datei wahrnehmen
      · ausführen
      · kopieren
      · lesen
      · erweitern ("append")
      · verändern ("update")

- schreiben
- reservieren (Dateigröße ändern)
- löschen
- ändern des Berechtigungsprofils

o Zugriffsmatrizen:

   + Hier wird für jeden einzelnen Benutzer und für jede
      einzelne Datei explizit festgelegt, ob eine bestimmte
      Zugriffsart dieses Benutzers auf diese Datei erlaubt
      oder verboten ist.

   + Um die Menge der dadurch entstehenden Zugriffsinfor-
      mationen begrenzt zu halten, werden die Zugriffs-
      matrizen üblicherweise nicht direkt gespeichert,
      sondern als diverse Listenstrukturen implementiert:

      - als "Capabilities" (formale Rechte)
      - als Zugriffskontroll-Listen für einzelne Dateien
      - als Kombinationen von beiden

   + Zur leichteren Handhabung des Zugriffs auf system-
      weite Dateien werden die Zugriffsmatrizen oft mit
      einem Schutz nach dem Eigentümer-Modell kombiniert.

- Vorgeschriebener Zugriffsschutz:

   o Jeder Datei wird eine bestimmte "Geheimhaltungsstufe"
      zugewiesen, wobei die Menge dieser Stufen fest vorgegeben
      ist und die einzelnen Stufen hierarchisch angeordnet
      sind. Im militärischen Bereich sind z.B. die Stufen

      + unklassifiziert (offen)
      + Verschluß-Sache, nur für den Dienstgebrauch (VS-NfD)
      + vertraulich
      + geheim
      + streng geheim

      gebräuchlich.

   o Zum anderen werden die einzelnen Dateien bestimmten
      Sachgebieten, den "Schutzkategorien", zugeordnet, wobei
      zwischen den verschiedenen Schutzkategorien kein Unter-
      schied der Geheimhaltungsstufe bestehen muß. Dabei kann
      eine bestimmte Datei mehreren Schutzkategorien zugleich
      angehören; die Schutzkategorien können sich also durchaus
      überlappen.

   o Die Regelung des Zugriffs erfolgt algorithmisch durch die
      beiden folgenden Bedingungen:

      + Einfache Sicherheitsbedingung: Keine Person hat
         lesenden Zugriff auf eine Datei einer höheren Geheim-
         haltungsstufe, als es der Berechtigung dieser Person
         entspricht.

      + "*-property": Keine Person hat schreibenden Zugriff
         auf eine Datei einer niedrigeren Geheimhaltungsstufe,
         als es der Berechtigung dieser Person entspricht.

o Eine Erweiterung dieses Modells wurde durch analoge Bedingungen für die Integrität der Daten formuliert; dabei gelten ähnliche Zugriffsbedingungen, in denen jedoch die Operationen des Lesens und Schreibens vertauscht sind.

7.3 DATENTRÄGER-VERWALTUNG

7.3.1 Datenträger-Kennsätze

Zur Vermeidung von Verwechslungen und Mißbrauch müssen auswechselbare Speichermedien ("removable volumes", speziell: Platte, Band, z.T. auch Floppy-Disc) eindeutig gekennzeichnet sein. Außerdem müssen die einzelnen Dateien auf einem Träger (insbesondere einem Magnetband) eindeutig gekennzeichnet sein. Dazu stehen für Magnetbänder genormte Standard-Kennsätze zur Verfügung, und zwar:

- <u>Datenträger-Kennsätze</u> ("Spulenetiketten") zur Kennzeichnung des Datenträgers

- <u>Datenmengen-Kennsätze</u> ("Datenmengenetiketten") zur Kennzeichnung der einzelnen Dateien auf dem Datenträger

Zusätzlich können benutzerspezifische, nicht standardisierte Kennsätze verwendet werden. Insgesamt sind folgende Kennsatztypen definiert:

Kennsatztyp	Benennung	Name	genormt
Bandanfang	Bandanfangs-Kennsatz (volume header label)	VOL	VOL1..8
	Benutzer-Bandanfangs-Kennsatz (user volume header label)	UVL	UVL1..9
Dateianfang oder Dateiabschnittsanfang	Dateianfangs-Kennsatz (file header label)	HDR	HDR1..9
	Benutzer-Dateianfangs-Kennsatz (user file header label)	UHL	UHLx
Dateiabschnittsende	Bandende-Kennsatz (end of volume label)	EOV	EOV1..9
	Benutzer-Bandende-Kennsatz (user end of volume label)	UTL	UTLx
Dateiende	Dateiende-Kennsatz (end of file label)	EOF	EOF1..9
	Benutzer-Dateiende-Kennsatz (user trailer label)	UTL	UTLx

Fig. 7-1 Datenträger-Kennsätze

Alle Kennsätze sind einheitlich 80 Bytes lang; verwendet
werden müssen mindestens die Sätze VOL1, HDR1, EOF1 und EOV1. Die
TR440 verwendet zusätzlich HDR8 und EOF8; in den IBM- und ANSI-
Normen für Magnetbänder wird stattdessen HDR2 und EOF2 verwendet.
Die wichtigsten dieser Sätze sind folgendermaßen aufgebaut [47]:

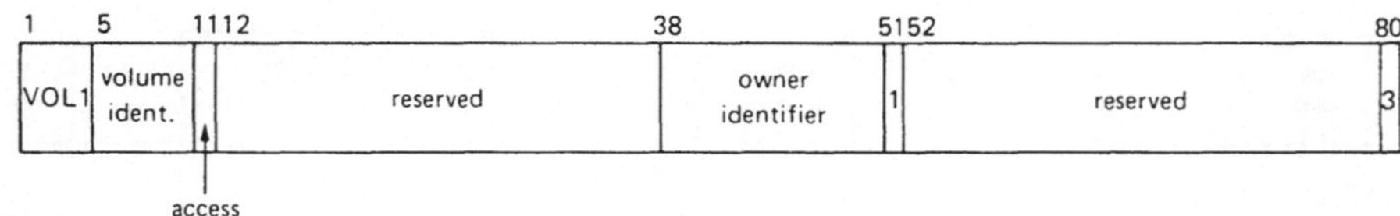

Fig. 7-2 Bandanfangs-Kennsatz VOL1

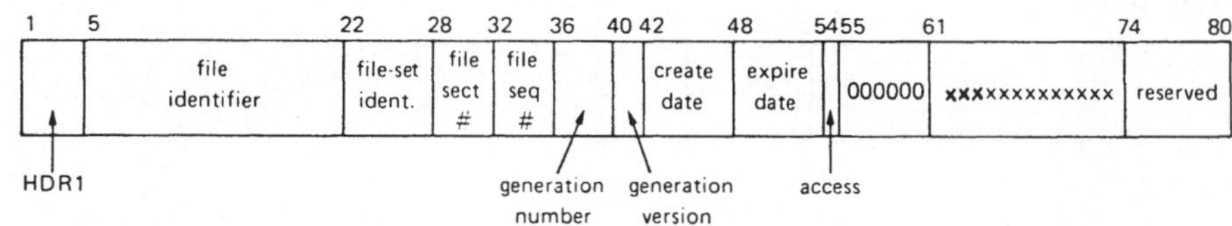

Fig. 7-3 Erster Dateianfangs-Kennsatz HDR1

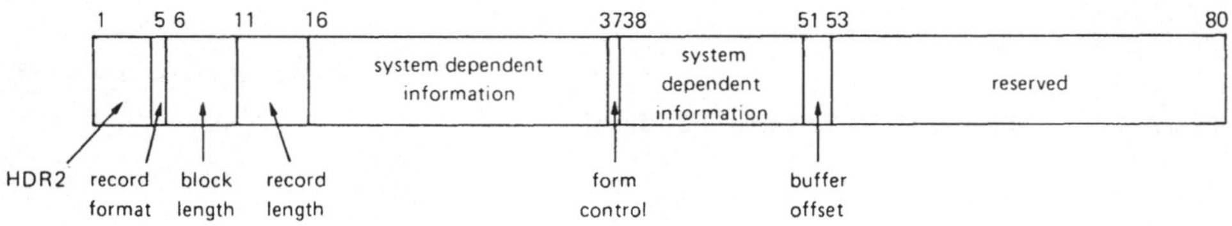

Fig. 7-4 Zweiter Dateianfangs-Kennsatz HDR2

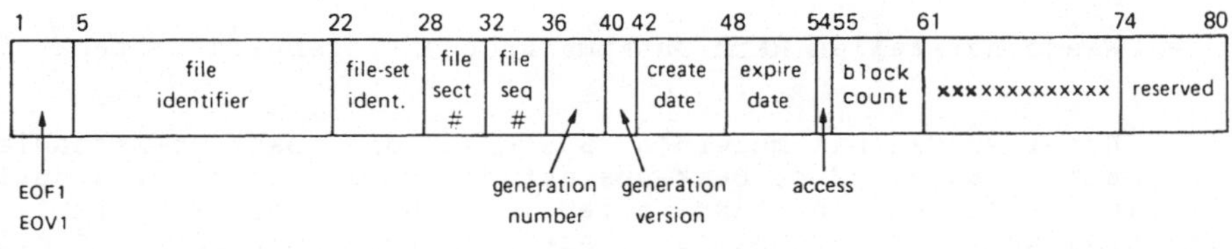

Fig. 7-5 Erster Dateiende-/Bandende-Kennsatz EOF1/EOV1

Die Kennsätze sind von den Datenblöcken durch eine sogenannte
__Bandmarke__ ("tape mark") getrennt; das Bandende ist durch zwei
__aufeinanderfolgende__ Bandmarken gekennzeichnet. Der Gesamtaufbau
eines Magnetbandes mit mehreren Dateien ("multi file reel") läßt
sich folgendermaßen darstellen, wobei Bandmarken als "*" dargestellt sind:

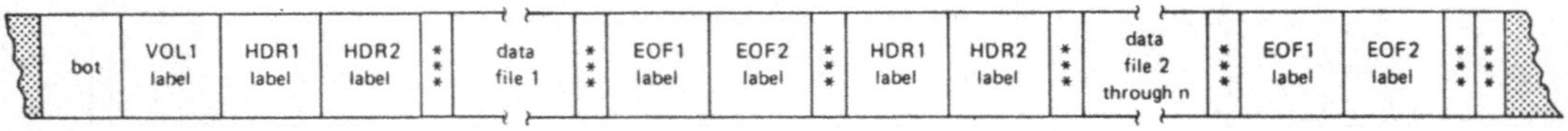

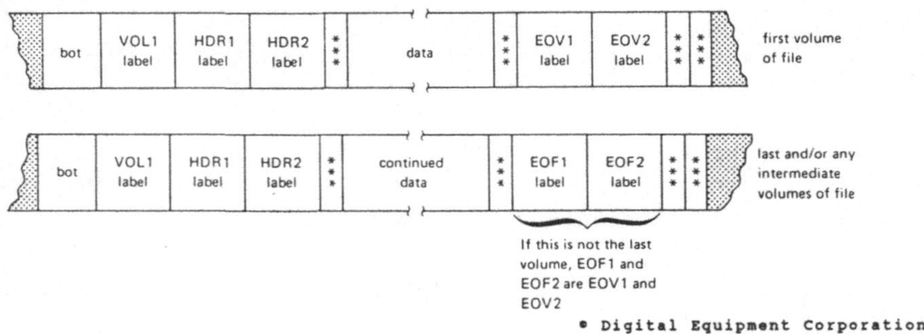

● Digital Equipment Corporation

Fig. 7-6 Magnetband mit mehreren Dateien

Die Anfangsstücke einer auf mehrere Bänder verteilten Datei
("multi reel file") werden dagegen durch EOV-Kennsätze abgeschlossen:

● Digital Equipment Corporation

Fig. 7-7 Datei auf mehreren Bändern

7.3.2 Datensicherheit

Zur Vermeidung von Datenverlust muß ein Dateisystem über
Hilfsprogramme für folgende Funktionen verfügen:

- Erstellung von Sicherheitskopien ("back-up")

- Wiederherstellen nach Zusammenbrüchen ("rebuild", "repair")

Dabei werden bei modernen Systemen die Back-up-Mechanismen
automatisch angestoßen; Back-ups auf der Ebene einzelner Benutzer-
Dateien erfolgen in fast allen Fällen automatisch (z.B. im
Editor), und auch automatische Datei-Reparatur mithilfe von mitge-
führten Änderungs-Logs steht teilweise zur Verfügung. Da das
vollständige Kopieren eines umfangreichen Datenbestandes keine
unbeträchtliche Zeit kostet, wird ein System-Back-up üblicherweise
in zwei Stufen gefahren:

- In größeren Zeitabständen (wöchentlich oder monatlich) werden vollständige Dumps erzeugt.

- Inkrementelle Dumps werden wesentlich öfter erzeugt, im Extremfall bis zum automatischen Dumpen aller geänderten Dateien.

Zur Wiederherstellung zerstörter Datenbestände ist es zweckmäßig, auch die im Katalog enthaltene Verwaltungsinformation noch einmal zusätzlich in die Dateien selbst einzutragen, um notfalls in der Lage zu sein, auch Kataloge wiederherstellen zu können.

7.4 BEISPIELE VON DATEI-SYSTEMEN

7.4.1 Ein modulares Datei-System

Schon 1969 wurde ein Datei-System vorgestellt, das sich an den folgenden allgemeinen Entwurfszielen orientiert [27]:

- flexibles und anpassungsfähiges Format

- Verbergen möglichst großer Teile der Implementierungs-Mechanismen vor dem Benutzer

- weitgehende Maschinen- und Geräte-Unabhängigkeit

- dynamische und automatische Verwaltung des Hintergrundspeichers

Das System geht von dem Grundkonzept aus, daß jede Datei eine Menge von Bytes ist, von der beliebige Teilmengen mit dem Hauptspeicher ausgetauscht werden können, d.h. Dateien werden als Segmente des virtuellen Speichers betrachtet. Eventuelle Formatierungen dieser Byte-Mengen können vom Benutzerprogramm oder von der äußersten Ebene des Datei-Systems vorgenommen werden. Außer diesem Formatierungs-Mechanismus sind alle anderen Teile des Datei-Systems dem Benutzer völlig verborgen.

Das System ist als Hierarchie aus 6 Ebenen aufgebaut:

- access methods (AM)
- logical file system (LFS)
- basic file system (BFS)
- file organization strategy modules (FOSM)
- device strategy modules (DSM)
- input/output control system (IOCS)

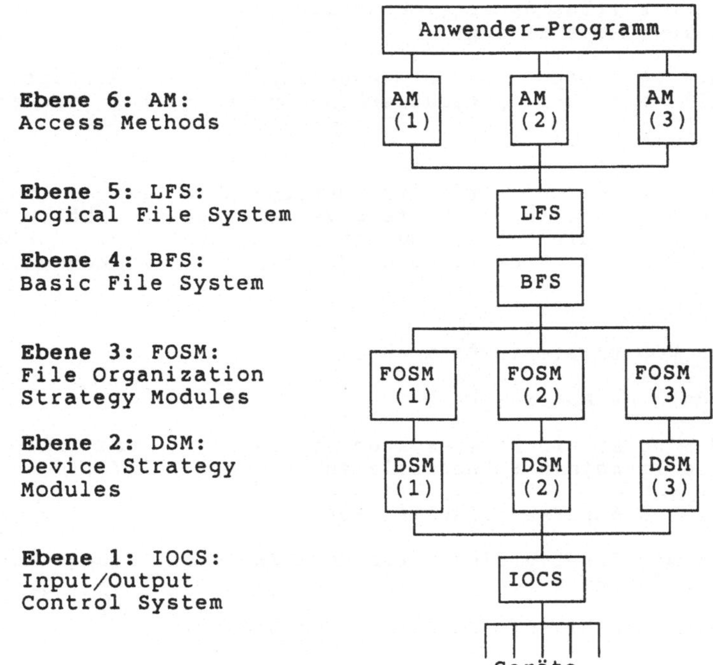

Fig. 7-8 Hierarchisches Datei-System

Ebene 6, die "access methods" (AM), übernimmt die Formatierung der Daten und die Anpassung an Benutzerprogramme.

Ebene 5, das "logical file system" (LFS), assoziiert die logischen Dateinamen mit der zugehörigen Verwaltungsinformation. Diese Ebene enthält die Datei-Kataloge in Form einer beliebig vernetzten Struktur. Die einzelnen Unterkataloge werden dabei als gewöhnliche Dateien betrachtet; Zugriff erfolgt durch Spezifikation eines Startpunktes und eines Suchweges im Netz. Suchwege können sich über beliebige aufgespannte (!) Geräte hinweg erstrecken. Dateien können gelöscht werden, auch wenn von einem nicht aufgespannten Gerät Verweise darauf bestehen. Intern wird die Kette der Verweise auf eine Datei durch einen zweiteiligen Namen aus Gerätenummer und laufender Dateinummer auf dem Gerät ersetzt.

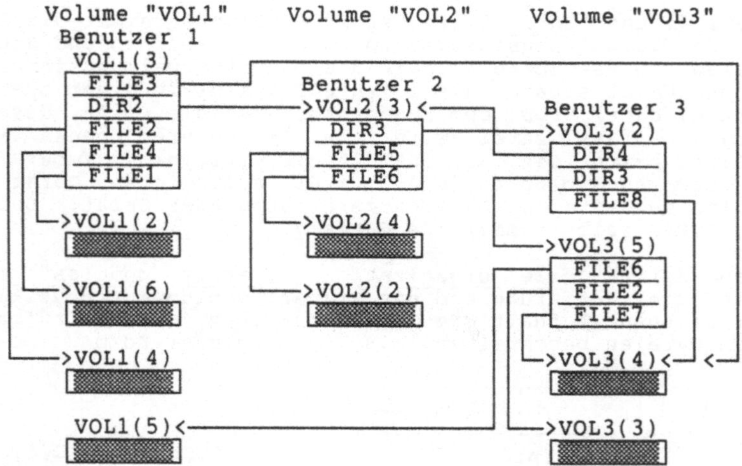

Fig. 7-9 Datei-Kataloge im LFS

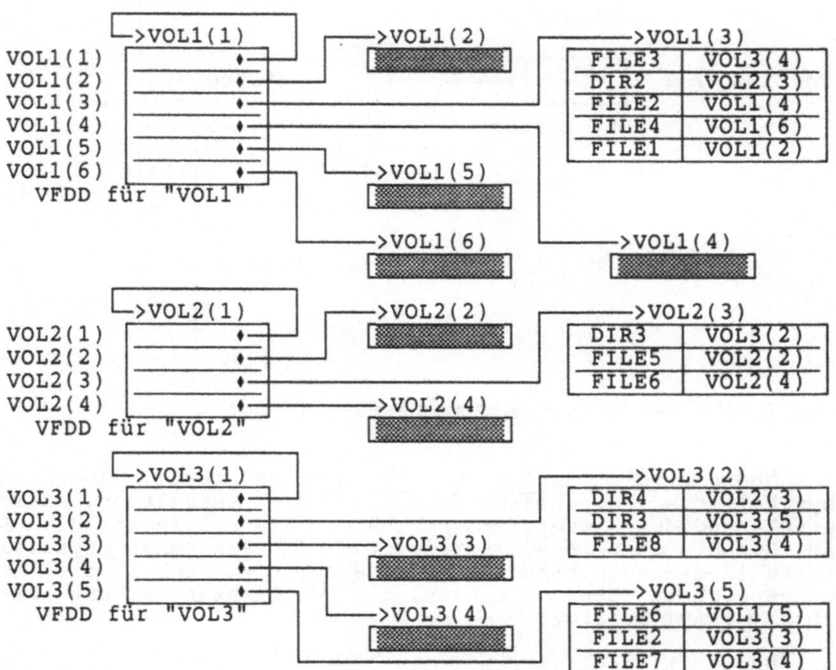

Fig. 7-10 Aufbau des volume file descriptor directory

Ebene 4, das "basic file system" (BFS), übernimmt die Lokalisierung der Verwaltungsinformation sowie das Öffnen und Schließen
von Dateien. Diese Ebene enthält die Datei-Verwaltungsinformation
für jedes Gerät separat als lineare Struktur in einer speziellen
(der ersten) Datei VFDD, dem sogenannten "volume file descriptor
directory". Diese Datei wird von den unteren Ebenen wie jede
andere Datei bearbeitet; sie enthält die einzelnen, immer gleich
langen Verwaltungsblöcke jeder Datei auf diesem Gerät in der
Reihenfolge der internen Dateinummern für dieses Gerät. Dabei hat
die Datei VFDD selbst immer die Nummer 1.

Ebene 3, die "file organization strategy modules" (FOSM),
übernimmt die Pufferung und die Transformation auf physikalische
E/A. Diese Ebene enthält die Indexstrukturen, die den Aufbau der
einzelnen Dateien beschreiben, z.B. in folgender Form:

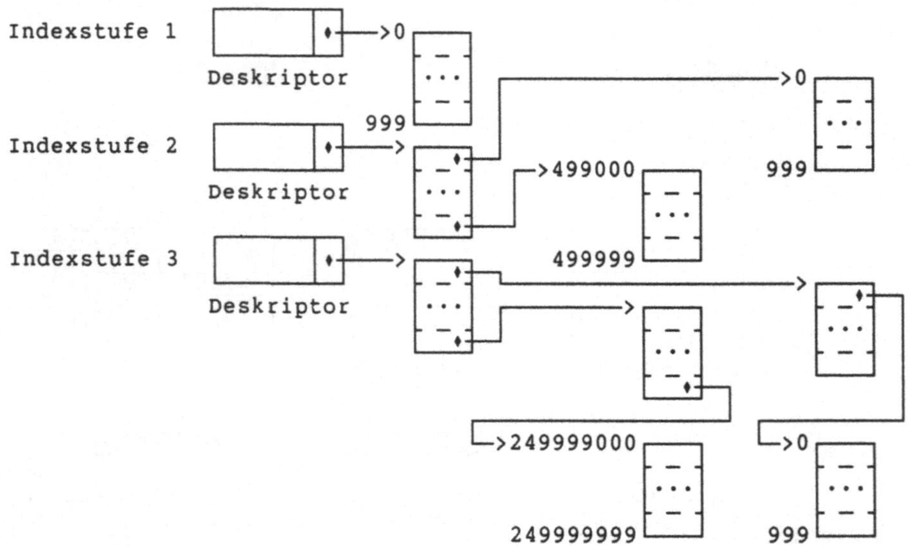

Fig. 7-11 Indexstrukturen der Datei-Struktur

Ebene 2, die "device strategy modules" (DSM), übernimmt die
physikalische Zugriffskoordination, die Verwaltung der Treiber-
aufrufe und des Hintergrundspeichers. Sie übersetzt die Aufrufe
zum Lesen, Schreiben, Reservieren und Freigeben physikalischer
Blöcke in die entsprechenden Treiberaufrufe, wobei die Belegung
des Speichers über Bit-Maps, die sogenannten "volume allocation
tables" (VAT) erfolgt.

Ebene 1 schließlich, das "input/output control system"
(IOCS), besteht aus den eigentlichen Geräte-Treibern.

Das hier beschriebene System wurde zwar nicht direkt in
dieser Form implementiert, doch diente es als Entwurfschema
moderner Datei-Systeme, von denen einige abschließend beschrieben
werden.

7.4.2 Das Datei-System von TENEX

Dieses System ist in [4] ausführlicher beschrieben. Durch
die Struktur der Dateinamen:

- Gerät
- Katalog
- Name
- Extension
- Version

ist das Datei-System als Baum mit maximal 5 Ebenen organisiert.
Die einzelnen Dateien werden als Mengen von Bytes aufgefaßt, wobei
ein Byte eine frei vereinbarte Länge von 1 bis 36 bit hat.   Von
und zu den Dateien können beliebige Mengen dieser Bytes oder auch
Byte-Strings übertragen werden.

Zugriff auf Dateien wird festgelegt für:

- Eigentümer ("owner")
- Gruppe ("group")
- alle anderen Benutzer ("world")

Für jede dieser drei Benutzerklassen können fünf Zugriffsarten
erlaubt werden:

- Ausgabe des Katalog-Eintrags ("directory listing")
- Lesen ("read")
- Schreiben ("write")
- Ausführen ("execute")
- Erweitern ("append")

Diese Zugriffsbrechtigungen sind für jede Datei in Form einer 3*5-
bit-Matrix festgelegt.

Bei der Spezifikation von Dateinamen können einzelne Teile
weggelassen werden; sie werden vom System durch Voreinstellungen
ersetzt. Am Terminal eingegebene Dateinamen können durch Escape
abgekürzt werden; das System reflektiert dann von sich aus den
Rest des Dateinamens auf das Terminal.

7.4.3 Das Datei-System von UNIX

In diesem System, das in [33] beschrieben ist, werden drei
Typen von Dateien unterschieden:

- normale Dateien:

  o Diese Dateien sind aufgebaut aus Bytes oder Maschinen-
     worten.

  o Eine Satzstruktur wird dabei nicht unterstützt, sondern
     es wird (über eine interne Pufferung) ein direkter
     Zugriff auf jedes Byte der Dateien simuliert.

o Die Datei-Struktur wird ausschließlich von den bearbeitenden Programmen, nicht vom System bestimmt; somit
  existieren keine systemseitig vorgegebenen Strukturen.

- Kataloge:

  o Diese sind realisiert als Dateien, die sich von den
    normalen lediglich durch besonderen Zugriffsschutz unter-
    scheiden.

  o Der Zugriff auf Dateien wird spezifiziert über Startpunkt
    und Suchweg in einem speziell strukturierten Netz von
    Katalogen.

  o Dabei sind die Kataloge selbst als Baum-Struktur mitein-
    ander verknüpft.

  o Dateien dagegen können in beliebigen Katalogen gleich-
    zeitig referiert werden.

- spezielle Dateien:

  o E/A-Geräte (behandelt wie Dateien und bearbeitet vom
    Datei-System)

  o auch der Hauptspeicher (als besonderes E/A-Gerät)

Zugriff auf die einzelnen Dateien wird über eine Bitliste von
10 Bits geregelt. Dabei erlauben 9 dieser Bits:

- Lesen
- Schreiben
- Ausführen

für

- den Eigentümer der Datei
- andere Benutzer derselben Gruppe
- alle anderen Benutzer

Das zehnte Bit ermöglicht es, beim Ausführen einer Datei als
Programm für die Dauer dieses Programmlaufes dem aktuellen
Benutzer alle Zugriffsrechte des Datei-Eigentümers zu geben.
Diese Eigenschaft ist wichtig für Accounting-Programme und
sonstige System-Jobs, die auf Dateien zugreifen müssen, auf die
der einzelne Benutzer sonst keinen Zugriff haben darf; gleich-
zeitig stellt sie ein nicht unerhebliches Risiko für die
Sicherheit des Datei-Systems dar.

7.4.4 Das Datei-System von VMS

Das Datei-System von VMS, genannt "RMS" ("record management
system") [47] unterstützt drei verschiedene Dateistrukturen und
Satzformate:

- sequentiell mit fester oder variabler Satzlänge

- relativ (direkt) mit fester oder begrenzter Satzlänge

- indexsequentiell mit fester oder variabler Satzlänge

Bei sequentiellen und relativen Dateien ist es außerdem möglich, ein Satzformat zu spezifizieren, bei dem jeder Satz aus einem Teil fester und einem Teil variabler Länge besteht.

Auf Dateien aller drei Organisationsformen kann sequentiell und direkt zugegriffen werden, wobei direkter Zugriff natürlich nur bei Dateien auf Plattenspeichern möglich ist. Bei relativen und indexsequentiellen Dateien kann bei direktem Zugriff die Satzauswahl über Satzschlüssel geschehen; bei allen Dateien ist direkter Zugriff über die Adresse des Satzes möglich.

Physikalische Dateien sind nicht direkt realisiert; sie unterliegen als eine tiefere Schicht der Implementierung den hier dargestellten Strukturen und können unter teilweiser Umgehung des Datei-Systems direkt mit Aufrufen an die Treiber-Programme (durch $QIO-Makros, s. Abschnitt 6.1.5) bedient werden.

Sätze können an definierten Stellen Vorschub-Steuerzeichen enthalten, wobei diese Vorschub-Steuerung sowohl nach FORTRAN-Konventionen erfolgen kann, also satzweise strukturierten Text darstellen kann, als auch in der Form fortlaufenden Textes, der Steuerzeichen innerhalb der Sätze enthält. Ebenso ist es möglich, Sätze ohne jede Vorschub-Information zu strukturieren.

Einstieg in die Struktur des Speichermediums erfolgt über einen sogenannten "Index-File", der die Information zur Verwaltung des Speicherplatzes und der einzelnen Dateien auf diesem Medium enthält. Dabei erfolgt die Verwaltung des Speicherplatzes über eine Bit-Map.

Der allgemeine Aufbau eines Dateinamens läßt sich in folgender Weise darstellen:

rechner::gerät:[katalogliste]name.extension;version

Dabei kann "katalogliste" einen einzelnen Katalog oder einen, als durch Punkte getrennte Liste von Katalognamen formulierten, Teilbaum in einer Hierarchie von Katalogen angeben: Man hat hier also noch einmal eine Baumstruktur, nicht auf der Ebene einzelner Dateien, sondern der Ebene von Katalogen. Dadurch kann (unter Verwendung dynamischer Voreinstellungen) jeder Benutzer:

- für sich selbst eine seinem momentanen Problem angepaßte Datenmenge selektieren, so daß die Bedienung im interaktiven Betrieb einfach und flexibel ist;

- dem System als Startpunkt weiterer Suchen die Wurzel eines geeigneten Teilbaums spezifizieren.

Durch ein System von "wild card"-Konstruktionen, die nicht nur auf einzelne Elemente des Namens, sondern auch auf Wege im Katalog-Baum wirken, lassen sich nahezu beliebige Dateimengen mit einer einzigen Bezeichnung selektieren; so wählt etwa

       DU*:[-.HENRY...]A%C*.D*

so verschiedene Dateinamen aus wie:

       DUA2:[HIGGINS.HENRY]ABC.DIR;1

       DUB0:[HIGGINS.HENRY.PROG.BACKUP]ACCOUNT.DAT;17

wobei angenommen wird, daß die aktuelle Voreinstellung für den
auszuwählenden Katalog DMC3:[HIGGINS.TEST] ist.

     Alle Dateien eines Mediums hängen an einem Baum von
Katalogen, dessen Wurzel ein spezieller Katalog [000000] ist, der
Verweise auf alle Kataloge der ersten Ebene (in unserem Beispiel
etwa [HIGGINS]) und einen Verweis auf sich selbst enthält. Die
Spezifikation eines Gerätes als Träger dieser Katalog-Hierarchie
stellt keine Einschränkung der Allgemeinheit dieses Datei-Systems
dar, da alle Geräte-Bezeichnungen nur sogenannte "logische Namen"
sind, die:

   - bestimmte Geräte

   - beliebige aus einer Menge gleichartiger Geräte

   - eine Datei-Struktur, die sich über eine Menge von Geräten
     erstreckt, von der jedoch nur das erste Medium immer physika-
     lisch zugreifbar sein muß, während die anderen Medien
     dynamisch hinzugefügt oder weggenommen werden können ("volume
     set")

   - beliebige Kataloge/Unterkataloge der Hierarchie

bezeichnen können. Die physikalische Struktur des Speichermediums, d.h. die Aufteilung der Datei-Struktur auf ein oder
mehrere physikalische Geräte, ist daher für den Benutzer völlig
transparent.

     Der Schutz der Dateien vor unberechtigtem Zugriff kann wahl-
weise über zwei separate Mechanismen bewirkt werden:

   - Beim sogenannten UIC-basierten Schutz werden alle Zugriffe
     auf Dateien und/oder Speichermedien über sogenannte User
     Identification Codes (UICs) geregelt. Dabei kann der
     Zugriffsschutz separat für folgende Operationen spezifiziert
     werden:

       o R : Lesen (Read)
       o W : Schreiben (Write)
       o E : Ausführen (Execute)
       o D : Löschen (Delete)

     Der Zugriffsschutz kann jeweils separat für folgende
     Kategorien von Benutzern spezifiziert werden:

o **W** : World: alle Benutzer
o **G** : Group: die Benutzer aus der Gruppe des Eigentümers
o **O** : Owner: die Benutzer mit dem UIC des Eigentümers
o **S** : System: die Gruppe(n) des Systemverwalters

- Zur feineren Abstufung des Datei-Schutzes läßt sich mithilfe von Zugriffskontroll-Listen ("access control lists", ACLs) ein Zugriffsschutz auf der Basis des Modells der Zugriffs-matrizen realisieren. Dabei wird für einzelne Dateien explizit festgelegt, welche Benutzer in welcher Form Zugriff haben und ob ein solcher Zugriff oder ein abgewiesener Zugriffsversuch ggfs. einen Alarm auslöst. Es ist auch möglich, durch die Definition sogenannter Identifier - die von ihrer Wirkung her als Capabilities betrachtet werden können - und durch die Vergabe dieser Identifier an einzelne Benutzer die Zugriffsrechte für beliebige, nicht-disjunkte Benutzergruppen gemeinsam festzulegen, indem sich die Zugriffskontroll-Listen auf diese Identifier beziehen.

  Die Vorgabe von Regeln zum automatischen Aufbau der Zugriffskontroll-Listen erlaubt eine extrem flexible und gleichzeitig leistungsfähige, die Performance wenig beein-trächtigende Steuerung der Zugriffe auf Dateien.

Als Nachteil dieses kombinierten Verfahrens ist lediglich seine nicht unbeträchtliche Komplexität zu nennen, die gerade einem Anfänger bei der Einrichtung der Schutzstrukturen erhebliche Schwierigkeiten bereiten kann.

KAPITEL 8

DATENSCHUTZ

8.1 DER BENUTZER

8.1.1 Problemstellung

Bei Aufnahme des Kontaktes zwischen einem Benutzer eines
Rechners und dem Betriebssystem, das die Aktivitäten dieses
Benutzers mit den anderen Vorgängen im Rechner koordiniert, müssen
verschiedene Operationen ablaufen, um diesen Kontakt in sicherer
Weise aufzubauen und um gleichzeitig Maßnahmen wirksam werden zu
lassen, die die einzelnen Benutzer gegeneinander schützen. Dies
ist insbesondere notwendig, damit nicht

- dazu unberechtigte Benutzer Zugriff auf vertrauliche Informationen (z.B. personenbezogene Daten) haben;

- Benutzer Informationen verändern können, zu deren Veränderung
  sie kein Recht haben (etwa das eigene Gehalt in einem
  Personal-Informationssystem, um sich auf diese Weise zu einer
  Gehaltserhöhung zu verhelfen);

- durch Programmfehler die im Rechner gespeicherten Daten oder
  Programme in unzulässiger Weise verändert oder gar zerstört
  werden;

- durch Fehler in der Bedienung des Rechners selbst oder
  irgendwelcher Benutzerprogramme in analoger Weise Daten
  verändert oder zerstört werden;

- die Operationen, die ein Benutzer ausführt, in unkontrollierter Weise die eines anderen Benutzers beeinflussen
  können.

Diese Aspekte des Datenschutzes beziehen sich ausschließlich
auf den Schutz des Betriebssystems gegen Fehler der Benutzer sowie
den Schutz einzelner Benutzer gegeneinander. Der beim Datenschutz
ebenfalls wichtige Aspekt, daß nicht nur verbotene Operationen
verhindert werden müssen, sondern umgekehrt auch zulässige Operationen tatsächlich ausgeführt werden müssen, wird hier bewußt aus
den Betrachtungen ausgeklammert, da er sich eher auf die Zuverlässigkeit und Korrektheit der Betriebssystem-Implementierung als
auf die hier zu besprechenden Schutz-Mechanismen bezieht. Ebenso
werden hier keine Maßnahmen betrachtet, die es dem Benutzer ermöglichen, einen in beiden Richtungen sicheren Datenaustausch mit dem
Rechner durchzuführen; solche Maßnahmen sind zwar für sichere

Systeme unter Umständen erforderlich, doch würde ihre Betrachtung den Rahmen dieses Buches sprengen.

Zum Aufbau eines wirksamen Datenschutzes müssen bei der Aufnahme des Kontaktes zwischen einem Benutzer und dem Rechner vom Betriebssystem drei Gruppen von Maßnahmen durchgeführt werden [48]:

- Die Identifikation des Benutzers: Es ist festzustellen, ob der Benutzer dem System bekannt ist und ob ihm überhaupt das Recht zur Kontaktaufnahme mit dem System zusteht. Diese Überprüfung muß so geschehen, daß das System die tatsächliche Identität des Benutzers und nicht etwa eine nur vorgespiegelte Identität erfährt. Dies bedeutet, daß die Identifikation einen Authentisierungs-Mechanismus enthalten muß, der dem System eine Überprüfung der vom Benutzer angegebenen Identität ermöglicht.

- Die Autorisierung des Benutzers: Die dem Benutzer zustehenden Rechte der System-Benutzung sind ihm zuzuweisen. Diese Rechte werden ihm im allgemeinen von einer hierfür verantwortlichen Person, die als Systemverwalter bezeichnet wird, gegeben.

- Der Aufbau der dem Benutzer verfügbaren Umgebung: Dieser Aufbau muß gemäß den Rechten des Benutzers geschehen; dem Benutzer sind die ihm zustehenden Funktionen auch tatsächlich zur Verfügung zu stellen. Zur Umgebung rechnet man:

  o die verfügbaren Möglichkeiten der Eingabesprache

  o Voreinstellungen für Kommando-Parameter und Datei-Zugriffspfade

  o die Beziehung zu anderen Benutzern, sowohl einzelnen als auch der Gemeinschaft aller Benutzer gegenüber, etwa in Form der Angabe einer Gruppenzugehörigkeit

Während der Kommunikation des Benutzers mit dem System muß sichergestellt sein, daß diese Kommunikation gemäß den bei der Kontaktaufnahme festgelegten Rechten geschieht. Dabei sollte schon durch die Architektur des Systems erzwungen werden, daß alle Benutzer nur im Rahmen ihrer Rechte arbeiten können. Es darf während des Betriebs des Systems nicht möglich sein, das Autorisierungssystem stillzulegen oder zu umgehen. Die hierzu notwendigen Maßnahmen müssen in den Aufbau des Betriebssystems integriert werden; es hat wenig Sinn, solche Maßnahmen im Nachhinein auf ein existierendes unsicheres System aufzusetzen, da bei der Komplexität der meisten großen Betriebssysteme nur geringe Chancen bestehen, vorhandene Lücken in der Sicherheit nachträglich zuverlässig zu schließen.

Die zum Benutzer aufgebaute Kommunikation muß sicher aufrecht erhalten werden. Dies bedeutet, daß gewährleistet sein muß, daß während der ganzen Zeit der Kommunikation die Identität der beiden Kommunikationspartner gegenseitig bekannt bleibt und nicht ein Partner durch eine andere Identität ersetzt werden kann, ohne daß dies der andere Partner erfährt. Dies kann bei Systemen, die sehr

vertrauliche Information bearbeiten, sogar die Notwendigkeit in
gewissen - am besten zufälligen - Abständen wiederholter Authentisierung bedeuten.

Weiterhin muß sichergestellt sein, daß der Inhalt der
geführten Kommunikation nicht anderen Benutzern bekannt werden
kann, die nicht an dieser Kommunikation beteiligt sind, und
umgekehrt, daß diese anderen nicht auf diese Kommunikation von
außen einwirken - etwa ihren Inhalt verfälschen - können.

Bei diesen während der Kommunikation mit dem Benutzer
wirkenden Maßnahmen muß auch gewährleistet sein, daß sie bei
Beendigung der Kommunikation wirksam bleiben, gleichgültig ob die
Kommunikation normal durch einen Endewunsch des Benutzers oder
anormal durch einen Zusammenbruch beendet wurde. Es darf nicht
möglich sein, daß nach Ende einer Kommunikation Inhalte dieser
Kommunikation außerhalb der für diese Kommunikation gültigen
Autorisierung verfügbar sein können.

8.1.2 Identifikation des Benutzers

Ein Benutzer identifiziert sich dem System gegenüber im
Prinzip durch die Angabe eines "Benutzernamens", der z.B. eine
frei wählbare, aber innerhalb des Systems eindeutige Zeichenfolge
sein kann. Über diesen Benutzernamen kann das System dann - neben
der noch zu besprechenden Autorisierungs-Information - im allgemeinen weitere Informationen über diesen Benutzer auffinden, die
bei Eintrag seiner Identifikation in die Liste berechtigter
Benutzer mit abgespeichert wurde, etwa Name und Adresse zur
Ermittlung der Person, die der Benutzer ist bzw. hinter dem
Benutzer (etwa einem Projekt-Team) steht.

Durch die Identifikation wird ein Benutzer dem System gegenüber als logische Einheit kenntlich gemacht, die Träger bestimmter
Eigenschaften und Rechte ist. Diese Eigenschaften beziehen sich
auf ein Objekt außerhalb des betrachteten Systems, nicht jedoch
auf die systeminterne Verwaltungsinformation, die zur Abwicklung
der Aufträge dieses Benutzers benötigt wird. Dies führt notge-
drungen zu einer gewissen Doppelbedeutung des Begriffes "Identifikation", die dann offenkundig wird, wenn der betreffende
Benutzer gleichzeitig mehrere, parallel zu bearbeitende Aufträge
an das System gegeben hat, also in mehreren "Inkarnationen" dem
System gegenübersteht. Hier ist zu beachten, daß die Benutzer-
Identifikation die Rechte des Benutzers dem System gegenüber
festlegt; sie ist in dieser Bedeutung für jede Inkarnation dieses
Benutzers identisch, während andererseits das System in der Lage
sein muß, zwischen den einzelnen Inkarnationen des Benutzers zu
unterscheiden, um nicht für eine Inkarnation bestimmte Informationen an eine andere weiterzuleiten.

8.1.3 Authentisierung

Der Zugang zum System muß so geschützt sein, daß es einer
nicht berechtigten Person nicht möglich ist, überhaupt irgendwelche Operationen durchzuführen. Berechtigte Benutzer müssen

dagegen auf die ihnen zugewiesenen Rechte zuverlässig beschränkt werden. Diese beiden Forderungen lassen sich nur dann erfüllen, wenn es dem System möglich ist zu entscheiden, ob die von einem Benutzer angegebene Identität auch mit seiner tatsächlichen Identität übereinstimmt. Da man nicht davon ausgehen kann, daß die Benutzer-Identifikationen geheim sind und daß sich auch nicht durch gezieltes Probieren eine legale Identifikation auffinden läßt, muß die Identifikation durch ein Verfahren ergänzt werden, das eine Überprüfung der angegebenen Identifikation auf Korrektheit ermöglicht. Man bezeichnet dieses Verfahren als "Authentisierung". Im folgenden sollen die wichtigsten Authentisierungs-Verfahren beschrieben und auf ihre Wirksamkeit und ihre Schwachstellen untersucht werden.

Das am weitesten verbreitete Authentisierungs-Verfahren besteht darin, daß jeder Benutzer nach Angabe seiner Identifikation oder zusammen mit ihr ein Paßwort eingeben muß, das vom Rechner auf Übereinstimmung mit einem für diesen Benutzer abgespeicherten Paßwort verglichen wird. Dieses Verfahren ist einfach zu realisieren und auch einfach zu bedienen; es bietet auch ausreichenden Schutz, falls bestimmte Regeln bei seiner Implementierung beachtet werden. So darf zum Beispiel ein Paßwort auf keinen Fall bei seiner Eingabe auf einem Terminal protokolliert werden, da es sonst durch "Über-die-Schulter-Blicken" oder durch Inspektion alter Terminal-Printouts leicht gestohlen werden kann.

Ein Problem, das sich bei dem Paßwort-Verfahren stellt, ist, daß das System die Paßwörter irgendwo abgespeichert haben muß, wobei Verweise von den Benutzer-Identifikationen auf die Paßwörter bestehen. Wer auf diese Information Zugriff hat, kann jederzeit die Authentisierung umgehen. Dies läßt sich dadurch verhindern, daß die Paßwörter im System nicht im Klartext abgespeichert werden, sondern daß sie vor ihrer Abspeicherung und vor dem Vergleich mit der abgespeicherten Information einer nicht umkehrbaren Verschlüsselung unterzogen werden.

Das Hauptproblem bei der Verwendung von Paßwörtern ist jedoch, daß der Diebstahl eines Paßwortes nicht festgestellt werden kann, sofern der Dieb sich nicht selbst durch Manipulation von zugreifbarer Information zu erkennen gibt. Einziges Gegenmittel hiergegen ist häufiger Wechsel des Paßwortes, bis hin zur Verwendung von Einmal-Paßwörtern. Falls diese automatisch beim Ende einer Terminal-Sitzung vom System vergeben werden - etwa als Zeichenfolgen, die über einen Random-Generator erzeugt werden -, so entsteht jedoch das Problem, daß sie meist nur schwer zu merken sind. Daher werden die Benutzer dazu neigen, sich diese vom Rechner vergebenen Paßwörter aufzuschreiben - so daß sie in schriftlicher Form vorliegen und gestohlen werden können.

Eine Variante des Paßwort-Verfahrens sind Authentisierungs-Dialoge, in denen dem Benutzer vom Rechner eine Reihe von Fragen gestellt wird, die er zur Authentisierung seiner Identifikation beantworten muß. Diese Fragen können zufällig aus einer Liste vorgegebener Fragen ausgewählt werden. Funktional ist dieses Verfahren äquivalent zur Verwendung mehrerer Paßwörter; entsprechend gelten die für Paßwörter gemachten Anmerkungen auch hier.

Eine andere Variante der Authentisierungs-Dialoge verwendet einen benutzerspezifischen Transformations-Algorithmus als Mittel zur Authentisierung des Benutzers. Das System gibt eine Zufallszahl aus, die der Benutzer im Kopf mit seinem Algorithmus transformiert; der Benutzer gibt die transformierte Zahl ein, und das System überprüft die Transformation auf Korrektheit. Dieses Verfahren hat gegenüber Paßwörtern den Vorteil, daß die Eingabe nicht verdeckt erfolgen muß. Ein schwerwiegender Nachteil ist jedoch, daß der Algorithmus so einfach sein muß, daß er ohne schriftliche Berechnungen erfolgen kann, da solche Notizen in falsche Hände geraten können. Andererseits können einfache Algorithmen relativ leicht erraten werden, besonders wenn mehrere Transformationen mit Ein- und Ausgangswerten bekannt sind. Dieses Verfahren ist zudem in der Benutzung umständlicher als ein reines Paßwort-Verfahren, so daß sein Einsatz fragwürdig ist.

Eine Alternative oder Ergänzung zu einem Paßwort-System ist die Verwendung von Terminals, die zu ihrer Inbetriebnahme das Einstecken eines mechanischen Schlüssels oder einer optisch oder magnetisch lesbaren Ausweiskarte erfordern. Ein Vorteil solcher Systeme ist, daß der Diebstahl eines Schlüssels oder einer Ausweiskarte feststellbar ist, während der Diebstahl eines Paßwortes nicht bemerkt wird. Ein Nachteil ist dagegen, daß sie speziell ausgerüstete Terminals erfordern und für Anschlüsse über Wählleitungen keine Sicherheit bieten. Außerdem ist das System durch Herstellung eines Duplikates der Ausweiskarte bzw. des Schlüssels zu brechen, wobei die Verwendung eines solchen Duplikates unbemerkt geschehen kann.

Eine Erweiterung des Ausweiskarten-Verfahrens kann zu einem sehr sicheren System führen. Dazu ist das Paßwort des Benutzers auf der Karte magnetisch zu codieren, und der Benutzer muß als Authentisierung diese Karte in eine Lesestation am Terminal stecken. Bei Beendung der Terminal-Sitzung wird dem Benutzer ein neues, als Zufallszahl generiertes Paßwort zugewiesen und auf die Ausweiskarte geschrieben. Verlust der Ausweiskarte ist feststellbar und kann durch Vergabe einer neuen Karte mit einem neuen Paßwort unschädlich gemacht werden. Ein Duplizieren der Karte ist erkennbar, sobald das Duplikat einmal benutzt wurde, da das Paßwort auf dem Duplikat, nicht aber auf dem Original geändert wurde. Durch Vergabe einer neuen Karte mit einem neuen Paßwort kann das Duplikat wertlos gemacht werden.

Eine Variante dieses Verfahrens ersetzt die Magnetkarte durch ein aktives System, eine sogenannte "Chip-Karte", die einen Mikroprozessor mit lokalem Speicher in einer Ausweiskarte enthält. Hiermit sind erheblich weitergehende Prüffunktionen möglich, während gleichzeitig eine Fälschung wesentlich schwieriger als bei einer Magnetkarte ist; es ist daher zu erwarten, daß Chip-Karten bald in großem Umfang zur Authentisierung eingesetzt werden.

Zur Überprüfung der Identität des Benutzers sind auch Systeme denkbar, die unveränderliche persönliche Charakteristika des Benutzers, wie Fingerabdrücke, physisches Aussehen oder Frequenzspektrum der Stimme analysieren und mit abgespeicherten Vorgaben vergleichen. Systeme dieser Art werden zur Zeit schon vereinzelt angeboten, doch sind ihrer Verbreitung wegen des damit verbundenen Aufwandes noch recht enge Grenzen gesetzt.

8.2 SCHUTZ VON DATEN-AGGREGATEN

8.2.1 Das Referenz-Monitor-Konzept

8.2.1.1 Das allgemeine Modell - Wenn man in einem ad-hoc-Ansatz
versucht, alle die Stellen in einem System aufzufinden, an denen
möglicherweise Sicherheitsprobleme auftreten könnten, so wird man
feststellen, daß es praktisch unmöglich ist, zu einem erschöp-
fenden Ergebnis zu gelangen. Will man Systeme konstruieren, die
ein erhöhtes Maß an Sicherheit bieten, so ist es unabdingbar, daß
man ein geeignetes Modell für die Struktur eines "sicheren"
Systems entwirft und das aktuelle System gemäß dieser Struktur
realisiert.

Anfang der siebziger Jahre wurde zu diesem Zweck das
Referenz-Monitor-Konzept vorgeschlagen; da dieses Konzept inzwi-
schen aufgrund seiner Leistungsfähigkeit eine weite Verbreitung
gefunden hat, wird es hier als die wichtigste Basis aller durch
Software realisierten Schutzverfahren beschrieben. Das Konzept
des Referenz-Monitors stellt ein Rechnersystem als eine Menge von
Subjekten und Objekten dar, deren erlaubte Beziehungen in einer
Datenbasis beschrieben sind und durch einen aktiven Systemteil,
eben den Referenz-Monitor, geregelt werden, wobei dieser ggfs.
Einträge in ein Audit-Log vornimmmt.

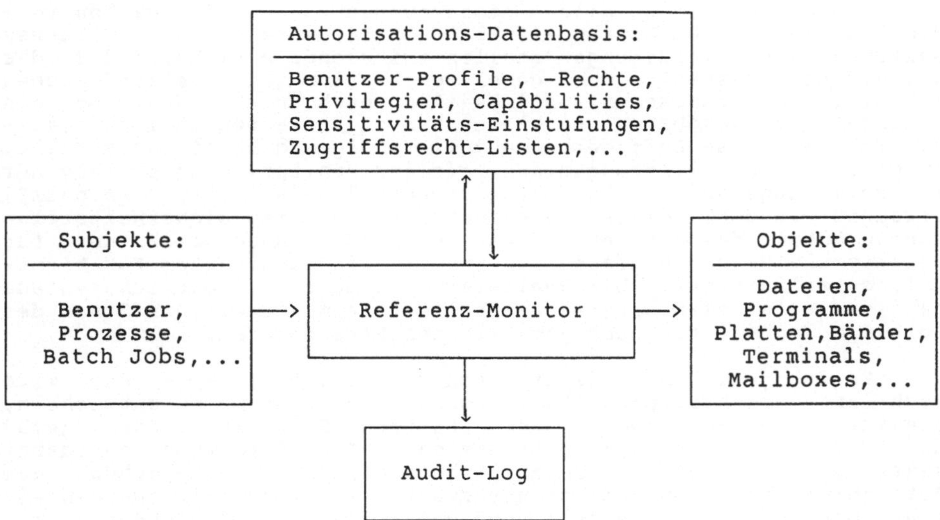

Fig. 8-1 Modell eines Referenz-Monitors

__Subjekte__ sind dabei aktive Elemente, die - im Auftrag realer
Personen - Zugriffe auf Informationen ausführen. __Objekte__ sind
dagegen die passiven, zu schützenden Informationsträger. Die
__Autorisations-Datenbasis__ definiert die Sicherheits-Anforderungen
des Systems, indem sie festlegt, **welche** Subjekte - für **welche**
Benutzer - **in welcher Weise** auf **welche** Objekte (als Informationsträger) zugreifen dürfen. Je nach den in der Datenbasis festge-

legten Vorschriften können - erfolgreiche oder abgewiesene -
Zugriffsversuche bestimmter Subjekte auf bestimmte Objekte zu
Einträgen im Audit-Log führen.

Der Referenz-Monitor erzwingt die Einhaltung der Sicherheits-
Vorschriften, indem er die Erzeugung von Subjekten vermittelt, den
Subjekten gemäß den Vorschriften der Datenbasis Zugriffsrechte auf
Objekte verleiht und bei Bedarf Ereignisse im Audit-Log proto-
kolliert. In einem idealen System muß der Referenz-Monitor die
folgenden drei Forderungen erfüllen:

1. Er muß **jeden** Zugriffsversuch eines Subjektes auf ein Objekt
   vermitteln; Zugriffe am Referenz-Monitor vorbei müssen unmöglich sein.

2. Er muß eine gegen unberechtigte Manipulationen zuverlässig
   geschützte Datenbasis und ein Audit-Log zur Verfügung
   stellen, das gegen unautorisierte Beobachtung und Modifikation geschützt ist.

3. Er muß klein, einfach und klar strukturiert sein, so daß seine Effektivität in Bezug auf seine Rolle als Vermittler von
   Sicherheit gewährleistet werden kann.

Ein System, das alle Anforderungen des Referenz-Monitor-
Modells in vollem Umfang erfüllen könnte, wäre ein sehr sicheres
System; diese Anforderungen stellen insbesondere sicher, daß das
betreffende System sicher gegen Penetration ist. Leider reichen
zur Zeit die technischen Möglichkeiten noch nicht aus, um ein
allgemein verwendbares Rechnersystem zu entwerfen oder zu realisieren, das diese Anforderungen vollständig und beweisbar erfüllt.
Zuverlässige Realisierungen des Referenz-Monitors sind bislang nur
in Form sogenannter "Sicherheits-Kerne" ("security kernels")
versucht worden; diese Kerne enthalten nur den sicherheitsrelevanten Anteil des Betriebssystems und sind im Augenblick nur für
relativ kleine und einfache Systeme mit eingeschränktem Funktions-
umfang realisierbar. Die Realisierung kompletter Betriebssysteme
nach dem Referenz-Monitor-Konzept liegt beim derzeitigen Stand der
Software-Technologie noch jenseits des Erreichbaren.

Es ist jedoch auch jetzt schon durchaus möglich - und wird
auch an verschiedenen Stellen gemacht -, Systeme zu entwickeln,
die ihren Benutzern und Systemverwaltern Schutzleistungen gemäß
dem Referenz-Monitor-Konzept bieten. Die Erfahrung hat dabei
gezeigt, daß Systeme, deren Schutzmaßnahmen entsprechend dem
Referenz-Monitor-Konzept strukturiert sind, im allgemeinen ein
sehr hohes Maß an Sicherheit und an Widerstandsfähigkeit gegen
Penetrationsversuche aufweisen.

Die folgenden Abschnitte verdeutlichen die Aufgaben des Refe-
renz-Monitors durch eine genauere Beschreibung der möglichen
Subjekte und Objekte, der Schutzvorschriften der Autorisations-
Datenbasis und der Funktion des Audit-Logs.

8.2.1.2 Subjekte - Im allgemeinen sind es die Prozesse in einem Betriebssystem, die als Träger von Aktionsströmen und damit als Verursacher aller sicherheitsrelevanten Vorkommnisse (außerhalb des Betriebssystemkerns) auftreten; daher sind sie es, die die Rolle der Subjekte in einem System spielen. Wenn ein Benutzer interaktiv in ein Betriebssystem einloggt oder einen Batch-Job startet oder wenn ein Netz-Job Aufgaben für einen anderen Rechner in einem Rechnernetz beginnt, erzeugt im allgemeinen das Betriebssystem einen Prozeß, dessen Identität aus der des Benutzers abgeleitet werden kann, der sich eingeloggt hat bzw. den Job gestartet hat. Dieser Prozeß führt - als aktive Einheit im System - alle Zugriffe auf Informationen für den hinter ihm stehenden Benutzer aus.

Es gibt zwei sicherheitsrelevante Vorkommnisse in Bezug auf Prozesse:

- Prozeß-Erzeugung,

- Zugriff auf Informationen durch Prozesse.

Die Zugriffe auf Informationen werden vom Referenz-Monitor anhand der hierfür relevanten Informationen in der Autorisations-Datenbasis kontrolliert. Erfahrungen mit Sicherheits-Problemen in bisherigen Systemen zeigen jedoch, daß gerade der Vorgang der Prozeß-Erzeugung oft Angriffspunkte für Penetrationsversuche bietet, so daß es notwendig ist, auch diesem Vorgang, der im Abschnitt 8.1 behandelt wurde, Aufmerksamkeit zu widmen.

Nach der Erzeugung eines Prozesses wird dieser vom Referenz-Monitor mit einer Reihe von Rechten ausgestattet, die regeln,

- auf welche Objekte er zugreifen darf;
- welche Aktionen er ausführen darf;
- welche Beziehungen er zu anderen Prozessen haben darf.

Aus diesen Rechten ergibt sich letztlich, inwieweit der betreffende Prozeß - und damit der hinter ihm stehende Benutzer - sicherheitsrelevante Operationen ausführen kann.

8.2.1.3 Objekte - Im Referenz-Monitor-Modell sind Objekte passive Repositorien von Informationen. Je nach Aufbau und Struktur eines Rechnersystems kann es eine mehr oder weniger große Anzahl von Objekten geben, die eines Schutzes bedürfen. Die einfachsten (und meist auch bedeutsamsten) Objekte sind meist Dateien und Kataloge des Datei-Systems, doch können auch zusätzlich andere Elemente eines Systems die Rolle von Objekten spielen; hier sind zum Beispiel Datenträger, Ein-/Ausgabe-Geräte, Mailboxes und Kommunikations-Kanäle zu nennen. Das Betriebssystem muß Mechanismen zur Verfügung stellen, die einen kontrollierten Zugriff auf Objekte - unter Einschaltung des Referenz-Monitors - und koordinierte Parallelzugriffe mehrerer Subjekte auf das gleiche Objekt ermöglichen.

In Informationssystemen wird meist noch oberhalb der Ebene des Betriebssystems eine Spezifikation schutzwürdiger Objekte und ein Verfahren zur Realisierung kontrollierten Zugriffs auf diese Objekte benötigt. Objekte auf dieser Ebene sind zum Beispiel

einzelne Sätze/Felder in einer Datenbank, deren Inhalt bestimmten
Schutzbedingungen unterliegt. Prinzipiell lassen sich auch derar-
tige Objekte mithilfe des Referenz-Monitor-Konzeptes schützen;
dabei ist es eine Implementierungsfrage, ob hierzu ein eigener
Referenz-Monitor geschaffen wird oder ob die Mechanismen des
Betriebssystems entsprechend erweitert werden. Wesentlich für
diese Ebene des Schutzes ist jedoch, daß sie schon einen effizienten Schutz auf Betriebssystem-Ebene voraussetzt; bietet das
Betriebssystem selbst keinen ausreichenden Schutz, so sind alle
Versuche vergebens, auf der Ebene des Informationssystems einen
nennenswerten Schutz zu erzielen.

8.2.1.4 Die Autorisations-Datenbasis – Die Angaben, welche Benutzer mit welchen Subjekten assoziiert sind und welche Rechte diese
Subjekte in Bezug auf welche Objekte haben, sind in einer – meist
sehr komplexen – Datenstruktur festgehalten. Der Aufbau dieser
Struktur ist es letztlich, der bestimmt, welche Schutzfunktionen
in einem bestimmten System realisierbar sind und wie fein sich
dieser Schutz bezüglich der einzelnen Subjekte und Objekte
abstufen läßt. Die Lokalisierung dieser Datenstruktur ist weitgehend eine Frage der Implementierung; für die Funktionalität der
Schutzmaßnahmen ist es unerheblich, ob die Datenbasis als eine
kompakte Datenstruktur gespeichert oder auf die zu schützenden
Objekte verteilt ist.

Im wesentlichen muß die Autorisations-Datenbasis die
folgenden Informationen verwalten:

- für jedes Subjekt:

    o Informationen über den auftraggebenden Benutzer,
    o Informationen zur zu verwendenden Authentikation,
    o Angaben über die Rechte des Subjekts;

- für jedes Objekt:

    o Informationen über die erlaubten Zugriffe,
    o Informationen über die dazu benötigten Rechte,
    o Angaben über zu beachtende Randbedingungen,
    o Angaben über anzustoßende Log-Einträge.

Zur Zeit ist kein allgemeines, systemunabhängiges Verfahren
zur Spezifikation und Realisierung einer Autorisations-Datenbasis
bekannt, und es ist auch nicht damit zu rechnen, daß ein solches
Verfahren je entwickelt werden kann. Es gibt jedoch mittlerweile
eine Reihe von Betriebssystemen, die über eine Autorisations-
Datenbasis verfügen, die – für die betreffende Systemumgebung –
einen gut abgestuften und zuverlässigen Schutz gewährleistet.
Dabei hat sich insbesondere das Konzept der Zugriffsmatrizen zur
Kontrolle des Zugriffs von Subjekten auf Objekte bewährt (s.
Abschnitt 7.2.3 und 8.2.2).

8.2.1.5 Das Audit-Log – Bestimmte Vorkommnisse im System, wie etwa Zugriffe auf ausgewählte Dateien, abgewiesene Zugriffsversuche, Zugriffe unter Verwendung von Systemverwalter-Rechten, Eindringversuche über Fernzugriffsleitungen o.ä., können als "auditierbare" Ereignisse in der Autorisations-Datenbasis definiert sein. Tritt ein solches Ereignis ein, so muß der Referenz-Monitor dies feststellen, und er muß einen entsprechenden Eintrag in das Audit-Log machen.

Das Audit-Log selbst wird dabei oft in doppelter Form geführt werden:

- Alle Audit-Einträge werden in einer Datei abgelegt; diese Datei kann später mit geeigneten Werkzeugen ausgewertet werden.

- Zusätzlich ist es empfehlenswert, ein Ausgabe-Gerät (Terminal, Drucker) zur Erzeugung eines Audit-Protokolls mitlaufen zu lassen, um bei eventuellen Sicherheits-Problemen sofort reagieren zu können.

Es muß – einem dazu berechtigten Benutzer – möglich sein, die Log-Funktion nach Bedarf zu aktivieren oder zu deaktivieren.

8.2.2 Schutz von Dateien

Bei der Kontrolle des Zugriffs auf Daten muß man zwischen den dabei eingesetzten Strategien einerseits und den zur ihrer Durchsetzung bzw. Realisierung verwendeten Verfahren andererseits unterscheiden. Bei den Strategien unterscheidet man im wesentlichen die beiden Klassen der diskreten Kontrollen und die der globalen Zugriffsmodelle, wobei die ersteren meist von einem Eigentümer-Modell ausgehen, während die letzteren das Ziel der Durchsetzung organisatorischer Richtlinien haben, die für alle Eigentümer von Daten bindend sind.

Schutzverfahren, die auf Eigentümer-Modellen beruhen, organisieren die Zugriffsschutz-Informationen meist in der Form von Zugriffsmatrizen oder -listen (s.a. Abschnitt 7.2.3). Wenn die Zugriffslisten über die zu schützenden Dateien adressiert werden, spricht man von Zugriffskontroll-Listen (oder Zugriffslisten im engeren Sinn); bei einer Adressierung vom zugreifenden Benutzer aus hat man dagegen einen Capability-Mechanismus. Diese Matrizen oder Listen legen für jeden einzelnen Benutzer und jede einzelne Datei fest,ob und ggfs. welche Zugriffsrechte dieser Benutzer auf die betreffende Datei besitzt (oder auch nicht). Ein Beispiel einer solchen Zugriffsmatrix ist in der folgenden Abbildung dargestellt:

Objekte

		O1	O2	O3	O4	O5	O6
Subjekte	S1	Read Write Exec		Own Read Write		Exec	
	S2		Read Exec	Read	Own Read Exec	Exec	

Fig. 8-2 Beispiel einer Zugriffsmatrix

Globale Zugriffsmodelle beruhen zumeist auf Einteilungen der
Daten und der Benutzer in Kategorien und Geheimhaltungsstufen,
wobei nur bei Vorliegen bestimmter mathematischer Beziehungen
zwischen den Klassifikationen der Daten und denen der zugreifenden
Benutzer der gewünschte Zugriff ausgeführt wird. Diese statischen
Kontrollen können durch Überprüfung der Informationsflüsse in den
zugreifenden Programmen ergänzt werden. Während globale
Kontrollen im Hinblick auf die Sicherheit militärischer Systeme
eine wichtige Rolle spielen, ist ihre Bedeutung und die Form ihres
Einsatzes in einer kommerziellen Umgebung noch weitgehend unklar.

Ein Problem, das sich an dieser Stelle ergibt, ist die
Tatsache, daß Zugriffsrechte auch über die Lebensdauer der
geschützten Information hinaus Gültigkeit haben müssen. Es darf
nicht sein, daß nach dem Löschen von Dateien durch Neubelegung des
von ihnen eingenommenen physikalischen Speicherplatzes auf die in
ihnen enthaltene Information zugegriffen werden kann. Dies kann
bedeuten, daß beim logischen Löschen einer Datei der von ihr
belegte Speicherplatz mit bedeutungsloser Information überschrieben werden muß. Da dies jedoch sehr aufwendig sein kann,
wird im allgemeinen auf Betriebssystem-Ebene hierauf verzichtet
und die Verantwortung für das physikalische Löschen einer Datei
auf die Ebene der Anwenderprogramme abgewälzt, oder es werden
Sperren im Datei-System eingebaut, die das Lesen eines Blockes
erst dann erlauben, wenn der betreffende Block vorher als Block
dieser Datei geschrieben wurde.

8.2.3 Schutz von Speicherbereichen

8.2.3.1 Speicherschutz im Hauptspeicher - Der Schutz des Hauptspeichers vor unzulässigen oder falschen Zugriffen wird von dem
Teil des Betriebssystems realisiert, der sowieso alle auf den
Hauptspeicher bezogenen Verwaltungsaufgaben übernimmt, nämlich der
Speicherverwaltung. Dieser Aspekt der Speicherverwaltung soll
hier, in Ergänzung zu den Ausführungen im Kapitel 5, noch etwas
ausführlicher behandelt werden.

Bei einer realen Speicherverwaltung erfolgt die Überprüfung
der Korrektheit eines Zugriffs im allgemeinen dadurch, daß die
Startadresse des Speicherbereiches, auf dem gerade gearbeitet
wird, in ein sogenanntes "Basis-Register" und seine Länge in ein

sogenanntes "Längen-Register" des Prozessors geschrieben wird.
Beim Zugriff auf eine Speicherzelle wird die angegebene Adresse
mit diesem Längen-Register verglichen; ist sie größer als der
Inhalt dieses Registers, so liegt eine Fehladressierung vor, die
vom Prozessor dann in geeigneter Weise, etwa durch Programm-
Abbruch, abgewiesen werden kann. Dasselbe Verfahren kann bei
virtueller Speicherverwaltung mit Segmentierung für die einzelnen
Segmente angewandt werden (s. Abschnitt 5.2.3).

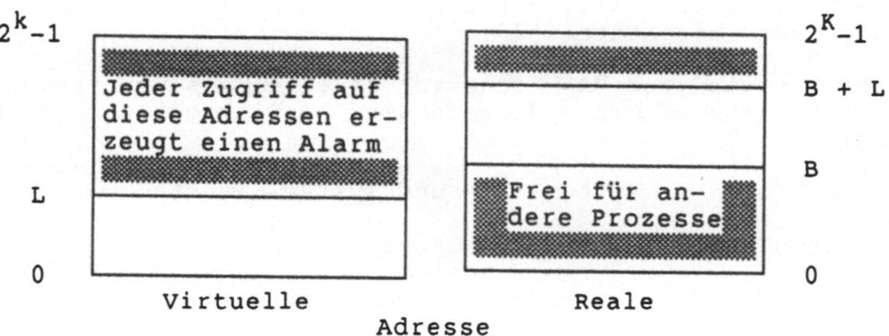

B = Inhalt des Basis-Registers
L = Inhalt des Längen-Registers

Fig. 8-3 Verwendung von Basis- und Längen-Register

Bei Paging-Systemen dagegen kann ein Überschreiten der
Seitengrenzen nicht auf diese Weise überprüft werden, da die
nächste Adresse jenseits einer Seite einfach die erste Adresse
innerhalb der nächsten Seite des virtuellen Adreßraums ist. Hier
muß stattdessen über die Seiten-Tabelle festgestellt werden, ob
die angegebene virtuelle Adresse zu einer Seite gehört, die tatsächlich im virtuellen Adreßraum liegt. Bei sehr großen
virtuellen Adreßräumen könnte die Angabe einer falschen virtuellen
Adresse zu einer Überschreitung der Seiten-Tabelle führen und auf
diese Weise eine Fehladressierung verursachen. Dies kann wieder,
wie bei einer realen Speicherverwaltung, über ein Längen-Register
verhindert werden, das jetzt jedoch nicht die Länge eines realen
Speicherbereiches, sondern die des virtuellen Adreßraumes bzw.
eines Teiles davon beschreibt (siehe auch Abschnitt 5.5.1).

Moderne Speicherverwaltungen erlauben noch weitergehende Kontrollen des Zugriffs auf den Hauptspeicher, etwa unterschieden
nach

- der gewünschten Zugriffsart:

  o Lesen
  o Schreiben

- dem Modus, aus dem der Zugriff erfolgt:

  o System
  o User

Auf diese Art lassen sich Fehler wie Überschreiben von Konstanten oder Befehlen oder Veränderung des Betriebssystems durch Benutzerprogramme ausschließen.

8.2.3.2 Beispiel eines Speicherschutzes – Als Beispiel für die Hardware-Unterstützung, die eine Rechner-Architektur für das Problem des Speicherschutzes im Hauptspeicher bieten kann, wollen wir die Zugriffskontrolle auf Hauptspeicher-Seiten im VAX-Prozessor eingehender betrachten [23].

Software wird vom VAX-Prozessor in einem von vier sogenannten Zugriffsmodi ausgeführt. Es sind dies in Reihenfolge abnehmenden Privilegs:

    0 KERNEL: System-Kern und System-Dienste

    1 EXECUTIVE: Datei-Verwaltung

    2 SUPERVISOR: Kommandosprachen-Interpreter

    3 USER: Anwendungs-Programme, Utilities

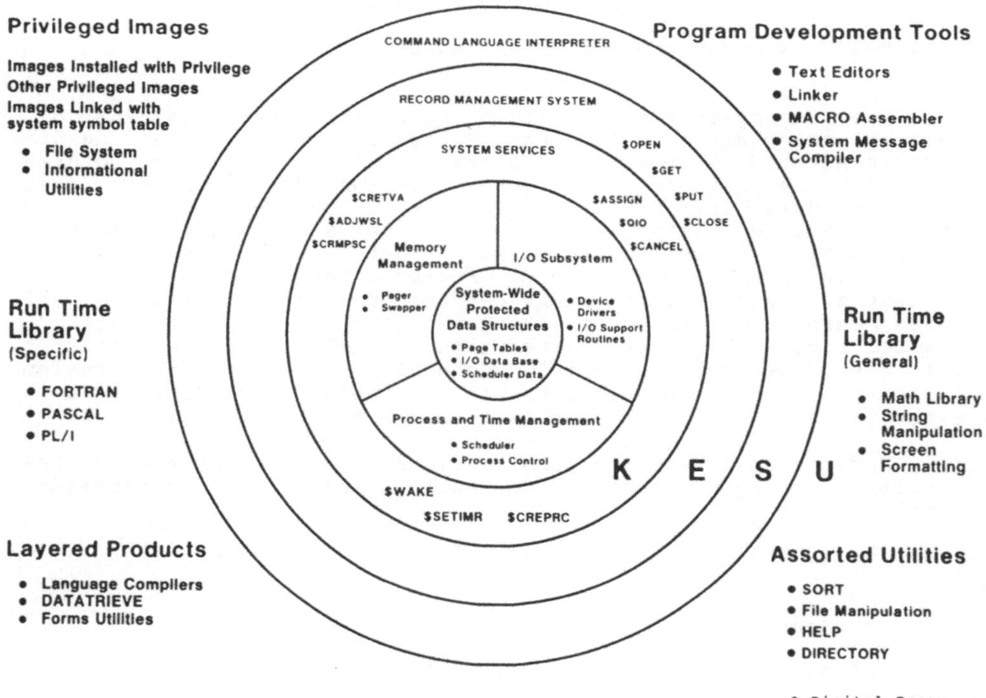

Fig. 8-4 Schichtenaufbau von VMS

Zugriff auf die einzelnen Seiten des virtuellen Speichers unterliegt einem auf den jeweiligen Prozessor-Modus bezogenen Hardware-Schutz; die erlaubten Zugriffsarten sind für jede einzelne Seite des virtuellen Speichers in dem zugehörigen Eintrag in der entsprechenden Seiten-Tabelle vermerkt (s. Abschnitt 5.5.1). Bei einem Seitenfehler wird zuerst überprüft, ob für die betreffende Seite ein Zugriffsrecht besteht, ehe irgendeine weitere Behandlung des Seitenfehlers erfolgt; daher ist es nicht möglich, durch Seitenfehler Seiten in den Hauptspeicher zu bringen, auf die kein Zugriffsrecht besteht. Eine Überschreitung des virtuellen Adreßraumes (und damit der Seiten-Tabellen) wird durch Längen-Register abgefangen (s. Abschnitt 5.5.1).

Durch eine geeignete Codierung der Schutzbits in den Seiten-Tabellen wird erzwungen, daß gilt:

- Jeder Modus kann Schreib-, Lese- oder keinen Zugriff haben.

- Zugriff in einem Modus impliziert das Recht auf denselben Zugriff von allen privilegierteren Modi aus.

- Schreibzugriffsrecht impliziert das Recht auf Lesezugriff.

- Seiten können gegen jeden Zugriff gesperrt werden.

Symbol	= Value	Access: K	E	S	U	Comment
PRT$C_NA	= 0 ≡ 0000	–	–	–	–	No Access
PRT$C_RESERVED	= 1 ≡ 0001	Unpredictable				Reserved
PRT$C_KW	= 2 ≡ 0010	RW	–	–	–	
PRT$C_KR	= 3 ≡ 0011	R	–	–	–	
PRT$C_UW	= 4 ≡ 0100	RW	RW	RW	RW	All Access
PRT$C_EW	= 5 ≡ 0101	RW	RW	–	–	
PRT$C_ERKW	= 6 ≡ 0110	RW	R	–	–	
PRT$C_ER	= 7 ≡ 0111	R	R	–	–	
PRT$C_SW	= 8 ≡ 1000	RW	RW	RW	–	
PRT$C_SREW	= 9 ≡ 1001	RW	RW	R	–	
PRT$C_SRKW	= A ≡ 1010	RW	R	R	–	
PRT$C_SR	= B ≡ 1011	R	R	R	–	
PRT$C_URSW	= C ≡ 1100	RW	RW	RW	R	
PRT$C_UREW	= D ≡ 1101	RW	RW	R	R	
PRT$C_URKW	= E ≡ 1110	RW	R	R	R	
PRT$C_UR	= F ≡ 1111	R	R	R	R	

```
 -  = no access     K = Kernel
 R  = read only      E = Executive
 RW = read/write     S = Supervisor
                     U = User
```

Fig. 8-5 Speicherschutz-Codes

Damit ist es möglich, Code und Daten privilegierter Systemteile gegen Zugriffe unprivilegierter Teile zu schützen; außerdem kann Code gegen Modifikation (und damit Korruption) geschützt werden. Durch Schutz systeminterner Datenstrukturen gegen Lesezugriffe unprivilegierter Programme kann insbesondere verhindert werden, daß diese Programme an ihnen nicht zustehende Information herankommen.

Es stehen zwei Maschinen-Instruktionen zur Verfügung, mit
denen festgestellt werden kann, ob aus einem bestimmten Zugriffsmodus auf einen bestimmten Adreßbereich zugegriffen werden kann.
Damit ist es möglich, bei Eintritt in den Systemkern zu überprüfen, ob irgendwelche dem System spezifizierten Parameter
korrekt angegeben wurden. Die Überprüfung kann nur für den
eigenen und alle weniger privilegierten Zugriffsmodi durchgeführt
werden. Damit ist es zwar für den System-Kern möglich, Zugriffs-
berechtigungen unprivilegierter Software zu überwachen, nicht
jedoch umgekehrt.

Durch die Speicher-Verwaltung werden alle in Maschinen-
Instruktionen angegebenen Adressen als virtuell interpretiert; es
ist (ohne ein bestimmtes Privileg, s. Abschnitt 8.3.3) überhaupt
nicht möglich, reale Adressen zu spezifizieren und damit die
Schutzfunktionen der Speicher-Verwaltung zu umgehen. Speziell
kann man daher nicht aus einem Prozeß auf den Adreßraum eines
anderen Prozesses zugreifen (außer im Falle, daß Seiten auf
gemeinsamen Wunsch gemeinsam benutzt werden). Weiterhin ist
Zugriff auf den System-Adreßraum nur soweit zulässig als es
Zugriffsmodus und Zugriffs-Berechtigung erlauben. Selbst Code,
der im Kernel-Modus arbeitet, ist an diese Restriktion gebunden.
Ferner ist aus dem Systemkern überhaupt nicht direkt auf Adressen
eines Prozeß-Adreßraums zuzugreifen, weil dem Systemkern hierfür
keine Seiten-Tabelle zur Verfügung steht.

Es ist möglich, für eine Seite des virtuellen Speichers jeden
Zugriff für alle Zugriffsmodi zu untersagen, so daß jeder Zugriff
auf eine solche Seite zu einem "Speicherschutz-Alarm" ("access
violation") führt. Seiten dieses Typs werden zur Begrenzung von
Datenstrukturen verwendet, da sie jede Überschreitung der Grenzen
einer so geschützten Struktur auf einen hardwaremäßig entdeckten
Fehler zurückführen.

Die **VAX** verwendet Stacks für temporäre Speicherung, Unterpro-
gramm-Anbindung und Interrupt-Bearbeitung. Dabei wird über das
Prozessor-Status-Langwort unterschieden, welcher von 5 vorhandenen
Stacks zu benutzen ist:

- der Interrupt-Stack, wenn der Prozessor Teile des System-
  Kerns bearbeitet, also sich nicht im Kontext eines Prozesses
  befindet; dieser Stack ist nur einmal vorhanden;

- ein zugriffsmodus-gebundener Stack, wenn der Prozessor einen
  Prozeß bearbeitet; die Auswahl dieses Stacks geschieht nach
  dem gerade aktuellen Zugriffsmodus:

  o Kernel-Stack
  o Executive-Stack
  o Supervisor-Stack
  o User-Stack

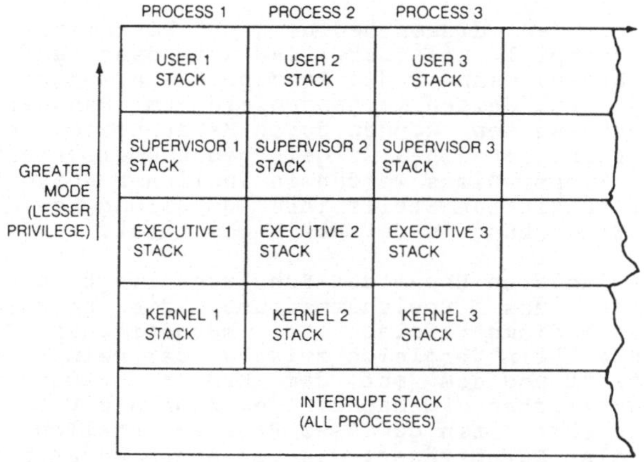

Fig. 8-6 Stacks der einzelnen Zugriffsmodi

Jeder dieser vier Stacks ist für jeden Prozeß einmal vorhanden und wird bei Prozeß-Wechsel mit ausgetauscht. Bei einem Modus-Wechsel innerhalb eines Prozesses erfolgt ein entsprechender Wechsel des aktiven Stacks.

Die Verwendung mehrerer Stacks statt einem einzigen hat folgende Konsequenzen:

- Der User-Stack ändert sich nicht, wenn privilegierter Code in einem anderen Zugriffsmodus Stack-Speicher benötigt. Damit kann eine Veränderung des Stacks privilegierteren Codes nicht zu unvorhersehbarem Verhalten unprivilegierten Codes führen.

- Unprivilegierter Code kann nicht den Stack privilegierten Codes verbrauchen und auf diese Art Systemfehler verursachen.

- Unprivilegierter Code kann nicht den Stack-Pointer privilegierten Codes zerstören und auf diese Art Systemfehler verursachen.

- Die weniger privilegierten Stacks (User, Supervisor und Executive) können im virtuellen Speicher als auslagerbare Daten gehalten werden. Insbesondere der User-Stack kann daher automatisch erweitert werden.

8.2.3.3 Speicherschutz auf Peripherie-Speichern - Zum Schutz der Daten auf Peripherie-Speichern vor Zerstörung und unberechtigter bzw. unbeabsichtigter Veränderung stehen eine Reihe von Maßnahmen zur Verfügung, die zum Teil auf der Ebene der Hardware der Peripherie-Speicher-Geräte, zum Teil auch auf der Ebene des Betriebssystems angreifen.

Für magnetische Speichermedien gibt es als physikalischen Schreibschutz in den meisten Fällen Möglichkeiten, das Speichermedium selbst so zu verändern, daß das Speicher-Gerät hardware-

mäßig erkennt, daß dieses Medium nicht beschrieben werden darf.
So kann zum Beispiel üblicherweise nur dann auf Magnetbänder
geschrieben werden, wenn in die Bandspule ein sogenannter Schreib-
ring eingelegt ist, dessen Vorhandensein vom Bandgerät überprüft
wird. Magnetkassetten können durch Herausbrechen einer Plastik-
zunge oder Verschieben eines Riegels gegen Überschreiben geschützt
werden, und Floppy-Discs werden in ähnlicher Weise durch Heraus-
trennen einer bestimmten Stelle ihrer Umhüllung bzw. durch Über-
kleben einer Einkerbung in der Hülle geschützt.

Auf einer anderen Ebene des Schutzes liegt die Überprüfung
der Identität des Speichermediums, die normalerweise beim
Aufspannen des Mediums erfolgt. Bei magnetischen Speichermedien
wird hier einfach ein Vergleich zwischen der beim Aufspannen angegebenen Identität und dem auf dem Medium selbst gespeicherten
Datenträgerkennzeichen (genauer: dem Kennsatz VOL1, s. Abschnitt
7.3.1) durchgeführt. Ein gewisses Problem stellen dabei Fremd-
medien dar, also Datenträger, die von einem anderen Rechner übernommen wurden, der diese Träger in anderer Weise gekennzeichnet
haben kann; für solche Datenträger besteht im allgemeinen nur
wenig oder gar kein Schutz.

Die nächste Ebene des Schutzes von Sekundärspeichern ist die
Kontrolle des Zugriffes auf die einzelnen Blöcke dieser Speicher.
Diese Kontrolle wird üblicherweise von der Verwaltung des
Speichermediums durch das Datei-System vorgenommen, die die
Zugriffe auf bestimmte Blöcke einer Datei in physikalische
Zugriffe auf bestimmte Positionen auf dem Speichermedium über-
setzt. Gleichzeitig wird durch den Zugriff über das Datei-System
erzwungen, daß die für die einzelnen Dateien geltenden Zugriffs-
rechte beachtet werden.

Analog zu den für Dateien geltenden Zugriffsrechten kann man
auch für ganze Datenträger Zugriffsrechte festlegen, die dann
zusätzlich zu den Zugriffsrechten der einzelnen Dateien auf diesem
Datenträger gelten. Allerdings gilt auch hier, daß ein solcher
auf das ganze Medium bezogener Zugriffsschutz meist daran gebunden
ist, daß das Medium auf einem System des gleichen Typs erstellt
wurde.

8.3 BENUTZERPROFILE

8.3.1 Benutzer-Umgebungen

Bei der Autorisierung eines Benutzers wird festgelegt, welche
Funktionen er ausführen darf, auf welche Objekte im Rechner er in
welcher Weise zugreifen darf und in welchem Maße er die ihm
verfügbaren Betriebsmittel benutzen und belasten darf. Die Festlegung dieser Rechte wird von einem besonderen Benutzer, dem
"Systemverwalter" (der im Prinzip auch eine Gruppe von Personen
sein kann) für alle Benutzer des Rechners durchgeführt. Da dieser
Vorgang von entscheidender Bedeutung für die Sicherheit des
Gesamtsystems ist, muß für die Festlegung der Benutzer-Rechte ein
organisatorischer Rahmen bestimmt werden, der einen Mißbrauch an
dieser Stelle verhindert.

Der Funktions-Umfang der Benutzer-Umgebung wird im wesentlichen bestimmt durch die einem Benutzer gebotenen Sprach-Mittel. Dabei ist "Sprache" hier im weitesten Sinne zu verstehen; alle einem Benutzer möglichen Eingaben, etwa auch das Drücken einer Break-Taste, um einen Interrupt zu erzeugen, stellen hier Sprach-Möglichkeiten dar und sind vom Sicherheits-Aspekt her zu betrachten.

Ein Benutzer, der über ein Eingabe-Gerät Kontakt mit einem Rechner aufnimmt, hat diesen Kontakt zunächst mit dem Betriebssystem, das seine Eingaben einliest und dann eventuell weiterleitet, z.B. an ein Informationssystem. In jedem Fall ist der erste Kommunikations-Partner des Benutzers ein Programm, das seine Eingaben liest, interpretiert (und dabei auf Zulässigkeit überprüft) und an die entsprechenden Verarbeitungs-Instanzen in geeigneter Form weiterleitet. Dieses Programm wird als "Kommandosprachen-Interpreter" bezeichnet.

Der erste Schritt beim Aufbau der Benutzer-Umgebung ist daher die Bestimmung des für diesen Benutzer vorgesehenen Kommandosprachen-Interpreters, da man im allgemeinen Falle davon ausgehen muß, daß hier eine Auswahl aus mehreren Möglichkeiten zu treffen ist. Durch diese Auswahl wird schon eine gewisse Einschränkung der dem Benutzer verfügbaren Möglichkeiten vorgenommen, sofern die ausgewählte Kommandosprache kein Umschalten auf eine andere Kommandosprache vorsieht. Mit der Auswahl der Kommandosprache werden festgelegt:

- das Vokabular, d.h. die Liste der spezifizierbaren Tätigkeiten

- die für jede Tätigkeit geltende Syntax

- die zu dieser Syntax gehörende Semantik, d.h. die Bedingungen, unter denen die einzelnen Tätigkeiten durchgeführt werden

- die Default-Werte für nicht spezifizierte syntaktische Einheiten

8.3.2 Schutzprofile

Alle Zugriffe auf Objekte wie:

- Dateien
- Datenträger
- Geräte (auch Terminals!)
- Mailboxes
- Event Flags
- gemeinsam zugreifbare Hauptspeicher-Bereiche
- logische Namen
- andere Prozesse
- Rechnernetz-Verbindungen

müssen in geeigneter Weise einer Kontrolle ihrer Berechtigung unterworfen werden. Dabei können die Schutzprofile für die übrigen Objekte im Prinzip in ähnlicher Weise wie die für Dateien

aufgebaut und verwaltet werden, so daß hier auf eine detail-
liertere Betrachtung der Schutzprofile verzichtet werden kann;
lediglich einige Besonderheiten des Zugriffs auf Terminals und
fremde Prozesse verdienen Erwähnung.

Auch für Terminals kann es zweckmäßig sein, Zugriffsschutz
für einzelne Benutzer-Kategorien zu spezifizieren. Terminals, die
gegen Zugriffe eines Benutzers geschützt sind, können von diesem
Benutzer nicht als Geräte allokiert werden, sondern nur als
Eingabe-Geräte für Timesharing-Prozesse benützt werden. Damit
läßt sich verhindern, daß solche Benutzer Programme zur Ausführung
bringen, mit denen sie anderen Benutzern an diesen Terminals
Funktionen des Betriebs- oder eines·Informationssystems vorspie-
geln, um auf diese Weise sensitive Informationen, wie etwa Paßwörter oder einzugebende Daten, abfangen zu können.

Weiterhin sollte der mögliche Einfluß auf andere Prozesse
ebenfalls einem Zugriffsschutz unterliegen. Benutzer ohne
besondere Privilegien (s. Abschnitt 8.3.3) sollten nur auf den
Ablauf solcher Prozesse Einfluß nehmen können, die sie selbst als
Subprozesse oder als eigenständige Prozesse erzeugt haben. Der
Einfluß auf andere Prozesse beinhaltet das Recht, diese Prozesse

- zu erzeugen
- zu vernichten
- anzuhalten
- freizugeben
- auf eine andere Priorität zu setzen
- auf ihren Zustand zu überprüfen

Weitere Einflußnahme kann über Interprozeß-Kommunikation geschehen, die denselben Einschränkungen und noch zusätzlich den Einschränkungen des Zugriffsschutzes auf das Kommunikationsmittel,
z.B. Mailboxes, unterliegt.

8.3.3 Berechtigungs-Profile

Der Funktionsumfang der Benutzerumgebung läßt sich zusätzlich
durch die Vergabe sogenannter "Privilegien" erweitern oder ein-
schränken [45]. Man versteht darunter formale Rechte, bestimmte
Operationen ausführen zu dürfen. Diese Rechte können in einer
Bitliste festgehalten werden, in der jedes Bit das Vorhandensein
bzw. Nicht-Vorhandensein eines bestimmten Privilegs bezeichnet.
Diese Bitliste wird für jeden Benutzer vom Systemverwalter mit
geeigneten Werten belegt und von den System-Aufrufen, die zu ihrer
Ausführung ein oder mehrere Privilegien benötigen, vor der
Ausführung des Aufrufs abgefragt. Jeder Versuch, eine Operation
auszuführen, zu der ein benötigtes Privileg nicht vorhanden ist,
resultiert in einem Abbruch dieser Operation mit entsprechendem
Fehlerstatus. Beispiele für solche Privilegien sind etwa die
Rechte:

- Datenträger aufzuspannen
- auf Rechnernetze zuzugreifen
- die eigene Prozeß-Priorität hochzusetzen

- fremde Prozesse zu beeinflussen
- Operateur-Funktionen auszuüben
- permanent Betriebsmittel zu belegen ("allokieren")
- festgesetzte Verbrauchsgrenzen zu überschreiten
- aus dem User- in den System-Modus zu wechseln
- auf physikalische Plattenpositionen unter Umgehung des Datei-
  Systems zuzugreifen

Während solche Rechte mit Sicherheit nicht jedem Benutzer oder Programm gegeben werden dürfen, da dann ein sicherer Betrieb des Rechners völlig unmöglich wäre, kann es für bestimmte Anwendungen sinnvoll oder sogar notwendig sein, die normalen Schutzfunktionen und Einschränkungen des Betriebssystems durch die Gewährung von Privilegien außer Kraft zu setzen. Beispiele hierfür sind etwa:

- ein Programm zur Datensicherung, das physikalische Platten-
  kopien erstellt

- Kontrolle/Überwachung des Systemverhaltens oder der Benutzer

- Durchführung wichtiger Terminarbeiten, die mit hoher Priorität laufen müssen

- Installation systemnaher Software, etwa eines Datenbank-
  Systems

Es ist zweckmäßig, für jeden Benutzer nicht nur eine, sondern mehrere Privileg-Masken vorzusehen, um auf diese Weise zwischen den Privilegien eines Benutzers und denen der von ihm benutzten Programme unterscheiden zu können. Dadurch ist es möglich, "vertrauenswürdige Programme" zu installieren, die über größere Privilegien verfügen als die Benutzer, die sie zur Ausführung bringen. Dabei ist gewährleistet, daß keine Privilegien eines solchen Programms auf einen seiner Benutzer übergehen können, wenn nur sichergestellt ist, daß

1. privilegierte Programme bei einer Unterbrechung durch ein Break-Signal beeendet werden, also nicht mehr nach einer Unterbrechung fortsetzbar sind, und

2. bei Ende eines Programms die Liste der aktuellen Privilegien bedingungslos durch die Liste der für den Benutzer geltenden Privilegien überschrieben wird.

Bei der Zuteilung von Privilegien an einzelne Benutzer sind die folgenden Kriterien zu berücksichtigen:

- Bestimmte Privilegien gefährden die Sicherheit des gesamten Systems; sie sollten an keinen Benutzer vergeben werden.

- Es sollten keine Privilegien an einen Benutzer vergeben werden, sofern dieser Benutzer die betreffenden Privilegien nicht zur Durchführung der ihm übertragenen Aufgaben benötigt.

- Es sollten keine weitreichenden Privilegien an Benutzer
  vergeben werden, die eine potentielle Gefährdung des Systems
  darstellen; dagegen können solche Privilegien, mit denen ein
  Benutzer auch im schlimmsten Fall nur die Resultate seiner
  eigenen Arbeit zerstören kann, auch an nicht überprüfte
  Benutzer vergeben werden.

Generell sollten Privilegien nur mit größter Vorsicht
vergeben werden; wenn möglich, sollten den Benutzern lieber
vertrauenswürdige, privilegierte Programme verfügbar gemacht
werden, als daß ihnen die Privilegien direkt gegeben werden.

Zugriff auf Betriebsmittel, die nur in beschränktem Maße
vorhanden sind, kann ein System durch übermäßigen Verbrauch dieser
Mittel lahmlegen. Daher muß der Verbrauch solcher Betriebsmittel
durch "Verbrauchs-Quoten" und/oder -Grenzen geregelt werden, deren
Einhaltung von Betriebssystem überwacht werden muß. Unter solche
Quoten fallen Betriebsmittel wie etwa:

- Prozessorzeit
- Anzahl erlaubter E/A-Vorgänge
- Maximalzahl paralleler E/A-Vorgänge
- Maximalzahl gleichzeitig eröffneter Dateien
- Maximalzahl gleichzeitig gegen Parallelzugriff sperrbarer Da-
  tensätze
- Verbrauch an Plattenspeicher
- virtuelle/reale Programmgröße
- Maximalgröße des Working Set
- Maximal erlaubte Prozeß-Priorität
- Anzahl erzeugbarer (Sub-)Prozesse

8.4 WECHSEL DER SCHUTZ-STUFE

8.4.1 Bedeutung der Schutz-Stufe

Wesentlich für die Sicherheit, die ein Betriebssystem gegen
unberechtigte Zugriffe auf Daten, Betriebsmittel und auf die
Programme des Betriebssystems selbst bieten kann, ist die schon
mehrfach angesprochene Unterteilung in einen privilegierten
System-Modus und einen unprivilegierten User-Modus. Damit eine
solche Unterteilung als Schutz-Mechanismus wirksam sein kann,
müssen zwei Voraussetzungen erfüllt sein:

- Der privilegierte Modus muß eine Kontrolle aller Operationen,
  die im unprivilegierten Modus ablaufen, ermöglichen.

- Es darf keinen unkontrollierten Übergang vom unprivilegierten
  in den privilegierten Modus geben.

Der Implementierung verschieden privilegierter Modi sowie der
Verfahren, durch die ein kontrollierter Übergang und eine kontrol-
lierte Kommunikation zwischen diesen Modi möglich ist, kommt daher
für die Sicherheit eines Betriebssystems eine besondere Bedeutung
zu. Aus diesem Grund wollen wir abschließend die wichtigsten
Verfahren zur Realisierung solcher Modi betrachten. Dabei unter-

scheidet man im wesentlichen zwei Vorgehensweisen:

- eine daten-orientierte Unterteilung, die verschiedenen Spei-
  cherbereichen verschiedene Modi zuordnet

- eine tätigkeits-orientierte Unterteilung, die die verschiedenen Modi durch verschiedene Zustände des Prozessors unterscheidet

Diese beiden Vorgehensweisen werden im allgemeinen zusammen
und einander ergänzend angewandt; auch ist die Anzahl der Modi bei
moderneren Systemen durchaus nicht auf zwei beschränkt, sondern
erlaubt durch eine größere Anzahl verschieden privilegierter Modi
einen hierarchischen Schutz mehrerer Software-Ebenen gegeneinander, wodurch eine modulare Programmierung nicht unerheblich
unterstützt wird.

8.4.2 Speicher-orientierter Schutz

Ein relativ alter Ansatz zur Realisierung geschützter
Speicherbreiche im Hauptspeicher verwendet sogenannte "Speicher-
schutz-Schlüssel" ("access keys") zum Schutz einzelner Seiten des
virtuellen Speichers gegen unberechtigten Zugriff [35].   Nur
solche Prozesse, deren interne Identifikation mit dem Schlüssel
eines Speicherbereiches übereinstimmt, können auf diesen Speicherbereich - eventuell auch nur in einer durch den Schlüssel
bestimmten Weise - zugreifen. Ein spezieller Schlüssel (üblicherweise 0) ist für privilegierte Programme des Betriebssystems
vorgesehen; Programme, die über diesen Schlüssel verfügen, können
die Zugriffsbeschränkungen des Speicherschutz-Schlüssels umgehen
und haben unbegrenzten Zugriff auf den gesamten Hauptspeicher.
Man erhält auf diese Weise eine einfache Unterscheidung zwischen
privilegierter und unprivilegierter Software.

Ein modernerer Ansatz zur Realisierung speicher-orientierter
Schutz-Stufen geht vom Konzept des abstrakten Datentyps aus [17].
Dabei wird jedem Prozeß gemäß den Rechten, die er erhalten soll,
eine Menge von "Capabilities" zur Verfügung gestellt.   Man
versteht darunter Datenelemente, die jeweils ein dem Prozeß
verfügbares Betriebsmittel sowie die auf diesem Betriebsmittel
erlaubten Operationen beschreiben. (Diese Capabilities entsprechen von der Idee her genau den Capabilities, die zum Schutz von
Dateien bei manchen Implementierungen der Zugriffsmatrizen - s.
Abschnitt 7.2.3 - eingesetzt werden; es handelt sich hier jedoch
um eine separate, hardware-nähere Realisierung desselben Konzepts.)

Wenn man durch die System-Architektur erzwingen kann, daß ein
Prozeß nur über die in einer Capability definierten Operationen
auf das zugehörige Betriebsmittel zugreifen kann und daß keine
Zugriffe unter Umgehung des Capability-Mechanismus möglich sind,
so kann auf diese Weise eine sehr fein abgestufte Kontrolle der
Rechte eines Prozesses (und damit auch des Benutzers, der für
diesen Prozeß verantwortlich ist) realisiert werden.

Aus diesen Gründen wurde der Capability-Mechanismus, zusammen
mit der hierarchischen Aufteilung von Betriebssystemen in Funk-
tionsebenen, die durch abstrakte Datentypen realisiert sind, in
verschiedenen Studien und experimentellen Betriebssystemen untersucht [17,24]. Man versucht auf diese Weise, die praktische Ver-
wendbarkeit und die Möglichkeiten, die Capabilities für die Realisierung sicherer Betriebssysteme bieten, zu erforschen, doch
werden bis zur allgemeinen Verfügbarkeit solcher Betriebssysteme
wohl noch einige Jahre vergehen.

8.4.3 Prozessor-orientierter Schutz

Um zwischen unprivilegierten Benutzerprogrammen und privilegierten Teilen des Betriebssystems unterscheiden und den letzteren
eine Kontrolle der ersteren und gleichzeitig einen Schutz vor
diesen zu ermöglichen, unterscheidet man bei vielen Rechnern zwei
oder mehrere Zustände des Prozessors. Man hat im einfachsten Fall
die Unterscheidung zwischen

- dem unprivilegierten User-Modus und

- dem privilegierten System-Modus.

In vielen moderneren Rechner-Architekturen sieht man, wie schon
angemerkt, mehrere Modi vor, doch läßt sich die zugrundeliegende
Problematik schon am Beispiel zweier Modi darstellen.

Dabei sind üblicherweise die Zugriffsrechte auf den Hauptspeicher im ersten dieser beiden Modi eingeschränkt, während sie
im zweiten Modus größer oder sogar ohne jede Einschränkung sind.

Weiterhin sind im User-Modus meist bestimmte Maschinen-
Instruktionen verboten, d.h. sie führen auf einen Fehler, während
diese Instruktionen im System-Modus ausführbar sind. Instruktionen dieser Art sind etwa Befehle zum Laden bestimmter Hardware-
Register (etwa von Kanälen zum Anstoß einer E/A-Operation) oder
zum Prozeßwechsel, die bei unkontrollierter Verwendung in
Benutzerprogrammen zur Zerstörung des gesamten Betriebssystems
führen könnten.

Da jedoch die Benutzerprogramme über eine Möglichkeit zum
Aufruf privilegierten Codes verfügen müssen, um die Leistungen des
Betriebssystems, wie etwa die Ausführung von E/A-Operationen, in
Anspruch nehmen zu können, muß es einen Weg aus unprivilegiertem
Code in den privilegierten Modus geben. Für die Sicherheit des
Betriebssystems ist es dabei von entscheidender Bedeutung, daß
dieser Weg in den privilegierten Modus so abgesichert ist, daß
kein Programm diesen Übergang in unkontrollierter Weise ausführen
kann. Dies wird normalerweise dadurch erreicht, daß zum Wechsel
in den privilegierten Modus eine spezielle "Trap-Instruktion"
vorgesehen ist, die zwar den Modus wechselt, dabei aber gleichzeitig an eine bestimmte, dafür vorgesehene Stelle des Betriebssystems verzweigt, wo dann alle erforderlichen Sicherheits-Über-
prüfungen vorgenommen werden können.

8.4.4 Beispiel eines Modus-Wechsels

Der Mechanismus, der zum Modus-Wechsel verwendet wird, ist in hohem Maße von der Architektur der Hardware des Rechners abhängig, ebenso wie die Auswirkungen der einzelnen Modi. Daher soll hier nur zum Abschluß das Verfahren zum Wechsel der Zugriffsmodi in der VAX als Beispiel für die Architektur eines prozessor-orientierten Schutzes besprochen werden [23].

Eine Reihe von Instruktionen, die zum System-Kern gehören, können nur im Kernel-Modus ausgeführt werden. Versuche, sie von einem weniger privilegierten Modus auszuführen, ergeben einen "reserved instruction fault".

Bei der Beschreibung des in der VAX-Architektur verwendeten Speicherschutzes des Hauptspeichers im Abschnitt 8.2.3.2 wurden schon die verschiedenen Zugriffsmodi des Prozessors und ihre Auswirkung auf die Zugreifbarkeit des Hauptspeichers beschrieben. Es genügt daher an dieser Stelle, die Verfahren zum Wechsel des Zugriffsmodus anzugeben.

Der aktuelle Zugriffsmodus sowie der Modus, aus dem der aktuelle Zugriffsmodus aufgerufen wurde, sind im Prozessor-Status-Langwort PSL eingetragen (s. Abschnitt 2.2.1). Wesentlich für die Sicherheit dieser Architektur ist nun, daß es keine direkte Möglichkeit zur Veränderung dieser Felder des PSL gibt. Stattdessen stehen spezielle Instruktionen zur Verfügung, die einen kontrollierten Wechsel des Zugriffsmodus erlauben.

Dabei wird der Zugriffsmodus auf verschiedene Art gewechselt, je nachdem, ob die Zugriffsrechte erhöht oder erniedrigt werden sollen. Durch diese Auftrennung kann hardwaremäßig erzwungen werden, daß kein unprivilegierter Prozeß sich unkontrolliert einen privilegierten Zugriffsmodus aneignen kann.

Die einzige Möglichkeit zum Übergang in einen privilegierteren Zugriffsmodus sind die CHMx-Instruktionen. Diese Instruktionen führen zu einer Verzweigung in spezielle System-Teile, sogenannte Dispatcher, die die Berechtigung und Korrektheit des CHMx-Aufrufs überprüfen. Da die CHMx-Instruktionen nur einen einzigen numerischen Parameter haben, der im wesentlichen einen Index in eine von einem solchen Dispatcher verwaltete Liste darstellt, kann die Überprüfung an dieser Stelle sehr strikt und sicher gemacht werden.

Die einzige Möglichkeit zur Rückkehr in einen unprivilegierteren Zugriffsmodus ist die Instruktion REI. Diese Instruktion ist im Prinzip ein Rücksprung aus einem Unterprogramm, bei dem jedoch zusätzlich das Prozessor-Status-Langwort des aufrufenden Programms restauriert wird. Dabei wird durch die Instruktion sichergestellt, daß der neue Zugriffsmodus nicht privilegierter ist als der alte, so daß diese Instruktion nicht zur Umgehung der CHMx-Dispatcher verwendet werden kann.

Damit ergibt sich insgesamt das folgende Bild für den Übergang in einen der privilegierteren Modi und die Rückkehr in den User-Modus:

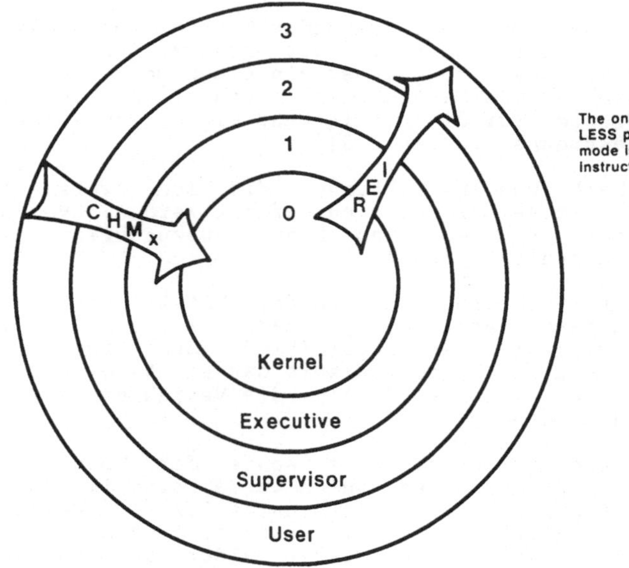

Fig. 8-7 Methoden zum Wechsel des Zugriffsmodus

Wird ein Prozeß als Folge eines Systemdienst-Aufrufs in den Wartezustand versetzt, so wartet er in seinem ursprünglichen Zugriffsmodus und nicht in dem Modus, in dem sich der Systemdienst gerade befindet. Unkontrollierter Übergang in einen höheren Modus ist somit nicht durch Unterbrechung eines im Systemmodus wartenden Programms möglich.

Die folgenden Vorgänge spielen sich im Betriebssystem VMS beim Aufruf privilegierten Codes ab, der im Executive- oder Kernel-Modus abläuft:

1. Das Benutzerprogramm ruft einen Systemdienst über eine gewöhnliche Unterprogramm-Schnittstelle auf und übergibt dabei eine Argument-Liste. Die Kontrolle geht dabei an eine Stelle im System-Adreßraum, den sogenannten "Change Mode Vector", über. Dieser enthält eine CHME- bzw. CHMK-Instruktion, die ihrerseits die Kontrolle an den "Change Mode Dispatcher" übergibt.

2. Dieser überprüft Zugreifbarkeit und Korrektheit der übergebenen Argument-Liste und verzweigt, wenn alles in Ordnung war, in den Code, der den eigentlichen Systemdienst ausführt.

3. Dieser überprüft Zugreifbarkeit und Korrektheit der Argumente
   selbst, führt die verlangte Funktion aus, legt einen Status-
   Code im Register R0 ab und gibt die Kontrolle mit einer RET-
   Instruktion, die einen Rücksprung aus einem Unterprogramm
   bewirkt, an die Exit-Routine des Change Mode Dispatchers
   zurück.

4. Diese kehrt - nach einigen Fehler- und Konsistenz-Prüfungen -
   über eine REI-Instruktion in den Zugriffsmodus des aufrufenden Programms, also normalerweise den User-Modus, zurück.

5. Hier wird nun durch eine weitere RET-Instruktion das dem
   Benutzer sichtbare Unterprogramm beendet.

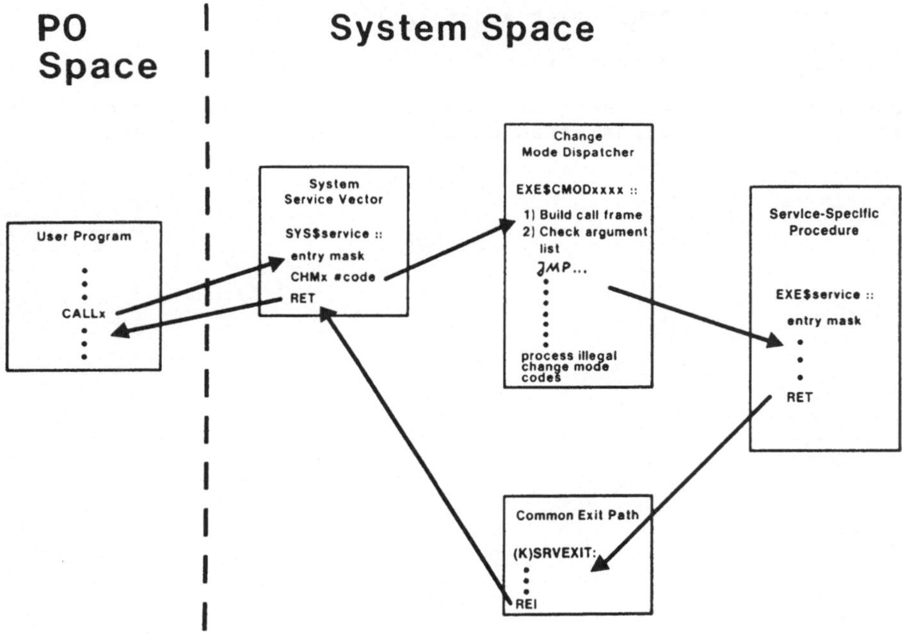

Fig. 8-8 Kontrollfluß beim Aufruf von Systemdiensten

    Wesentlich für die Sicherheit dieses Verfahrens sind die
folgenden Vorgänge:

-   Überprüfung der Zugreifbarkeit der Argument-Liste durch den
    Dispatcher; dabei wird für die Zugreifbarkeit der Zugriffs-
    modus des aufrufenden Programms zugrundegelegt, wobei dieser
    nicht privilegierter als der Systemdienst selbst sein kann

-   Übergang in den privilegierten Modus über eine CHMx-
    Instruktion, die ein Durchlaufen des Dispatchers erzwingt

- Überprüfung der Zugreifbarkeit der übergebenen Argumente
  durch den Systemdienst selbst

- Rückkehr in den unprivilegierten Modus über eine REI-Instruktion, die eine Verringerung der Zugriffsprivilegien erzwingt

Der Schutz des Übergangs in einen privilegierten Modus hängt somit von der Verfügbarkeit und Sicherheit einiger weniger Maschinen-Instruktionen ab, die auf Hardware-Ebene die eigentlichen Sicherheitsprüfungen übernehmen:

- **CHME, CHMK:** Change Mode

- **PROBER, PROBEW:** Test Accessibility

- **REI:** Return from Exception or Interrupt

Daher ist ein durch Software veranlaßtes unkontrolliertes Umschalten in einen privilegierten Modus zuverlässig verhindert.

Literatur

[1] **American National Standards Institute, Inc:** American National Standard Programming Language FORTRAN; ANSI X3.9-1978, 1978

[2] **H. Anderson:** An Empirical Investigation into Foreground-Background Scheduling for an Interactive Computing System; IBM Research Report RC-3941, 1972

[3] **C. G. Bell, J. C. Mudge, J. E. McNamara:** Computer Engineering; Digital Press, 1978

[4] **D. G. Bobrow, J. D. Burchfiel, D. L. Murphy, R. S. Tomlinson:** TENEX, a Paged Time Sharing System for the PDP-10; Comm. ACM, Vol. 15, No 3, March 1972

[5] **P. Brinch Hansen:** Operating Systems Principles; Prentice Hall, 1973

[6] **P. Brinch Hansen:** Distributed Processes: A Concurrent Programming Concept; Comm. ACM, Vol. 21, No 11, November 1978

[7] **E. G. Coffman, P. J. Denning:** Operating Systems Theory; Prentice Hall, 1973

[8] **E. G. Coffman, M. J. Elphick, A. Shoshani:** System Deadlocks; ACM Comp. Surv., Vol. 3, No 2, June 1971

[9] **F. J. Corbato, V. A. Vyssotsky:** Introduction and Overview of the Multics System; Proc. AFIPS 1965 FJCC 27

[10] **P. J. Denning:** Virtual Memory; ACM Comp. Surv., Vol. 2, No 3, Sept 1970

[11] **P. J. Denning:** The Working Set Model for Program Behavior; Comm. ACM, Vol. 11, No 5, May 1968

[12] **P. J. Denning, St. C. Schwartz:** Properties of the Working-Set Model; Comm. ACM, Vol. 15, No 3, March 1972

[13] **Department of Defense:** Military Standard: Ada Programming Language; MIL-STD-1815, DoD, Washington DC, 1980

[14] **L. P. Deutsch, B. W. Lampson:** Doc. 30.10.10, Project GENIE; April 1965

[15] **E. W. Dijkstra:** The Structure of the 'THE' Multiprogramming System; Comm. ACM, Vol. 11, No 5, May 1968

[16] **P. Domann, V. Meyer, U. Weng-Beckmann:** Entwicklungstrends bei UNIX und im UNIX-Umfeld; Informatik-Spektrum, Band 11, Heft 4/5, August/Oktober 1988

[17] **R. J. Feiertag, P. G. Neumann:** The Foundations of a Provably Secure Operating System; Proc 1979 NCC

[18] **P. Freeman:** Software Systems Principles - A Survey; SRA, 1975

[19] **A. N. Habermann:** Introduction to Operating System Design; SRA, 1976

[20] **C. A. R. Hoare:** Monitors: An Operating System Structuring Concept; Comm. ACM, Vol. 17, No 10, October 1974

[21] **C. A. R. Hoare:** Communicating Sequential Processes; Comm. ACM, Vol. 21, No 8, August 1978

[22] **H. Katzan jr.:** Computer Systems Organization and Programming; SRA, 1976

[23] **L. J. Kenah, R. E. Goldenberg, S. F. Bate:** Version 4.4 VAX/VMS Internals and Data Structures; Digital Press, Document No EY-8264E-DP, Bedford MA, 1988

[24] **B. W. Lampson, H. E. Sturgis:** Reflections on an Operating System Design; Comm. ACM, Vol. 19, No 5, May 1976

[25] **H. M. Levy, R. H. Eckhouse jr.:** Computer Programming and Architecture - The VAX-11; Digital Press, 1980

[26] **A. Lister:** The Problem of Nested Monitor Calls; ACM Op. Syst. Rev., Vol. 11, No 3, 1977

[27] **S. E. Madnick, J. W. Alsop II:** A Modular Approach to File System Design; Proc. AFIPS 1969 SJCC 34

[28] **P. Massiglia:** Digital Large Systems Mass Storage Handbook; Digital Equipment Corporation, 1986

[29] **R. R. Muntz:** Scheduling and Resource Allocation in Computer Systems; enthalten in [18]

[30] **J. Nehmer:** Implementierungstechniken für Monitore; Bericht Nr. 17/80, Fachbereich Informatik der Universität Kaiserslautern, 1980

[31] **PDP-11:** Bus Handbook; Digital Equipment Corporation, Document No EB 17525, 1979

[32] **J. S. Quarterman, A. Silberschatz, J. L. Peterson:** 4.2BSD and 4.3BSD as Examples of the UNIX System; ACM Comp. Surv., Vol. 17, No 4, December 1985

[33] **D. M. Ritchie, K. Thompson:** The UNIX Time-Sharing System; Comm. ACM, Vol. 17, No 7, July 1974 / Bell Syst. Tech. Journ., Vol. 57, No 6, Part 2, July-August 1978

[34] **D. P. Siewiorek, C. G. Bell, A. Newell:** Computer Structures: Principles and Examples; McGraw-Hill, New York NY, 1982

[35] **H. S. Stone (ed.):** Introduction to Computer Architecture; 2nd ed., SRA, 1980

[36] **A. S. Tanenbaum:** Computer Networks; Prentice Hall, Englewood Cliffs NJ, 1981

[37] **K. Thompson:** UNIX Implementation; Bell Syst. Tech. Journ., Vol. 57, No 6, Part 2, July-August 1978

[38] **VAX:** Architecture Handbook; Digital Equipment Corporation, Document No EB-26115-46, 1986

[39] **VAX:** Hardware Handbook; Digital Equipment Corporation, Document No EB-25949-46, Vol. 1-1986, 1985

[40] **VAX:** Software Handbook; Digital Equipment Corporation, Document No EB-21812-20, 1982

[41] **VAX:** Technical Summary; Digital Equipment Corporation, Document No EJ-18816-18, 1981

[42] **VAX-11/780:** System Maintenance Guide; Digital Equipment Corporation, Document No EK-11780-PG-001, 1978

[43] **VAX/VMS:** Virtual Memory; Digital Equipment Corporation, Personal Communication, 1979

[44] **VMS:** Device Support Manual; Digital Equipment Corporation, Document No AA-LA88A-TE, 1988

[45] **VMS:** Guide to VMS System Security; Digital Equipment Corporation, Document No AA-LA40A-TE, 1988

[46] **VMS:** V5.0 Internals Update; Digital Equipment Corporation, Document No EY-6978E-SG.0002, 1988

[47] **VMS:** Record Management Services Manual; Digital Equipment Corporation, Document No AA-LA83A-TE, 1988

[48] **G. Weck:** Datensicherheit; Leitfäden der angewandten Informatik, Teubner, Stuttgart, 1984

[49] **G. Wiederhold:** Database Design; McGraw-Hill, 1977

Applicable Theory in Computer Science

Coproduktion Wiley/Teubner

Aigner: **Combinatorial Search**
372 pages. DM 58,—

Kemp: **Fundamentals of the Average Case Analysis
of Particular Algorithms**
241 pages. DM 58,—

Kranakis: **Primality and Cryptography**
250 pages. DM 62,—

Kulisch (Ed.): **PASCAL-SC**
A PASCAL Extension for Scientific Computation
Information Manual and Floppy Disks
204 pages and 2 Floppy disks for **IBM PC.** DM 98,—
189 pages and 2 Floppy disks for **ATARI ST.** DM 198,—

Lengauer: **Combinatorial Algorithms for Integrated Circuit Layout**
In preparation

Loeckx/Sieber: **The Foundations of Program Verification**
2nd edition. 230 pages. DM 58,—

Wegener: **The Complexity of Boolean Functions**
457 pages. DM 64,—

Preisänderungen vorbehalten

 B. G. Teubner Stuttgart

 John Wiley & Sons Limited

Leitfäden der angewandten Informatik

Bauknecht/Zehnder: **Grundzüge der Datenverarbeitung**
4. Aufl. 297 Seiten. Kart. DM 38,—

Beth / Heß / Wirl: **Kryptographie**
205 Seiten. Kart. DM 26,80

Brüggemann-Klein: **Einführung in die Dokumentenverarbeitung**
200 Seiten. Kart. DM 34,—

Bunke: **Modellgesteuerte Bildanalyse**
309 Seiten. Geb. DM 48,—

Craemer: **Mathematisches Modellieren dynamischer Vorgänge**
288 Seiten. Kart. DM 38,—

Curth/Giebel: **Management der Software-Wartung**
184 Seiten. Kart. DM 34,—

Frevert: **Echtzeit-Praxis mit PEARL**
2. Aufl. 216 Seiten. Kart. DM 34,—

Frühauf/Ludewig/Sandmayr: **Software-Projektmanagement und -Qualitätssicherung.** 136 Seiten. Kart. DM 28,—

Gloor: **Synchronisation in verteilten Systemen**
239 Seiten. Kart. DM 42,—

Gorny/Viereck: **Interaktive grafische Datenverarbeitung**
256 Seiten. Geb. DM 52,—

Hofmann: **Betriebssysteme: Grundkonzepte und Modellvorstellungen**
253 Seiten. Kart. DM 36,—

Holtkamp: **Angepaßte Rechnerarchitektur**
233 Seiten. DM 38,—

Hultzsch: **Prozeßdatenverarbeitung**
216 Seiten. Kart. DM 28,80

Kästner: **Architektur und Organisation digitaler Rechenanlagen**
224 Seiten. Kart. DM 28,80

Kleine Büning/Schmitgen: **PROLOG**
2. Aufl. 311 Seiten. DM 36,—

Meier: **Methoden der grafischen und geometrischen Datenverarbeitung**
224 Seiten. Kart. DM 36,—

Meyer-Wegener: **Transaktionssysteme**
242 Seiten. DM 38,—

Mresse: **Information Retrieval — Eine Einführung**
280 Seiten. Kart. DM 38,—

Müller: **Entscheidungsunterstützende Endbenutzersysteme**
253 Seiten. Kart. DM 32,—

Mußtopf / Winter: **Mikroprozessor-Systeme**
302 Seiten. Kart. DM 34,—

Nebel: **CAD-Entwurfskontrolle in der Mikroelektronik**
211 Seiten. Kart. DM 34,—

Retti et al.: **Artificial Intelligence — Eine Einführung**
2. Aufl. X, 228 Seiten. Kart. DM 36,—

Schicker: **Datenübertragung und Rechnernetze**
3. Aufl. 299 Seiten. Kart. DM 42,—

Leitfäden der angewandten Informatik

Fortsetzung

Schmidt et al.: **Mikroprogrammierbare Schnittstellen**
223 Seiten. Kart. DM 34,—

Schneider: **Problemorientierte Programmiersprachen**
226 Seiten. Kart. DM 28,80

Schreiner: **Systemprogrammierung in UNIX**
Teil 1: Werkzeuge. 315 Seiten. Kart. DM 52,—
Teil 2: Techniken. 408 Seiten. Kart. DM 58,—

Singer: **Programmieren in der Praxis**
2. Aufl. 176 Seiten. Kart. DM 32,—

Specht: **APL-Praxis**
192 Seiten. Kart. DM 26,80

Vetter: **Aufbau betrieblicher Informationssysteme
mittels konzeptioneller Datenmodellierung**
5. Aufl. 455 Seiten. Kart. DM 54,—

Vetter: **Strategie der Anwendungssoftware-Entwicklung**
400 Seiten. Kart. DM 52,—

Weck: **Datensicherheit**
326 Seiten. Geb. DM 44,—

Wingert: **Medizinische Informatik**
272 Seiten. Kart. DM 28,80

Wißkirchen et al.: **Informationstechnik und Bürosysteme**
255 Seiten. Kart. DM 32,—

Wolf/Unkelbach: **Informationsmanagement in Chemie und Pharma**
244 Seiten. Kart. DM 36,—

Zehnder: **Informatik-Projektentwicklung**
223 Seiten. Kart. DM 36,—

Zehnder: **Informationssysteme und Datenbanken**
5. Aufl. 276 Seiten. Kart. DM 38,—

Zöbel/Hogenkamp: **Konzepte der parallelen Programmierung**
235 Seiten. Kart. DM 36,—

Preisänderungen vorbehalten

 B. G. Teubner Stuttgart